高等职业院校信息技术基础系列教材

U0202853

信息技术
理实一体教程

闫俊伢　王文晶◎主编

Information Technology Science and
Reality Integrated Course

人民邮电出版社
北　京

图书在版编目（CIP）数据

信息技术理实一体教程 / 闫俊伢，王文晶主编. --
北京 ：人民邮电出版社，2022.12
ISBN 978-7-115-59800-4

Ⅰ．①信… Ⅱ．①闫… ②王… Ⅲ．①电子计算机—
高等职业教育—教材 Ⅳ．①TP3

中国版本图书馆CIP数据核字(2022)第140845号

内 容 提 要

本书共两大模块，分别为基础任务和综合训练。基础任务共 9 章，包括计算机组装与维护、操作系统、文档制作与处理、表格处理与分析、演示文稿制作、计算机网络应用技术、多媒体应用技术、信息安全和新一代信息技术。综合训练是对文档制作与处理、表格处理与分析、演示文稿制作这 3 章知识点进行深度扩展，进一步提升学生的计算机应用技能。全书将教学、实验、考试集成于一体，便于教与学，可充分实现教学资源共享。

本书既可以作为高等院校信息技术基础课程教材，也可作为信息技术爱好者的辅助参考书。

◆ 主　　编　闫俊伢　王文晶
　　责任编辑　王海月
　　责任印制　马振武
◆ 人民邮电出版社出版发行　　北京市丰台区成寿寺路 11 号
　　邮编　100164　　电子邮件　315@ptpress.com.cn
　　网址　https://www.ptpress.com.cn
　　涿州市般润文化传播有限公司印刷
◆ 开本：787×1092　　1/16
　　印张：16.25　　　　　　　　2022 年 12 月第 1 版
　　字数：364 千字　　　　　　2024 年 9 月河北第 4 次印刷
　　　　　　　　　　定价：79.80 元
读者服务热线：(010)53913866　印装质量热线：(010)81055316
反盗版热线：(010)81055315
广告经营许可证：京东市监广登字 20170147 号

前言 FOREWORD

　　高等职业教育学校承担着培养高素质劳动者和技能型人才的任务，学生掌握了计算机基础知识，具备基本操作能力，不仅可以使他们能够应用计算机解决学习与生活中的实际问题，还可以为他们的职业生涯发展和终身学习奠定基础。

　　信息技术课程是职业本科必修的一门公共基础课，本课程旨在让学生掌握必备的计算机应用基础知识和技能。本书按照教育部高等职业教育课程标准要求编写，既有对信息技术知识的系统讲解，又将新技术、新应用融入书中，帮助学生紧跟时代步伐。同时在内容安排和组织形式上做了新的尝试，打破了常规按照章节顺序编写知识与训练内容的结构，重新进行课程整体设计和教学单元设计。以职业岗位或职业角色的工作任务为载体，将信息技术理论、实验、考试与职业化能力相结合，围绕任务驱动的项目学习方法，注重学生职业能力的培养，构造"以项目为载体，项目引导，任务驱动，理实一体"的职业化教学新理念。

　　本书的编写特色如下。

　　1. 对标课程标准，编写理实一体化教材。对标教育部高等职业教育课程标准，结合"全国计算机等级考试、MS Office 考试大纲"，采用以项目为载体，以工作任务为驱动，理实一体化的教学模式的方式编写。

　　2. 对照岗位需求，设计课程教学内容。内容选取上，从职业岗位或职业角色对从业者的能力要求出发，一方面，编写团队对多家企业进行调研，内容以满足岗位需求为原则，对接职业标准和岗位能力要求，着力体现"职业"二字；另一方面，将新技术、新应用融入本书中，帮助学生紧跟时代步伐。

　　3. 突出项目引导，设计四段式结构。本书基于"项目引导、任务驱动"的教学思路，按照"任务引入、知识与技能、任务实施、任务评价"四段式结构进行设计和编写。

　　4. 对接"岗课赛证"，重构课程体系。参照《计算机操作员国家职业标准》选取教学内容，按照专业设置与职业市场需求对接、课程内容与职业标准对接、教学过程与1+X 证书对接的思路设置内容。

　　全书由山西工程科技职业大学闫俊伢、王文晶担任主编，并由长期工作在科研与教学一线的企业专家和老师共同调研、探讨后精心设计。本书大纲由全体参编教师共同讨论决定,具体分工如下。第一章由周任军编写,第二章由马晓慧编写,第三章、拓展任务1由王文晶编写,第四章、拓展任务2由周明红编写,第五章由闫俊伢、柳欣编写,第六章由董妍汝编写,拓展任务3由贾晓琪编写,第七章由高瑾编写,第八章由李敏编写,第九章由王文晶、王文逾编写,拓展任务4~8均在本书附带的电子资源中。

书中涉及的素材和资源包括任务资源、重点操作视频、Office精美模板、课程PPT、习题答案、常用办公软件快捷键,以及为进一步提高学生的应用能力而设计的计算机等级考试自测真题等,读者可通过关注"信通社区"公众号,回复本书书号"59800"获取资源。

由于编者水平有限,书中难免有欠妥和疏漏之处,恳请专家和读者批评指正。

编者

目录 CONTENTS

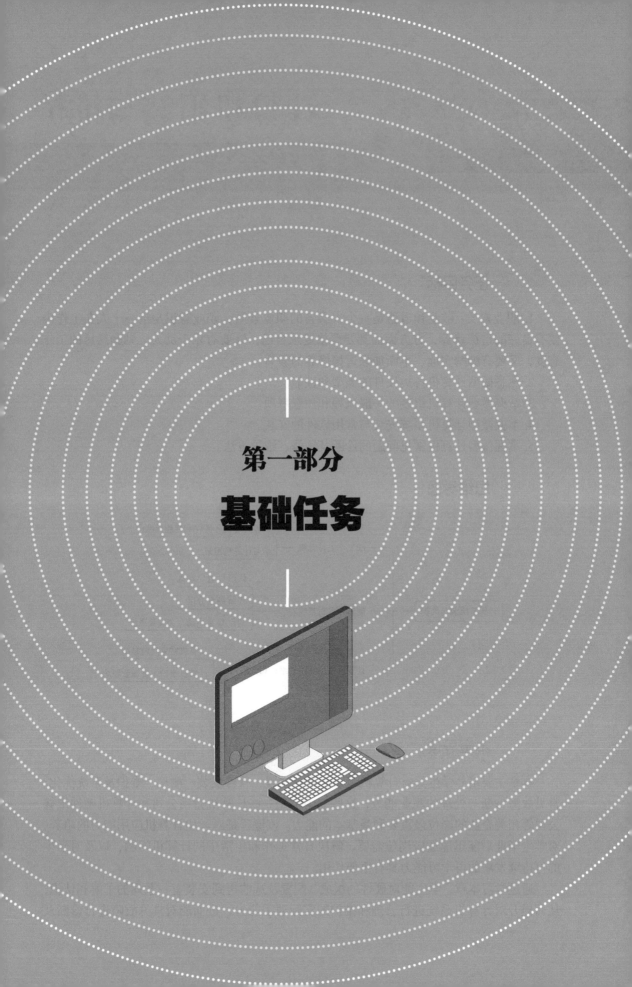

第一部分

基础任务

任务目标

1. 职业素质：敬业和道德是一个人必备的职业素质，职业意识是指一个人在工作中要有良好的道德修养，方方面面都要严格要求自己，既要有乐于助人、勤勤恳恳的工作态度，又要有脚踏实地、不断加强道德修养的毅力。

2. 熟悉微型计算机各类硬件的类型和性能。

3. 掌握微型计算机组装的一般流程和注意事项。

4. 掌握微型计算机系统安装与常用软件的安装。

5. 掌握微型计算机常见问题的诊断及维修、维护方法。

思维导图

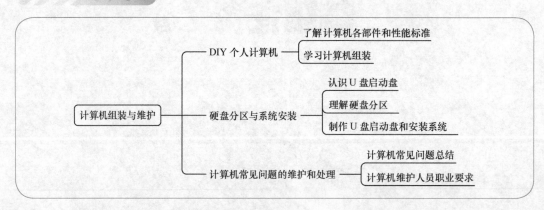

本章导读

本章主要培养学生具有计算机组装、系统设置、软件安装、测试、维护及系统优化、常见故障诊断与处理的职业能力，这些能力也是一些计算机营销公司和计算机硬件维修公司等相关企业的岗位最重要和最基本的能力。该课程是对学生计算机应用能力的培养，对学生毕业后能迅速适应岗位需要、解决日常工作和生活中的计算机问题，以及对学生的可持续发展的再学习能力具有重要作用。

通过学习本章，学生能对硬件的组成、配置及选购再到安装有一系列的了解和认识，从而提升对计算机系统进行管理和维护的实际动手能力，进而能对常见故障进行诊断及排除。具体包括：第一，了解计算机各个部分的名称及主要用途、计算机主要硬件部件的品牌并掌握其主要参数性能和选购技巧；第二，掌握计算机组成结构和装机步骤及与外设的连接方法、掌握计算机系统安装及常用软件的安装和使用；第三，了解计算机系统常见故障形成的原因及处理方法，初步学会诊断计算机系统常见故障，并能进行相应的维修。

任务1 〉 DIY 个人计算机

1.1.1 任务引入

随着社会不断发展，计算机已走进了千家万户。许多家庭的第一台计算机都倾向于选择方便小巧的笔记本电脑或一体机，也有家庭因为追求计算机强大的运算能力或高品质的影音娱乐享受而选择台式机。对于他们来说，自己组装台式机是不错的选择，其中一个好处便是定制化程度高，可根据个人需求随意搭配设备。同时，自购计算机配件价格实惠，省去了不少"中间环节"的差价，还可以根据喜好给机箱加上彩色的 LED 装饰。那么，组装一台适合自己的计算机需要哪些配件呢？任务1样例如图1-1所示。

图1-1 任务1样例

1.1.2 知识与技能

前期准备阶段

观察一台完整计算机的外观，认识其主要组成部分。仔细观察主机背后的各种连接线。拔掉计算机电源及显示器、键盘、鼠标和其他外设与计算机的连线，用工具拧开机箱背面的 4 个固定螺丝（现在主流台式机的机箱大部分是方便拆装规格，用手就可打开），打开机箱盖。（提示：一定要断开计算机电源）

打开机箱，我们可以看到主板、CPU、风扇、电源、显卡、内存条等硬件设备，如图1-2所示。（提示：观察各种硬件与主板的连接方式）

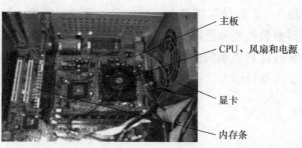

主板

CPU、风扇和电源

显卡

内存条

图1-2　主机内部结构

1. CPU 相关

CPU（Central Processing Unit，中央处理器）的内部结构可分为控制单元、逻辑单元和存储单元。我们这里所说的 CPU 的种类，其实是指不同厂商所生产的不同型号和规格的 CPU。

生产 CPU 的主要是 AMD 和 Intel 两大厂商。Intel CPU 性能较强，AMD CPU 性价比较高，可以根据自己的需求进行选择。

CPU 的性能反映出了它所配置的计算机的性能，因此 CPU 的性能指标十分重要。下面分别介绍影响 CPU 性能的几项指标。

（1）主频、外频和倍频。主频是 CPU 最直观的性能指标。频率就是在单位时间（如 1 秒）内所产生的脉冲个数。频率的标准计量单位是 Hz（赫兹），其相应单位还有 kHz（千赫兹）、MHz（兆赫兹）、GHz（吉赫兹），其中 1GHz=1000MHz，1MHz=1000kHz。CPU 的主频高低与外频和倍频有关，计算公式为：主频 = 外频 × 倍频。目前，大部分 CPU 的倍频都是锁定的，不能手工改动，所以在超频中，一般通过调整外频来实现改动。

（2）前端总线。前端总线速度指的是数据传输的速度，如 100MHz 前端总线指每秒钟 CPU 可接受的数据传输量是 100MHz × 64bit=6400Mbit/s=800MB/s（1Byte=8bit）。

（3）高速缓存，指可以进行快速存取数据的存储器。CPU 首先从 CPU 内的缓存（L1 Cache，一级缓存）中查找数据，如果未找到，处理器将会到系统的主内存中查找。假设存在 L2 Cache（二级缓存），处理器就可以在 L2 Cache 中查找而不必直接到主内存中找，因此，从理论上讲系统的 L2 Cache 容量越大，速度就越快。

（4）工作电压。工作电压指的是 CPU 正常工作所需要的电压。早期的 CPU 工作电压一般为 5V，随着 CPU 的制造工艺的改善与主频的提高，CPU 工作电压也逐步下降，目前 Intel 最新的 Coppermine 已经采用了 1.6V 的工作电压。工作电压在 CPU 的超频中也是重要的指标。

（5）制造工艺。现在 CPU 的制造工艺越来越精细，由原来的 0.5μm、035μm、0.25μm、0.18μm、0.15μm、0.13μm、90nm、65nm、45nm、32nm、22nm、14nm 到现在普遍采用的 10nm，甚至 10nm 以内工艺。此外，铜的导电性能、电阻和发热量都要优于之前采用的铝工艺，因此，铜工艺已经大幅度取代铝工艺。

2. 主板相关

主板是计算机其他硬件的载体，所有的硬件都要安装或连接到主板上，主板本身并不提供性能，但它能决定其他硬件性能，所以选择合适的主板很重要，如图1-3所示。

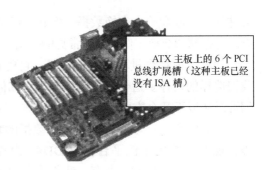

ATX 主板上的 6 个 PCI 总线扩展槽（这种主板已经没有 ISA 槽）

图1-3 ATX主板

根据 CPU 的不同种类，主板可分为 AMD 主板和 Intel 主板。根据主板结构来分类，主板分为 AT 主板、ATX（Advanced Technology Extended）主板。AT 主板包括标准 AT 和 Baby AT 两种类型（Baby AT 主板因比 AT 主板小而得名）。它们都与 AT 电源配合使用，现在的市场上很难见到。而 ATX 主板是目前的主流，各大厂商都有多种型号的 ATX 架构的一体化主板。主板上集成了声音、显示、调制解调器等多种电路，有高集成度和节省空间的优点，但升级困难。

下面简单了解一下主板的性能参数。

（1）系统总线频率。我们所说的总线就是计算机各部件之间传递数据的线路，CPU 通过系统总线与存储器或外设连接。总线频率越大，意味着总线数据带宽越大，传输数据能力也越高，更能发挥出 CPU 的性能。

（2）外频与倍频。CPU 的工作频率（主频）是由两部分内容相乘得来的，这两部分内容就是外频与倍频。CPU 的外频是其与周边设备传输数据的频率，也是系统总线的工作频率，由计算机主板提供，单位也是 MHz。CPU 的倍频是输出信号频率与输入信号频率的倍率，故也叫倍频系数，一般都为整数倍，它是没有单位的。倍频从 1.5X 一直到 10X 以上，以 0.5 为一个间隔单位。目前大多数 CPU 锁定倍频，不能人为改动，CPU 的超频一般通过提高 CPU 外频的办法来实现。

（3）CMOS 程序设置。CMOS（Complementary Metal Oxide Semiconductor，互补金属氧化物半导体）是主板上一块可读写的 RAM（Random Access Memory，随机存取存储器）芯片，用于保存当前系统的硬件配置信息和用户设定的参数。

（4）Cache（高速缓冲存储器）。Cache 是存在于主存与 CPU 之间的一级存储器，由静态存储芯片（SRAM）组成，容量较小，但速度比主存高得多，接近于 CPU 的速度。在计算机存储系统的层次结构中，是介于中央处理器和主存储器之间的高速小容量存储器。它和主存储器一起构成一级存储器。高速缓冲存储器和主存储器之间信息的调度和传送是由硬件自动进行的。

（5）软跳线技术。软跳线技术是一种计算机主板功能配置术语，可以在计算机开机启动的 BIOS（Basic Input/Output System，基本输入输出系统）里进行设置，以改变计算机的参数配置。主板调整 CPU 频率或其他功能一般需通过主板上的硬件跳线装置来实现，而软跳线具有不需要拆开机箱就可以进行 BIOS 设置的优点。

（6）电压可调和温度控制。电压可调是指人为调整 CPU 核心电压和 I/O 供电电压，使 CPU 功率增大。主板对 CPU 进行温度控制，板载指示灯是温控技术不可缺少的部分，可以随时控制系统情况，识别主板硬件故障。

3. 内存相关

内存是计算机中作用十分重要的存储和交换设备。因为 CPU 工作时要与其他设备（如各种板卡、硬盘等）交换数据，但其他设备的速度远远低于CPU，这就需要内存完成数据暂时存储和交换工作，内存常见的作用就是为硬盘与CPU传递数据。

计算机内存容量不是越大越好，它要和我们的计算机其他部件相匹配，也就是说，我们选择的内存要适合我们的计算机。如何给自己的计算机选择一款合适的内存呢？我们可以从以下几个方面进行考虑。

（1）代数。这里所说的内存代数指的是内存名称中的"DDR2""DDR3""DDR4"等，现在新装机主流平台都是DDR4内存了，对于一些升级的旧计算机，可能还是DDR3，甚至是DDR2内存。我们在挑选内存的时候，可以参考主板的内存或者处理器支持（可查主板的"内存规格"参数）情况。简单来说，从Intel 100系列主板开始，都开始支持DDR4内存了，而新一代的AMD锐龙（Ryzen）全系列处理器也开始全面支持DDR4内存。

（2）容量。现在市场上内存容量一般为4GB、8GB、16GB的单条，如果装机用户想要更大的内存，则可以通过购买多条同品牌、同型号的内存进行组建，常见主板都是两根、四根内存插槽，一些高端主板会支持更多内存插槽。现在主流主板最高能够支持64GB内存，而一些高端主板，甚至能够支持128GB超大内存，而64位的处理器最大支持内存也就是128GB。目前来看，我们一般建议选择16GB内存的个人计算机。

（3）频率。内存在相同代数和容量的情况下，频率越高，性能就会越好，不过频率越高，内存价位随之越高。DDR4的内存主流频率2400MHz起步，最高频率达到4266MHz。选择内存高频的时候还要考虑CPU和主板是否支持。

（4）双通道。双通道内存是一种可以使得计算机的性能进一步提升的技术。简单来说，两个内存由串联方式改良为并联方式，能够得到更大的内存带宽，从而提升内存的速度。如果条件允许，尽量选择双通道，不管是核心显卡还是独立显卡，双通道性能会更好。

（5）品牌。在选内存条时尽量选择大品牌，因为大品牌的内存兼容性好，用料也可靠、稳定。如果购买之后出现什么问题，可以第一时间找商家退换或者解决问题。

4. 硬盘相关

硬盘是计算机主要的存储媒介之一，用于存放系统、软件、资料、游戏等，通俗地说，它相当于一个工厂的仓库，主要存放各种东西。目前组装计算机在选择硬盘上，可选固态硬盘、机械硬盘和混合硬盘三种类型。

（1）固态硬盘（Solid State Disk，SSD），又称固态驱动器，是用固态电子存储芯片阵列制成的硬盘。它完全突破了传统机械硬盘带来的性能瓶颈，由于固态硬盘具备高速读写性能，通常我们将系统安装在固态硬盘中，这样大大提升了系统开机速度及系统流畅性，当然我们将软件或者游戏安装在固态硬盘中也会提升加载速度，久而久之它也成为目前装机首选的硬盘之一，也是未来硬盘的发展趋势。

与机械硬盘相比，固态硬盘的主要优点是读取速度更快，寻道时间更短，还可以提升系统、软件、游戏等读写速度；它内部与机械硬盘结构不同，没有风扇和电机，所以与机械硬盘相比，静音效果更好，也可以说基本没有噪声；同时它还有防震抗摔性，功耗低、发热少；此外它与机械硬盘相比，在外形上也更轻便小巧。固态硬盘的缺点是，与同容量机械硬盘相比，其价位偏高，所以通常大家会选择容量较小的固态硬盘，主流容量在 240 ～ 512GB。

当我们使用固态硬盘时，建议主板硬盘工作模式开启 AHCI（Advanced Host Controller Interface，高级主机控制器接口）选项，目前的主流主板基本都是默认开启 AHCI 选项的，但是少数主板及旧主板，还得通过 BIOS 设置，手动将默认的 IDE（Integrated Drive Electronics，电子集成驱动器）选项改为 AHCI 选项才行。

（2）机械硬盘（Hard Disk Drive，HDD），它的最大优势就是容量大，价格便宜。传统的机械硬盘采用高速旋转的磁盘来存储数据，通过磁头来进行读写，在这个机械运动过程中会存在延迟，并且无法同时并发多向读写数据，目前的机械硬盘已经遇到了速度瓶颈。

目前组装计算机搭配机械硬盘多数是将其作为存储副盘。机械硬盘的结构主要由一个或者多个铝或者玻璃制成的磁性碟片、磁头、转轴、磁头控制器、控制电机、数据转换器、接口和缓存等几个部分组成。机械硬盘在工作的时候，磁头悬浮在高速旋转的磁性碟片上进行读写数据。

（3）混合硬盘。固态硬盘容量在不够用的情况下，也可以考虑固态＋机械双硬盘方案，满足高速与大存储需求，通常系统安装在固态硬盘中，以提升开机速度和系统流畅性，同时常用软件与常玩游戏也建议放入固态硬盘中，以减少载入延迟时间，而机械硬盘的作用就是存储，用于存放各种资料、视频、照片等，这样搭配也十分合理。

5. 主显卡相关

显卡主要是承担输出显示图形任务的，显卡的主要作用就是将 CPU 发出来的图像信号经过处理之后再输送到显示器进行显示，这个过程通常包括以下 4 个步骤。

（1）CPU 将数据通过总线传送到显卡的显示芯片。

（2）显示芯片对数据进行处理，并将处理的结果存放在显存中。

（3）显存将数据传送到 RAMDAC（随机数模转换记忆体），并进行数 / 模转换。

（4）RAMDAC 将模拟高频信号通过显示接口输出到显示器成像。

在选择显卡时，一定要明白自己究竟有什么需求，不同的需求对显卡的要求也不同，有的放矢地选择显卡，可以避免浪费。对于一般用户的打字、上网、游戏、多媒体等需求，主流显卡都能满足；而对于游戏发烧友来说，只有拥有一款高性能的显卡，才能发挥 3D 游戏的强大功效。

显卡主要分为两种类型，一种是独立显卡，另一种是集成显卡。早期的集成显卡是集成在主板上的，而现在的集成显卡是内置在 CPU 中的，又叫核心显卡，核心显卡是内置在 CPU 中的，由于 CPU 功耗控制、发热量问题，核心显卡性能通常十分低，目前性能最好的核心显卡，也只能媲美入门级的独立显卡，如果想要追求更好的显卡性能，只能选择独立显卡。

独立显卡是一个独立的硬件，目前分为两大阵营，即 NVIDIA 和 AMD，也就是用户经常说的 N 卡和 A 卡。其中 NVIDIA 的市场份额最大，从入门到高端产品线十分全面，而 AMD 主打性价比，相比之下产品线不算全面。显卡的性能参数主要有几个方面：架构、流处理器、核心频率、显存带宽、显存类型、显存容量、显存位宽、显存频率。

1.1.3 任务实施

机箱组装阶段

1. 安装注意事项

（1）释放人体所带静电。

（2）一定要进行断电操作。

（3）要阅读产品说明书。

（4）要使用正确的安装方法，不要强行安装。

（5）要防止液体进入计算机内部。

2. 计算机组装流程

（1）准备好机箱并安装电源，主要包括打开空机箱，拆卸有关面板挡板和安装电源，如图1-4所示。

图1-4 安装电源

（2）驱动器的安装，主要针对硬盘进行安装。台式机硬盘一般为3.5英寸硬盘，笔记本电脑硬盘一般是2.5英寸硬盘。

将硬盘由内向外推入硬盘固定架，将硬盘专用的粗牙螺丝轻轻拧上去调整硬盘的位置，使它靠近机箱的前面板，拧紧螺丝，如图1-5所示。

① 操作前带上防静电手套和防静电手环，并保持接地良好。

② 对 IDE 接口的硬盘要进行跳线设置（硬盘在出厂时，一般都默认设置为主盘，跳线连接在"Master"的位置），而 SATA（Serial Advanced Technology Attachment Interface，串行先进技术总线附属接口）接口的硬盘无须进行跳线设置，然后将硬盘插到固定架中，注意方向，保证硬盘正面朝上，接口部分背对面板。

③ 固定螺丝（硬盘螺丝的安装位置视其硬盘支架螺丝孔位安装）。

图1-5 安装硬盘

（3）CPU 和散热器的安装。在主板插座上安装 CPU 及散热风扇，如图 1-6 所示。

① CPU 的安装

把主板的 CPU 插座旁拉杆抬起，把 CPU 的针脚与插座针脚一一对应后平稳插入插座，拉下拉杆锁定 CPU。（一些旧式 CPU 或某些散装 CPU 上需要涂抹导热硅胶，当前 CPU 厂商生产的盒装 CPU 表面自带有硅胶，无须额外涂抹）。

② 安装 CPU 的散热器

将卡具的一端固定在 CPU 插座的一侧，调整散热器的位置，使之与 CPU 核心接触，然后一手按住散热器使其紧贴 CPU，另一手向下按卡夹的扳手，直到套在 CPU 插座上，最后把风扇电源线接在主板上有 cpu fan 或 fanl 字样的电源接口上。

图1-6 安装CPU及散热风扇

（4）内存条的安装。将内存条插入主板的内存插槽中。打开反扣，缺口对着内存插槽上的凸棱，垂直插入插槽，用力插到底，反扣自动卡住。在安装内存时一定要注意主板所支持内存是否与要安装内存类型匹配，如果不匹配，就无法安装，如图 1-7 所示。

图1-7 安装内存条

（5）主板的安装。首先将主板固定在机箱中。在机箱底板的固定孔上打上标记，把铜柱螺丝或白色塑胶固定柱一一对应地安装在机箱底板上，然后将主板平行压在底板上，使每个塑胶固定柱都能穿过主板的固定孔并扣牢，最后将细牙螺丝拧到与铜柱螺丝相对应的孔位上，如图 1-8 所示。

安装主板注意事项：螺丝不可拧得过紧，以防主板扭曲变形。主板与底板之间不要有异物，以防短路。将主板 20 针的电源接头插在主板相应的插座中。

（6）板卡的安装。首先将显卡、声卡、网卡等安

图1-8 安装主板

装到主板上。安装显卡时先拆下插卡相对应的背板挡片。首先然后将显卡金手指上的缺口对应主板上 PCI-Express 插槽的凸棱，最后将 PCI-E 显卡安装在对应的插槽中（旧式主板为 AGP 插槽，现已淘汰），如图 1-9 和图 1-10 所示。

图1-9 安装板卡（1）

图1-10 安装板卡（2）

（7）机箱与主板间的连线。即各种指示灯、电源开关线、蜂鸣器的连接和硬盘、光驱电源线、数据线的连接。电源要固定牢靠，以免日后振动产生噪声。其中，主板主电源与辅电源连线如图 1-11 所示，IDE 硬盘电源线与数据线连接如图 1-12 所示，SATA 硬盘电源线与数据线连接如图 1-13 所示。

图1-11 主板主电源与辅电源连线

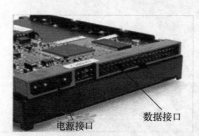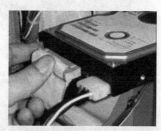

电源接口 数据接口

图1-12 IDE硬盘电源线与数据线连接

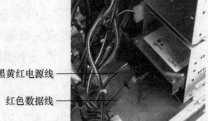

数据接口 电源接口

黑黄红电源线
红色数据线

图1-13 SATA硬盘电源线与数据线连接

（8）输入设备的安装。将键盘、鼠标与主机相连。

（9）输出设备的安装，即安装显示器。常见的显示器接口有早期的 VGA（Video

Graphics Array，视频图形阵列）、现在流行的 DVI（Digital Visual Interface，数字视频接口）和 HDMI（带音频，适合接电视机）3 种接口。在购买显示器和显卡时注意接口是否匹配，推荐使用 DVI。显示器插头接在机箱后部相应的显卡输出接口上，注意不要忘记拧紧插头的螺丝。

（10）重新检查连接线、面板各按钮和指示灯插头，并进行测试。把电源引出的 4 针 D 形电源线接在硬盘和光驱的电源接口，按照红对红的原则连接硬盘和光驱数据线，通过硬盘和光驱数据线让硬盘和光驱分别接在主板 SATA（串行）数据接口 [旧式硬盘和主板对应的是 IDE（并行）数据接口]，如图 1-13 所示。

（11）检查连接前置音频线、前置 USB 线、主机箱开机（重启）线，此外还需整理机箱内部的连线。整理这些内部连线时注意要将主板信号线捆在一起，用不到的电源线捆在一起，音频线单独安置且离电源线远一些，然后将机箱外壳盖起来。

（12）给机器加电。若显示器能够正常显示，表明安装正确，进入 BIOS 进行系统初始设置。

1.1.4　任务评价

完成 DIY 个人计算机组装任务需要从计算机硬件组成、硬件部件的功能、团队协作、工匠精神等方面进行综合评价，评价参考标准如表 1-1 所示。

表 1-1　评价参考标准

技能分类	测试项目	评价等级
基本能力	了解计算机的硬件组成	
	熟练掌握硬件的功能	
职业能力	能够独立完成计算机系统的组装，保证设备正常运行	
	保证外设的安装合理，能够考虑到功耗、散热、安全等因素，连接线缆捆扎标准	
通用能力	自学能力、总结能力、协作能力、动手能力	
素质能力	通过学习组装计算机，培养学生的民族自豪感、工匠精神和敬业精神	
综合评价		

任务 2 》 硬盘分区与系统安装

1.2.1　任务引入

组装计算机完成以后，首先我们需要制作一个包含系统镜像文件的 U 盘启动盘。现在的软件维修人员，基本都是"一个U盘走天下"，这个U盘启动盘就是用来进行硬盘分区、重装系统及备份系统和数据的。

接着我们对计算机硬盘进行分区。现如今随着科技的不断发展，一般个人计算机的硬盘大小平均不会低于500GB，为了方便管理和使用，分割硬盘空间是非常必要的选择，即为硬盘分区。硬盘分区使各个分区都独立开来，这样即使一个分区遇到病毒或者数据丢失也不会对其他分区造成影响。硬盘分区还可以让我们把不同的文件分开存储，这样能大大节省寻找文件的时间。

硬盘分区结束后，我们还需要为计算机安装系统，只有通过操作系统，我们才能真正地应用计算机硬件，相当于给我们的计算机注入灵魂，让它"活"起来。

1.2.2　知识与技能

1. U盘启动盘

我们有时会遇到无法进入计算机系统的情况，在重启计算机或者在系统安全模式也无法进入的情况下，U盘启动盘就可以发挥作用了。U盘启动盘内带有PE（Preinstallation Environment，预安装环境）系统（微型操作系统），即可以通过U盘访问计算机，然后对计算机进行相关的操作，比如修复系统、重装系统、硬盘分区、还原备份数据文件、备份系统等，具体内容如下。

（1）修复系统。即对计算机之前的系统进行自动检测修复，比如修复系统引导区、注册表、驱动故障等，修复完成后，即可访问计算机系统。

（2）重装系统。即在系统无法修复的时候进行计算机系统的重装，重装之后就可以使用新安装的系统访问、操作计算机了，不过之前系统盘的有些数据文件会丢失，要注意备份。

（3）硬盘分区。我们使用计算机的时候需要将硬盘进行分区，至少将操作系统和非操作系统所处的硬盘分开，以免造成系统文件的误删及对系统运行速度造成影响。另外，Windows 10/Windows 8系统采用的是GPT（全局唯一标识硬盘分区表）分区方式，而Windows 7/Windows XP系统采用的是MBR（主引导记录）分区方式，重装系统前需要更改分区方式，以免重装系统失败。

（4）还原备份数据文件。如果无法进入系统，我们最担心的就是计算机里的数据文件是否会丢失，这时我们可以在U盘启动盘的PE系统内将数据文件进行备份，待重装系统后再进行还原。

（5）备份系统。U盘启动盘也支持手动备份系统、制作系统镜像，更适用于大批量安装计算机系统的情景。

2. 硬盘分区

（1）认识分区

硬盘分区，就是将硬盘划分为几个大小不同的区域，以便存储不同类型的数据，使它们互不干扰且有条理，方便我们寻找所需的数据。

分区类型包括主分区、扩展分区、逻辑分区。Windows 下激活的主分区是硬盘的启动分区，我们的计算机系统安装在主分区中，它是独立的，也是硬盘的第一个分区，正常分的就是 C 区。除了主分区，剩余的磁盘空间就是扩展分区了，扩展分区是一个概念，实际上是看不到的。当整个硬盘只分为一个主分区的时候，就没有了扩展分区。在扩展分区上可以创建多个逻辑分区。逻辑分区相当于一块存储介质，是独立的数据"仓库"。

（2）分区格式

当硬盘分好区后需要选择硬盘的分区格式，硬盘的分区格式主要有 FAT16、FAT32、NTFS 等，它们分别具有以下特点。

① FAT16。这种格式采用 16 位的文件分配表，能支持的最大分区为 2GB，是曾经应用最为广泛和获得操作系统支持最多的一种磁盘分区格式，绝大多数的操作系统都支持这种格式，但硬盘的实际利用效率低。

② FAT32。这种格式采用 32 位的文件分配表，使其对磁盘的管理能力大大增强，突破了 FAT16 对每一个分区的容量只有 2GB 的限制，运用 FAT32 的分区格式后，用户可以将一个人硬盘定义成一个分区，而不必分为几个分区使用，这大大方便了用户对硬盘的管理工作，减少了硬盘空间的浪费，提高了硬盘利用效率。

③ NTFS。NTFS 是一种新兴的磁盘格式，早期常被用于 Windows NT 网络操作系统中，但随着其安全性的提高，Windows Vista 和 Windows 7 操作系统中也开始使用这种格式，并且在 Windows Vista 和 Windows 7 中只能使用 NTFS 格式作为系统分区格式。NTFS 分区格式的优点是安全性和稳定性方面非常出色，在使用中不易产生文件碎片，并且能对用户的操作进行记录，通过对用户权限进行非常严格的限制，使每个用户只能按照系统赋予的权限进行操作，充分保护了系统与数据的安全。

1.2.3 任务实施

我们对计算机硬盘分区后，就可以进行计算机操作系统的安装了。计算机操作系统的安装不仅适用于新计算机，对于已经有操作系统的计算机，也可重新安装操作系统。首先，操作系统使用的时间过长，内置的软件、冗余注册表值、临时数据都会影响操作系统的运行速度，重装系统是直接有效的提升运行速度的方式；其次，重装系统还可以清除很多系统 Bug、垃圾文件和大部分计算机病毒，修复很多受损的系统文件，解决一些日常难以解决的计算机问题。

下面我们介绍使用微软官方提供的工具安装 Windows10 系统的方法。

（1）在微软官方网站下载软件 Media Creation Tool（MCT），并完成安装。

（2）准备一个容量至少为 16GB 的 U 盘，注意制作 U 盘启动盘的操作会清空 U 盘上的全部内容，所以一定要提前备份 U 盘内的文件，确认 U 盘内的文件全部备份好后，将 U 盘插入已经下载并安装好 MCT 的计算机，运行 MCT 软件，并接受相应的微软软件许可条款。

（3）等待片刻后，选择"为另一台电脑创建安装介质（U 盘、DVD 或 ISO 文件）"，并单击"下一步"。如图 1-14 所示。

（4）取消勾选"对这台电脑使用推荐的选项"，然后在上面的 3 个下拉框中依次选择"中文简体""Windows 10 家庭中文版""64 位（x64）"，并单击"下一步"。如图 1-15 所示。如果对组策略、用户和用户组的高级功能有需要的用户，可以在"版本"下拉框中选择其他相应版本。

图1-14 选择"为另一台电脑创建安装介质（U盘、DVD或ISO文件）"界面

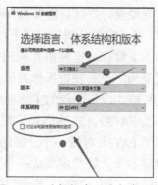

图1-15 选择相应系统版本界面

（5）选择安装介质为"U 盘"，并选择对应的 U 盘，完成 U 盘启动盘的制作。如图 1-16 所示。

（6）把制作好的 U 盘启动盘插入需要重新安装操作系统的计算机，通过快捷键进入计算机启动顺序选择界面，选择进入 U 盘启动。这里大家需要注意不同品牌的计算机启动快捷键有可能不相同，例如联想计算机启动快捷键为 F12、华硕计算机启动快捷键为 F8。

（7）通过 U 盘启动盘启动计算机以后，进入 Windows 安装程序，并根据用户自身需求进行选择。如图 1-17 所示。

图1-16 选择安装介质界面

图1-17 Windows安装程序

（8）跳过密钥，先安装系统，系统安装完成后进行产品激活。如图 1-18 所示。

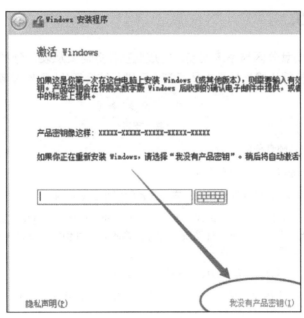

图1-18 跳过密钥

（9）在磁盘分区列表中找到"主分区"进行"格式化"操作，进行系统的安装。如图1-19所示。

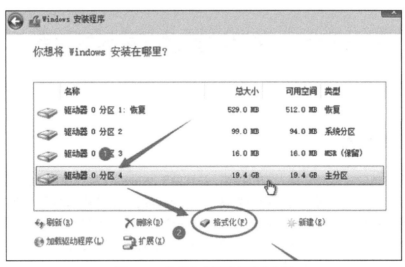

图1-19 选择主分区进行系统安装

（10）等待安装程序进行部署，完成后计算机会自动重启。重启后的计算机会自动进入新操作系统的前期设置，例如区域设置、键盘布局、网络设置、用户设置等，这样新的操作系统就安装完成了。

除了微软官方的MCT工具，目前制作U盘启动盘的工具很多，主要功能大同小异，我们可以根据自己的喜好选择任意一款即可。

1.2.4　任务评价

对计算机进行硬盘分区与系统安装，完成此项任务需要从硬盘分区的掌握、系统安装的掌握、团队协作、计算机维修的生态体系等方面进行综合评价，评价参考标准如表1-2所示。

表 1-2　评价参考标准

技能分类	测试项目	评价等级
基本能力	熟悉硬盘分区	
	熟练掌握系统的安装方法	
职业能力	了解计算机软件从业人员应当具备的职业道德守则	
	对计算机硬件选配合理，能够对计算机的运行环境进行优化设置，能够安装计算机软件系统中除操作系统外的其他实用软件（如工具软件、杀毒软件等）	
通用能力	自学能力、总结能力、协作能力、动手能力	
素质能力	理解并敬重工匠精神，在学习中努力发扬工匠精神；了解计算机强大的组装与维护生态体系	
综合评价		

任务 3 〉 计算机常见问题的维护和处理

1.3.1　任务引入

计算机出现的故障经常让人难以捉摸，并且由于 Windows 操作系统的组件相对复杂，计算机一旦出现故障，对于普通用户来说，想要准确地找出其故障的原因比较困难。那么是否就是说我们遇到计算机故障的时候，就完全束手无策了呢？其实并非如此，计算机产生故障的原因虽然有很多，但是，只要我们细心观察，认真总结，还是可以掌握一些计算机故障的规律和处理办法的。

计算机是由各种配件组合而成的，下面我们就根据组成计算机的各个部件对其经常出现的故障进行分析。

1.3.2　知识与技能

1. 主板问题导致的计算机故障

主板是整个计算机的关键部件，起着至关重要的作用。如果主板出故障将会影响到整个计算机系统的工作。下面，我们就一起来看看主板在使用过程中最常见的故障有哪些。

常见故障一：开机无显示

主板的 BIOS 中存储着重要的硬件数据，同时 BIOS 也是主板中比较脆弱的部分，极易受到破坏，BIOS 一旦受损就会导致系统无法运行，出现此类故障一般是由于主板 BIOS 被 CIH 病毒破坏（当然也不排除主板本身故障导致系统无法运行）。一般 BIOS 被病毒破坏后硬盘里的数据将全部丢失，所以我们可以通过检测硬盘数据是否完好来判断 BIOS 是否被破坏，如果硬盘数据完好无损，那么还有以下 3 种原因会造成开机无显示的现象。

（1）主板扩展槽或扩展卡有问题，导致插上诸如声卡等扩展卡后主板没有响应而无显示。

（2）主板在 CMOS 里设置的 CPU 频率错误，也可能会引发开机无显示故障，对此只要对 CMOS 进行放电处理，清除 CMOS 设置即可。清除 CMOS 的跳线一般在主板的 CMOS 锂电池附近，默认一般为 1、2 针脚位用跳线帽使其短路，只要将其改跳为 2、3 针脚位短路几秒钟即可解决问题。对于以前的主板，如果用户找不到该跳线，只要将 CMOS 锂电池取下，待开机显示进入 CMOS 设置后再关机，然后将电池安装上去亦可达到 CMOS 放电的目的。

（3）主板无法识别内存、内存损坏或者内存不匹配也会导致开机无显示的故障。某些旧的主板比较挑剔内存，一旦插上主板无法识别的内存，主板就无法启动，甚至某些主板没有任何故障提示（鸣叫）。当然也有的时候会扩充内存以提高系统性能，结果安装上不同品牌、类型的内存同样会导致此类故障的出现，因此在检修时，应多加注意。

对于主板 BIOS 被破坏的故障，可靠的方法是用写码器将 BIOS 更新文件写入 BIOS 里面（寻找有此服务的计算机供应商解决该问题比较安全）。

常见故障二：CMOS 设置不能保存

此类故障一般是由主板电池电压不足造成的，对此予以更换即可，但有的主板在更换电池后仍然不能解决问题，此时有两种可能。

（1）主板电路问题，对此要找专业人员维修。

（2）主板 CMOS 跳线问题，有时候会错误地将主板上的 CMOS 跳线设为清除选项，或者设置成外接电池，从而导致 CMOS 数据无法保存。

常见故障三：在 Windows 下安装主板驱动程序后出现死机或光驱读盘速度变慢

在一些杂牌主板上有时会出现此类现象，将主板驱动程序安装完成后，重新启动计算机不能以正常模式进入 Windows 桌面，而且该驱动程序在 Windows 下不能被卸载。如果出现这种情况，建议找到最新的驱动程序重新安装，如果问题仍然无法解决，就需要重新安装系统。

常见故障四：安装 Windows 或启动 Windows 系统时鼠标不可用

出现此类故障一般是由于 CMOS 设置错误。在 CMOS 设置的电源管理栏有一项 modem use IRQ，它的选项分别为 3、4、5……NA，一般默认为 3，将其设置为 3 以外的中断项即可。

常见故障五：主板 COM 接口或并行接口、IDE 接口失灵

此类故障一般是由用户带电插拔相关硬件造成的，此时用户可以用多功能卡代替，但在代替之前必须先禁用主板上自带的 COM 接口与并行接口（有的主板需要禁用所有

IDE 接口方能正常使用）。

2. 内存问题导致的计算机故障

内存是计算机中最重要的配件之一，它的作用毋庸置疑，那么内存最常见的故障都有哪些呢？

常见故障一：开机无显示

此类故障一方面是因为内存条与主板内存插槽接触不良，只要用橡皮擦擦拭其金手指部位即可解决问题（不要用酒精等清洗），另一方面是因为内存损坏或主板内存槽有问题。

常见故障二：Windows 注册表经常无故损坏，提示要求用户恢复

此类故障一般是因为内存条质量不佳，很难修复，只有更换内存条才可解决。

常见故障三：Windows 经常自动进入安全模式

此类故障一般是由于主板与内存条不兼容或内存条质量不佳，常见于高频率的内存条用于某些不支持此频率内存条的主板上，可以尝试在 CMOS 设置里降低内存读取速度，如若不行，则需更换内存条。

常见故障四：随机性死机

此类故障可能由以下原因导致：一是由于采用了几种不同芯片的内存条，由于各内存条读取速度不同产生时间差从而导致死机，因此可以在 CMOS 设置内降低内存速度，否则，唯有使用同型号内存才可解决；二是内存条与主板不兼容，此类现象一般少见；三是内存条与主板接触不良引起计算机随机性死机。

常见故障五：内存加大后系统资源反而减少

此类现象一般是由于主板与内存不兼容，常见于高频率的内存条用于某些不支持此频率的内存条的主板上，当出现这样的故障时可以试着在 CMOS 中将内存的读取速度设置得低一点。

常见故障六：运行某些软件时经常出现内存不足的提示

此现象一般是由系统盘剩余空间不足造成的，可以删除一些无用文件，多留一些空间。

3. 硬盘问题导致的计算机故障

硬盘是负责存储我们的资料和软件的仓库，硬盘的故障如果处理不当往往会导致系统无法启动和数据丢失，那么，我们应该如何应对硬盘的常见故障呢？

常见故障一：系统不认硬盘

系统从硬盘无法启动，通过 U 盘启动盘也无法进入 C 盘，且使用 CMOS 中的自动监测功能无法发现硬盘的存在。这种故障大都出现在连接电缆或 IDE 端口上，硬盘本身故障的可能性不大，可通过重新插接硬盘电缆或者改换 IDE 接口及电缆等进行替换试验，就会很快发现故障的所在。如果新接上的硬盘也不被接受，则可能是硬盘上的主从跳线问题，如果一条 IDE 硬盘线上接两个硬盘设备，就要分清楚主从关系。

常见故障二：硬盘无法读写或不能辨认

SATA 硬盘出现这种故障最常见的原因就是硬盘未分区。硬盘无法读写分两种情况：一种情况是我们进入系统看到硬盘正常显示但无法读写，那么可以右键单击"计算机管理→存储→磁盘管理→新建卷"，这样硬盘就可以正常读写了；另外一种情况是系统无法识别该硬盘，需要通过硬盘分区工具对该硬盘进行分区后，硬盘才能正常读写。

常见故障三：系统无法启动

此类故障通常是基于以下 4 种原因。

（1）主引导程序损坏。

（2）分区表损坏。

（3）分区有效位错误。

（4）DOS 引导文件损坏。

其中，DOS 引导文件损坏造成的故障最容易处理，用启动盘引导后，向系统传输一个引导文件就可以了。主引导程序损坏和分区有效位错误一般也可以用 FDISK/MBR 强制覆写解决。分区表损坏就比较麻烦了，因为无法识别分区，系统会把硬盘作为一个未分区的裸盘处理，因此造成一些软件无法工作，这时候，我们可以通过 PE 里面的 DiskGenius 工具来修复分区表。

常见故障四：硬盘容量与标称值明显不符

一般来说，硬盘格式化后容量会小于标称值，但此差距绝不会超过 20%，如果两者差距很大，则应该在开机时进入 BIOS 设置，在其中根据你的硬盘做合理设置。如果还不行，则说明可能是主板不支持大容量硬盘，此时可以尝试下载最新的主板 BIOS 并进行刷新来解决。此类故障多在大容量硬盘与旧的主板搭配时出现。另外，突然断电等原因使 BIOS 设置产生混乱也可能导致这种故障的发生。

常见故障五：开机时系统不认硬盘

这类故障往往是最可怕的。产生这类故障的主要原因是硬盘主引导扇区数据被破坏，表现为硬盘主引导标识或分区标识丢失。这类故障的罪魁祸首往往是病毒，它将错误的数据覆盖到了主引导扇区中。市面上一些常见的杀毒软件都提供了修复硬盘的功能，大家不妨试一试。

4．声卡问题导致的计算机故障

常见故障一：声卡无声

出现这类故障常见的原因有以下 4 个。

（1）驱动程序默认输出为"静音"。单击屏幕右下角的声音小图标（小喇叭），出现音量调节滑块，下方有"静音"选项，单击前边的复选框，清除框内的对号，即可正常发音。

（2）声卡与其他插卡有冲突。解决办法是调整 PnP（Plug and Play，即插即用）卡所使用的系统资源，使各卡互不干扰。有时打开"设备管理"，虽然未见黄色的惊叹号（冲突标志），但声卡就是不发声，其实也是存在冲突，只是系统没有检查出来。

（3）安装了 DirectX 后声卡不能发声了。说明此声卡与 DirectX 兼容性不好，需要更新驱动程序。

（4）一个声道无声。检查声卡到音箱的音频线是否有断线。

常见故障二：声卡发出的噪声过大

出现这类故障常见的原因有以下 3 个。

（1）插卡不正。由于机箱制造精度不够高、声卡外挡板制造或安装不良导致声卡不能与主板扩展槽紧密结合，目视可见声卡上"金手指"与扩展槽簧片有错位，一般可用工具进行校正。

（2）有源音箱输入接在声卡的 Speaker 输出端。对于有源音箱，其输入应接在声卡的 Lineout 端，它输出的信号没有经过声卡上的功率放大器，噪声要小得多。有的声卡上只有一个输出端，是 Lineout 还是 Speaker 是由卡上的跳线决定的，厂家的默认方式是接在 Speaker 端，所以要拔下声卡调整跳线。

（3）Windows 自带的驱动程序不好。在安装声卡驱动程序时，要选择"厂家提供的驱动程序"而不要选"Windows 默认的驱动程序"，如果用"添加新硬件"的方式安装，则要选择"从磁盘安装"而不要从列表框中选择。如果已经安装了 Windows 自带的驱动程序，可选"控制面板→系统→设备管理→声音、视频和游戏控制器"，单击选中各分设备，选择"属性→驱动程序→更改驱动程序→浏览'我的电脑'以查找驱动程序"。这时插入声卡附带的光盘，安装厂家提供的驱动程序或者从官网下载匹配的驱动程序。

常见故障三：无法正常录音

首先检查麦克风是否有没有错插到其他插孔中；然后双击小喇叭图标，选择选单上的"属性→录音"，查看各项设置是否正确；最后在"控制面板→多媒体→设备"中调整"混合器设备"和"线路输入设备"，把它们设为"使用"状态。

常见故障四：无法播放 WAV 音乐、MIDI 音乐

不能播放 WAV 音乐现象比较罕见，常常是由于"多媒体"→"设备"下的"音频设备"不止一个，此时我们禁用一个即可。

5. 显卡问题导致的计算机故障

常见故障一：开机无显示

此类故障一般是因为显卡与主板接触不良或主板插槽有问题。对于一些集成显卡的主板，如果显存共用主内存，则需注意内存条的位置，一般应在第一个内存条插槽上插有内存条。

常见故障二：颜色显示不正常

此类故障一般由以下原因导致。

（1）显卡与显示器信号线接触不良。

（2）显示器自身故障。

（3）如果在某些软件里运行时颜色不正常（一般常见于老式机），可开启 BIOS 里的校验颜色的选项。

（4）显卡损坏。

常见故障三：死机

出现此类故障一般多见于主板与显卡的不兼容或主板与显卡接触不良。显卡与其他扩展卡不兼容也会造成死机。

常见故障四：屏幕出现异常杂点或图案

此类故障一般是显卡的显存出现问题或显卡与主板接触不良造成的，需清洁显卡"金手指"部位或更换显卡。

常见故障五：显卡驱动程序自动丢失

显卡驱动程序载入，运行一段时间后驱动程序自动丢失，此类故障一般是显卡质量不佳或显卡与主板不兼容，使得显卡温度太高，从而导致系统运行不稳定或出现死机造成的，此时需要更换显卡。此外，还有一类特殊情况，以前能载入显卡驱动程序，但在显卡驱动程序载入后，进入 Windows 时会出现死机现象，此时可更换其他型号的显卡，在载入其驱动程序后，插入旧显卡予以解决。如若还不能解决此类问题，则说明注册表故障，对注册表进行恢复或重新安装操作系统即可。

6. 显示器问题导致的计算机故障

显示器使用时间过长，各种小问题就会接踵而至。

常见故障一：显示器屏幕上总有干扰杂波或线条，而且音箱中也有杂音

这种现象多半是由电源的抗干扰性差所致。如果动手能力不强，可以更换一个新的电源。如果有足够的动手能力，也可以试着自己更换电源内的滤波电容，这往往都能奏效；如果效果不太明显，可以将开关一并更换。

常见故障二：显示器花屏

这种问题大多是由显卡引起的：如果是新换的显卡，则可能是显卡的质量不好或不兼容，也可能是还没有安装正确的驱动程序所致；如果是旧卡加了显存，则有可能是新加进去的显存和原来的显存型号参数不一致所致。

常见故障三：显示器黑屏

如果是显卡损坏或显示器断线等原因造成没有信号传送到显示器，则显示器的指示灯会不停地闪烁，提示没有接收到信号，显示器会出现黑屏现象。如果将分辨率设得太高，超过显示器的最大分辨率也会出现黑屏，重者损坏显示器，但现在的显示器都有保护功能，当分辨率超出设定值时会自动保护。此外，硬件冲突也会引起显示器黑屏。

7. 系统问题导致的计算机故障

除去以上提到的计算机硬件方面的问题，生活中的大部分计算机问题是软件方面的问题，这类问题主要分为两大类。

（1）系统文件损坏问题。例如，系统引导使程序正在 Windows logo 界面而无法进入系统、开机蓝屏或者黑屏、开机提示需要恢复系统、进入系统就死机等，这类问题很多都是异常原因导致系统文件缺失，这个时候我们与其耗费精力、时间去寻找问题根源，不如迅速地重新安装系统，这样即可快速解决这类问题。

（2）系统文件配置引起的问题。这类问题虽然各不相同，需要具体问题具体分析，但每一个问题基本都是由系统服务配置与相关软件要求不符而导致的，此类问题需要查阅各种资料自行分析解决，只要有耐心，大部分问题都可以找到解决办法。

8. 计算机维护人员的职业要求

在信息时代，计算机维护人员必须在上岗前接受专业的计算机培训，不仅要具备熟练的操作技能，还要有厚实的计算机专业知识，这样才能满足信息时代的要求。因此，一名合格的计算机维护人员必须具备良好的心理素质和坚定的责任心。计算机维护人员应掌握的若干技术能力之一就是要熟悉计算机的诊断技术。现在计算机技术正在飞速的发展，新功能不断出现，这就要求计算机维护人员必须要有丰富的系统维护经验和能力，由于各种元器件的种类较多和组装各异，要修复这些器件，需要计算机维护人员有足够的耐心，克服设备、工具、元器件供应等一系列困难。对于计算机系统的维护，其最终目的是要使系统有足够高的可靠性和延长其平均维护周期，因此，计算机维护人员可以采取现代的计算机诊断技术，利用系统提供的各种软硬件诊断手段，根据诊断结果迅速找到故障并采取有效的措施来排除故障。

1.3.3 任务评价

完成此项任务需要从计算机故障处理、日常维护、团队协作、社会主义核心价值观等方面进行综合评价，评价参考标准如表 1-3 所示。

表1-3 评价参考标准

技能分类	测试项目	评价等级
基本能力	熟悉计算机故障并会处理	
	熟练掌握日常计算机的维护工作	
职业能力	运用正确的思维方法分析和解决问题	
	利用唯物主义辩证法分析和解决问题	
通用能力	自学能力、总结能力、协作能力、动手能力	
素质能力	通过软件行业发展前景，引发学生对未来的职业愿景，激发学生对社会主义核心价值观的认同感	
综合评价		

本章小结

本章对接多个专业中与计算机组装维护相关课程的教学要求，衔接对应的岗位工作需要，通俗易懂、简单实用。本章让学生多角度、多维度地了解计算机系统，培养学生的职业素养。本章在教学内容设计上由浅入深，要求理论知识够用，突出实践技能和维修经验的积累及职业素质的培养。

思考与练习

一、填空题

1. CPU 又叫（ ）。

2. 生产 CPU 的主要是（ ）和（ ）两大厂商。

3. 根据 CPU 的种类来分类，主板可分为（ ）主板和（ ）主板；根据主板结构来分类，主板可分为（ ）主板和（ ）主板。

4. CPU 的主频是由两部分内容相乘得来的，这两部分内容是（　　　）与（　　　）。

5. CMOS 是主板上一块可读写的（　　　）芯片，用于保存当前系统的硬件配置信息和用户设定的参数。

6. 目前组装计算机在选择硬盘上，可选（　　　）硬盘、（　　　）硬盘以及（　　　）硬盘 3 种。

7. 显卡主要可以分为两种类型，一种是（　　　）显卡，另一种是（　　　）显卡。

8. 台式机硬盘一般为（　　　）英寸硬盘，笔记本电脑硬盘一般是（　　　）英寸硬盘。

9. 常见的显示器接口有早期的（　　　）接口、现在流行的（　　　）接口和（　　　）接口 3 种。

10. Windows 10/Windows 8 系统采用的是（　　　）分区方式，而 Windows 7/Windows XP 系统采用的是（　　　）分区方式。

11. 安装系统时，安装版系统一般又称为（　　　）版系统。

12. 清除 CMOS 的跳线一般在主板的 CMOS 锂电池附近，其默认一般为（　　　）针脚位用跳线帽使其短路，只要将其改跳为（　　　）针脚位短路几秒钟即可解决问题。

13. 内存加大后系统资源反而减少，此类现象一般是由于（　　　）与内存不兼容引起的。

14. 现在的显示器分辨率超过显示器设定范围，显示器会（　　　）。

15. 系统问题导致的计算机故障，一般是由于（　　　）文件损坏或配置错误引起的。

二、简答题

1. 打开机箱前应该做哪些准备？

2. 影响 CPU 性能的有哪些指标？

3. 如何为计算机挑选合适的内存？

4. 相比传统的机械硬盘，如今流行的固态硬盘有什么优点和缺点？

5. 什么是 N 卡？什么是 A 卡？简述各自的优缺点。

6. 简述计算机的组装流程。

7. SATA 硬盘出现无法读取或识别的问题，应该如何解决？

>>> **任务目标**

1. 职业素质：树立良好的职业道德素养，能自觉遵守行业法规、规范和企业规章制度；具有获取前沿技术信息、学习新知识的能力；具有正确理解技术支持文档的能力；具有熟练的信息技术应用能力。

2. 熟悉 Windows 10 的窗口、开始菜单、任务管理器、常用快捷键。

3. 熟悉个性化设置的各项内容。

4. 了解窗口打开方式。

5. 了解 Windows 10 的常用快捷键。

6. 了解文件权限相关知识和设置方法。

7. 了解任务栏设置中的各项功能及意义。

8. 掌握资源管理器菜单中各选项的作用和使用方法。

9. 掌握文件和文件夹的创建、删除、重命名、查找方法。

10. 掌握文件压缩及解压缩方法。

>>> **思维导图**

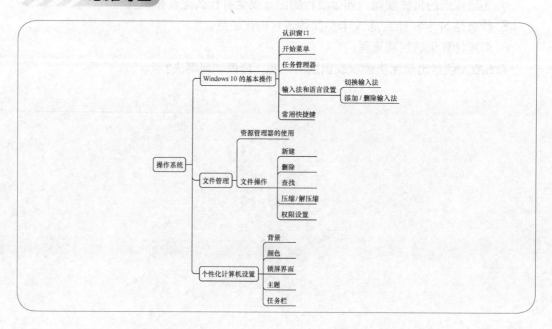

本章导读

　　Windows 10 操作系统在易用性和安全性方面较之之前的系统有了极大提升，除了对云服务、智能移动设备、自然人机交互等新技术进行融合，还对固态硬盘、生物识别、高分辨率屏幕等硬件进行了优化与支持。Windows 10 恢复了原有的开始菜单，并将 Windows 8 系统中的"开始界面"集成其中。现代化应用程序则在桌面以窗口化模式运行，可以随意拖曳、调整大小，也可以最小化、最大化、全屏及关闭程序等。Windows 10 的屏幕切割功能增强，现在可在屏幕中同时设置 4 个窗口，Windows 10 还会在单独的窗口内显示正在运行的其他应用程序。文件管理是操作系统的重要功能，文件资源管理器是 Windows 10 操作系统中实现文件统一管理的一组软件，是操作系统中负责存取和管理文件信息的结构。通过任务 1 ～任务 3 这 3 个基础任务的训练，学生可以熟悉 Windows 10 的基本操作，掌握文件管理方法，掌握个性化计算机设置等技能，也可以提高其操作效率和工作实践能力。

任务 1 》 Windows 10 的基本操作

2.1.1 任务引入

　　小 A 为某高等职业学校培训中心员工，培训中心现承接了 B 企业"计算机基础知识"的社会培训服务，需要小 A 为企业员工讲授"Windows 10 基本操作"部分内容，为大家普及 Windows 10 操作系统的基础知识，提高该企业员工的信息化水平。培训内容包括 Windows 窗口使用、开始菜单操作、任务管理器使用、输入法和语言设置、常用快捷键使用等。

2.1.2 知识与技能

1. 认识窗口

　　Windows 操作系统常见的窗口分为对话窗口、程序窗口、文件夹窗口，如图 2-1 所示。

　　窗口的顶部为标题栏，显示窗口名称及图标，通过最右侧的 3 个按钮可以进行最小化、最大化、关

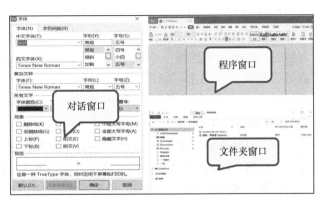

图2-1　Windows系统常见的窗口

闭窗口操作，在标题栏空白处双击鼠标左键会自动切换窗口大小。菜单栏位于标题栏下方，其中存放了当前窗口中的许多操作选项，分别单击其菜单项也可弹出下拉菜单，从中选择操作命令。

2. 开始菜单

Windows 10 的开始菜单不仅融合了 Windows 7 的优点，也加入了 Windows 8 的特点。Windows 10 开始菜单整体可以分成两个部分，如图 2-2 所示，其中，左侧为常用项目和最近添加、使用过的项目的显示区域，可以显示所有应用列表等，右侧用来固定图标的区域。

3. 任务管理器

任务管理器是 Windows 系统自带的一种对运行任务进行管理的软件，在这里可以进行软件的启动和关闭，通常在当某个软件没有响应时，用任务管理器可以进行强制关闭。

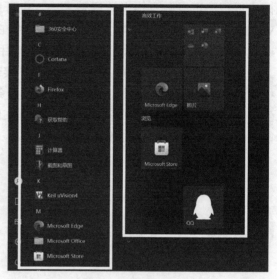

图2-2 开始菜单界面

4. 输入法和语言设置

在任务栏的右边有一个小键盘图标，可以进行输入法设置，默认输入的是英文字母，单击可以选择汉字输入法。

（1）切换输入法

切换输入法时，在任务栏上的小键盘图标处单击鼠标左键，在弹出的菜单中选择一个输入法；也可以使用键盘切换，同时按下【Ctrl+ 空格】组合键，可以在中文和英文之间切换；同时按下【Ctrl+Shift】组合键可以在各个输入法之间进行切换。

（2）添加 / 删除输入法

首先，在任务栏的小键盘图标处单击鼠标右键，在弹出的菜单中选择"设置"菜单项，出现文字服务面板；然后，在中间单击右边的"添加"按钮，弹出一个小面板；最后，在小面板的第一行可添加其他国家的语言输入法，比如日语输入法，第二行可添加汉字输入法，选中"中文—双拼"后单击"确定"按钮，双拼输入法添加完成。删除输入法时，在面板中选择一个输入法，比如双拼输入法，然后单击右边的"删除"按钮，就可以删除，再单击"确定"按钮，关闭面板。

▶▷ 提示

用鼠标单击屏幕左下角的"开始"菜单按钮；再单击"开始"菜单左侧边栏的"设置"按钮，进入系统设置界面；然后单击"时间与语言"，进入系统语言设置界面；再单击"语言"也可以设置系统语言。

5. 常用快捷键

Windows 快捷键，又叫快速键或热键，指通过某些特定的按键、按键顺序或按键组合来完成一个操作，很多快捷键与 Ctrl 键、Shift 键、Alt 键、Fn 键和 Windows 平台下的 Win 键和 Mac 机上的 Meta 键等配合使用。利用快捷键可以代替鼠标做一些工作，可以利用键盘快捷键打开、关闭和导航"开始"菜单、桌面、对话框和网页。Windows 快捷键提供了一种快速导航和操作体验系统多项功能的方法，可以提高工作效率。

2.1.3 任务实施

1. 窗口打开操作

小 A 要为大家讲解服务窗口的设置，需要先打开服务窗口界面，如图 2-3 所示。

方法一： 通过在运行窗口中输入 Services.msc 来打开服务窗口。

步骤 1： 同时按下【Win+R】组合键，或者在桌面左下角的"开始"按钮上单击鼠标右键，在弹出的菜单中单击"运行"，运行界面如图 2-4 所示。

步骤 2： 在弹出的窗口中输入 Service.msc，按 Enter 键即可打开服务窗口界面。

图2-3　服务窗口界面

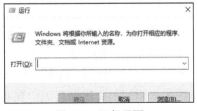

图2-4　运行界面

方法二： 在命令行窗口中输入 Services.msc。

在命令行窗口中输入命令 Services.msc，如图 2-5 所示，按 Enter 键即可打开服务窗口界面。

方法三： 通过搜索服务操作。

步骤 1： 在桌面左下角的"开始"按钮上单击鼠标右键，在弹出的菜单中单击"搜索"。

步骤 2： 在弹出窗口中输入"服务"，如图 2-6 所示。

步骤 3： 单击"服务"即可打开服务窗口界面。

方法四： 在"计算机管理"中操作。

步骤 1： 在桌面左下角的"开始"按钮上单击鼠标右键，在弹出的菜单中单击"计算机管理"菜单项，如图 2-7 所示。

步骤 2： 在左侧列表中选择"服务和应用程序"，单击"服务"即可打开服务窗口界面。

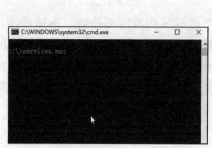

图2-5 命令行界面

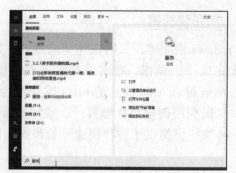

图2-6 服务界面

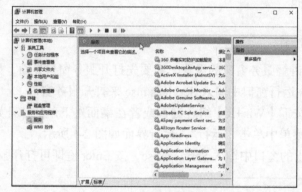

图2-7 计算机管理界面

2. 开始菜单操作

（1）将应用/程序固定到开始菜单

在开始菜单左侧右键单击某一个应用项目或者程序文件，以微信为例，选择"固定到'开始'屏幕"之后应用图标就会出现在右侧的区域中，如图 2-8 所示。应用如上操作，就能把经常用到的应用项目固定到右侧，方便快速查找和使用。

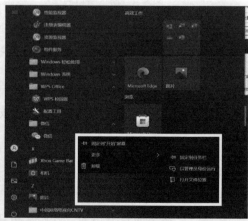

图2-8 开始菜单界面

（2）开始菜单应用程序设置

通过右键单击开始菜单右侧的应用程序图标，可以取消其在"开始"屏幕的固定，也能改变其大小或卸载该应用程序，如图2-9所示。

图2-9 开始菜单界面

（3）快速查找应用程序

通过单击桌面左下角的"开始"菜单图标，单击所有应用，单击字母，便能弹出快速查找的界面。这是 Windows 10 提供的首字母索引功能，利于快速查找应用。搜索界面如图 2-10 所示。

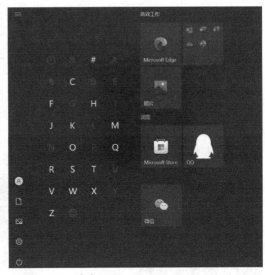

图2-10 搜索界面

3. 任务管理器操作

打开任务管理器的方法如下。

方法一：

步骤1：右键单击桌面左下角的"开始"按钮，在弹出的菜单中选择"任务管理器"菜单项，可以打开任务管理器，如图 2-11 所示。任务管理器界面如图 2-12 所示。

步骤2：第一次打开是精简模式，单击图 2-12 所示的"详细信息"按钮，就可以打开任务管理器的详细信息窗口，详细信息界面如图 2-13 所示。

图2-11　打开任务管理器

图2-12　任务管理器界面

图2-13　详细信息界面

方法二：直接右键单击任务栏的空白位置，在弹出的菜单中选择"任务管理器"菜单项，也可以快速打开任务管理器，如图 2-14 所示。

方法三：

步骤 1：右键单击"开始"按钮，在弹出的菜单中选择"运行"菜单项，如图 2-15 所示。

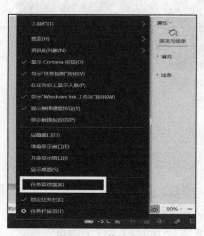

图2-14　菜单界面

图2-15　开始快捷菜单界面

步骤2：在打开的运行窗口中输入命令 taskmgr.exe，然后单击"确定"按钮，也可以快速打开任务管理器窗口，如图 2-16 所示。

方法四：同时按下【Ctrl+Alt+Delete】组合键，也可以快速打开任务管理器。

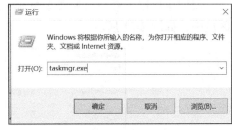

图2-16 运行界面

4. 输入法和语言设置

设置输入法和语言的方法如下。

步骤1：单击桌面左下角的"开始"按钮，在打开的"开始"菜单中单击"设置"选项，如图 2-17 所示，弹出设置窗口。

步骤2：单击如图 2-18 所示的设置窗口中的"时间和语言"选项，弹出时间和语言窗口。

图2-17 设置选项

图2-18 设置窗口

步骤3：单击"语言"选项，弹出语言设置窗口，如图 2-19 所示。

图2-19 语言设置界面

步骤4：单击"添加语言"按钮，可在弹出的窗口中选择所需要的语言，如图 2-20 所示。

步骤5：单击需要添加的语言，单击"下一步"按钮后，再单击"安装"按钮即可完成添加。此时在"语言"区域可以看到新添加的语言。

我们也可以下载自己所需要的输入法进行安装，安装后输入法即可自动添加到语言区域中，如图 2-21 所示。

图2-20　添加语言界面　　　　图2-21　语言区域界面

> **提示**
>
> 如果需要删除语言，则在"语言"区域单击需要删除的语言，在弹出选项中单击"删除"按钮即可完成删除。

5. 常用快捷键

（1）窗口对齐快捷键

Windows 10 支持按比例分屏显示窗口，可使用以下快捷组合键来对齐 2×2 网格中的窗口，如图 2-22 所示。

【Win+ 向左箭头】：将当前窗口移到左侧。

【Win+ 向右箭头】：将当前窗口移到右侧。

【Win+ 向上箭头】：将当前窗口移到顶部。

【Win+ 向下箭头】：将当前窗口移到底部。

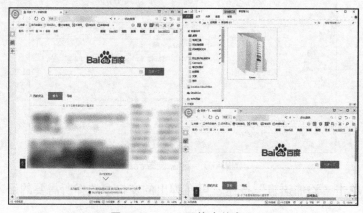

图2-22　2×2网格中的窗口

（2）虚拟桌面快捷键

Windows 10 支持虚拟桌面，如图 2-23 所示。如果希望保持工作区整洁有序，可能需要使用以下快捷组合键。

【Win+Ctrl+D】：创建一个新的虚拟桌面。

【Win+Ctrl+←】：转到左侧的虚拟桌面。

【Win+Ctrl+→】：转到右侧的虚拟桌面。

【Win+Ctrl+F4】：关闭当前虚拟桌面。

图2-23　虚拟桌面

（3）任务视图和窗口管理快捷键

【Win+Tab】：打开一个新的任务视图界面，显示此虚拟桌面上的所有当前窗口。屏幕底部还有虚拟桌面，可以轻松进行切换。

【Alt+Tab】：此组合键已存在很长时间，并且在 Windows 10 中的工作方式相同，与【Win+Tab】组合键不同，它允许切换所有虚拟桌面上的所有窗口，如图 2-24 所示。

图2-24　切换虚拟桌面的所有窗口

（4）设置快捷键

【Win+I】：打开 Windows 10 设置界面，如图 2-25 所示。

【Win+A】：打开 Windows 10 通知，Windows 10 通知也称为活动中心。

【Win+X】：打开"开始"按钮的上下文菜单，可以访问某些高级功能。

（5）Ctrl 和 Shift 组合键

【Shift+向左箭头】：选择光标左侧的文本。

【Shift+向右箭头】：选择光标右侧的文本。

【Ctrl+Shift+向左箭头（或向右箭头）】：选择文本块。

【Ctrl+C】：复制所选文本。

【Ctrl+V】：粘贴选中的文本。

【Ctrl+A】：选中光标提示符后的所有文本。

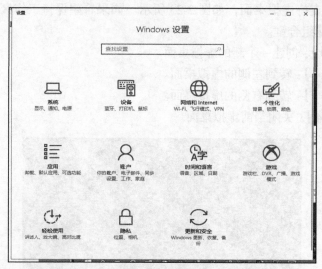

图2-25 设置界面

（6）打开和关闭快捷键

【Win+,】：暂时隐藏窗口以显示桌面。

【Win+D】：最小化所有窗口并转到桌面。

【Ctrl+Shift+M】：恢复所有最小化的窗口。

【Win+Home】：最小化除正在使用的窗口之外的所有窗口。

【Win+L】：锁定计算机并转到锁定屏幕。

【Win+E】：打开文件资源管理器。

【Alt+ 向上箭头】：在文件资源管理器中上升一级。

【Alt+ 向左箭头】：转到文件资源管理器中的上一个文件夹。

【Alt+ 向右箭头】：转到文件资源管理器中的下一个文件夹。

【Alt+F4】：关闭当前窗口。

【Win+Shift+ 向左箭头（或向右箭头）】：将窗口移动到另一个显示。

【Win+T】：循环访问任务栏项。此外，可以在执行此操作时按 Enter 键以启动应用
程序。

【Win+ 任意数字键】：从任务栏打开应用程序。例如，按【Win+1】组合键将打开任
务栏上的第一个项目。

（7）其他快捷键

【Ctrl+Shift+Esc】：打开任务管理器。

【Win+R】：打开"运行"对话框。

【Shift+Delete】：删除文件而不先将它们发送到回收站。

【Alt+Enter】：显示所选文件的属性。

【Win+U】：打开轻松访问中心。

【Win+Space】：切换输入语言和键盘。

【Win+PrtScr】：获取桌面的屏幕截图。

2.1.4 任务评价

Windows 10 基本操作任务包括 Windows 窗口使用、开始菜单操作、任务管理器使用、输入法和语言设置、常用快捷键使用等内容。完成此任务的评价参考标准如表 2-1 所示。

表 2-1 评价参考标准

技能分类	测试项目	评价等级
基本能力	掌握 Windows 窗口使用、开始菜单操作、任务管理器使用、输入法和语言设置、常用快捷键使用等内容	
职业能力	根据工作的要求，熟练使用 Windows 10 基本操作	
	具备一定的操作系统的操作技能	
通用能力	自学能力、协作能力、动手能力	
素质能力	通过学习 Windows 10 基本操作，了解操作系统发展历程，深入思考，从而获得有益的启示，培养爱国主义精神	
综合评价		

任务 2 》 文件管理

2.2.1 任务引入

嘉祺是一个正在找工作的大四学生，现需要向公司提交一个笔试文档，并对其题目进行解答与提交，本案例最终实现的文件如图 2-26 所示。

图2-26 文件结果示意

2.2.2 知识与技能

1. 资源管理器的使用

双击"此电脑"进入资源管理器界面，单击【查看】选项卡，在"布局"中可以选择图标大小，以及磁盘和文件的展示形式。在"当前视图"中可以调整文件的排序方式，以及选择展示的文件信息。在"显示/隐藏"中可以选择是否展示项目的复选框、文件的扩展名和显示隐藏的项目，也可以选择隐藏选中的文件。地址栏可以显示文件地址，也可以通过地址栏跳转到相应地址。搜索栏可以通过名称对文件进行搜索。具体示例如图 2-27 所示。

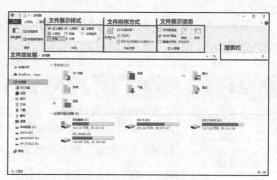

图2-27　资源管理器界面

2. 文件操作

（1）新建文件或文件夹。将光标置于资源管理器的空白处，单击鼠标右键，在菜单中选择"新建"选项，然后在弹出的菜单中选择需要新建的文件夹或文件类型。

如果想要单独创建文件夹，可以选中想要创建文件夹位置的窗口，利用组合键【Ctrl+Shift+N】，即可进行文件夹的快速创建。

（2）删除文件或文件夹。选中需要删除的文件，单击鼠标右键，在弹出的菜单中选择"删除"选项，即可删除选中文件；也可以选中需要删除的文件，使用组合键【Ctrl+D】删除。

（3）文件的重命名。选中需要重命名的文件，单击鼠标右键，在菜单中选择"重命名"选项，文件名便处于可编辑状态，对文件名进行修改后，按 Enter 键或单击空白处，文件名修改完成。此外，也可以选中需要重命名的文件，按 F2 键，文件名即进入可编辑状态，对文件名进行修改之后按 Enter 键或单击空白处，即完成修改。

（4）文件的查找。首先在任务栏上的搜索框中输入某个文档的名称，便可以在"最佳匹配"下看到搜索的文档结果。此外，也可以打开"资源管理器"，选择一个位置进行搜索或浏览，例如选择"磁盘 D"则只查找存储在 D 盘的文件，选择位置后可以在搜索框内输入名称进行查找。

（5）文件的压缩。Windows 10 自带的压缩与解压缩软件目前只支持 zip 格式的压缩文件。如果需要解压 rar 或 7z 等其他格式的压缩文件，可以选用 WinRAR 或者 7-Zip 等软件。

当需要压缩文件时，可以选中需要压缩的文件，单击鼠标右键，在菜单中选择"发送到"，再选择"压缩（zipped）文件"，即可得到压缩文件。

（6）文件的解压缩。当需要解压缩文件时，可以选中需要解压缩的文件，单击鼠标右键，在菜单中选择"全部解压缩"，在弹出窗口中选择文件将被提取到的文件夹，即可得到解压后的文件。

（7）文件的权限设置。右键单击文件夹或文件，选择"属性"，在"属性"对话框中可以对文件设置"只读"属性，设置了"只读"属性后，文件只能被查看，不能被修改。这是用来防止文件被恶意篡改的一种方式。在"属性"对话框中单击"安全"，再单击"编辑"按钮，即可对文件的权限进行设置。Windows 10 主要内置有 6 项基础权限，对应功能如下。

① 完全控制：允许用户对文件夹、子文件夹、文件进行全权控制，例如修改资源、修改

资源的所有者、删除资源、移动资源等，拥有完全控制就相当于拥有了其他全部权限。

② 修改：允许用户修改和删除资源，同时拥有写入和读取运行的权限。

③ 读取和运行：允许用户读取文件夹和子文件夹内容并列出内容的权限。

④ 列出文件夹内容：允许用户查看资源中的文件夹和子文件夹的内容。

⑤ 读取：允许用户查看文件夹中的文件和子文件夹，并且能够查看属性、所有者等权限。

⑥ 写入：允许用户在文件夹里创建子文件夹或新建文件，也可以改变文件夹属性等。

2.2.3 任务实施

1. 新建"测试题"文件夹

步骤：在桌面单击鼠标右键，选择"新建"选项，单击"文件夹"，并将文件夹命名为"测试题"。或者使用组合键【Ctrl+Shift+N】，创建文件夹，并将文件夹命名为"测试题"。

2. 查找并解压缩"测试题 .zip"文件

步骤1：打开"此电脑"，在搜索框中输入"测试题.zip"，等待下方窗口弹出文件即可。查找文件结果如图 2-28 所示。

步骤2：选中"测试题.zip"文件，单击鼠标右键，选择"全部解压缩"。

步骤3：在弹出的对话框中选择刚刚在桌面创建好的文件夹，单击"提取"即可实现解压缩，如图 2-29 所示。

图2-28 查找文件结果

图2-29 文件解压缩

3. 将文件中题目答案写在新建 Word 文件中，并将填写答案后的 Word 文档权限设置为"只读"

步骤1：打开"测试题"文件夹，在空白处单击鼠标右键，新建一个 Word 文档，并将其命名为"答案"。

步骤2：将"笔试选择题"中的题目答案写入"答案"文档，并保存。

步骤3：选中"答案"文档，单击鼠标右键，选择"属性"选项，在弹出的窗口中勾选"只读"选项。

4. 将文件夹重命名为"测试题 + 姓名学号"

步骤: 选中"测试题"文件夹,单击鼠标右键,选择"重命名"后进行名称修改,或者按 F2 键进行修改。

5. 将文件夹压缩为 zip 文件

步骤: 选中"测试题 + 姓名学号"文件夹,单击鼠标右键,选择"发送到"选项,单击"压缩(zipped)文件夹",即可得到压缩文件。

2.2.4 任务评价

文件管理基本操作任务包括资源管理器的使用、文件夹的新建、文件夹的重命名、文件夹的压缩、文件夹的属性设置等内容。完成此任务的评价参考标准如表 2-2 所示。

表 2-2 评价参考标准

技能分类	测试项目	评价等级
基本能力	熟练掌握文件的基本操作	
职业能力	掌握资源管理器查看、布局、视图、显示 / 隐藏、地址栏等	
	掌握文件的新建、删除、重命名、权限设置等	
通用能力	自学能力、总结能力、协作能力、动手能力	
素质能力	通过完成任务,提升学生处理文件的能力和运用技术的能力	
综合评价		

任务 3 ❯ 个性化计算机设置

2.3.1 任务引入

小 A 要对自己的计算机做一些个性化设置,需将"本地磁盘 D:"中的"风景相册"文件夹中的"风景 1"作为桌面背景,并将整个"风景相册"文件夹作为幻灯片锁屏界面。此外,还要将任务栏置于屏幕左侧,并在桌面模式下自动隐藏,请你帮小 A 完成该个性化设置任务。

2.3.2 知识与技能

Windows 10 操作系统在许多方面与其前身不同。这不仅体现在改进的功能上,还体现在几乎完全重新设计的外观上。Windows 10 中的窗口采用无边框设计,界面扁平化,边框直角化,标题栏中的按钮也采用扁平化设计。此外,微软还重新设计了 Windows 10

中的图标，新的图标采用扁平化设计，更加符合操作系统的整体设计风格。个性化设置内容包括背景、颜色、锁屏界面、主题等设置项，用户可以通过这些设置来个性化自己的计算机，使其适应自身的需求和偏好。

1. 背景设置

依次单击"开始→设置→个性化→背景"，在"背景"设置窗口中可以将背景设置成图片、纯色、幻灯片放映等不同的背景来源，如图2-30所示。

"图片"是默认的桌面背景模式，选择"图片"后，用户可以自己定义桌面背景，也可以通过在图片上单击鼠标右键的方式将任何来源的图片设置为桌面背景。

在背景设置的下方，单击"选择契合度"，可以根据需要选择适合于这张图片的契合度。对于契合度，系统默认为"填充"。用户可以按照自己的需要更改图片在桌面的契合度。除默认的"填充"外，还有"适应""拉伸""平铺""居中"和"跨区"5个选项，如图2-31所示。

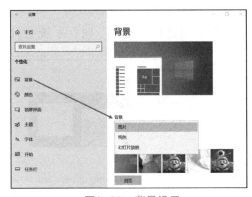 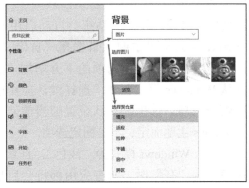

图2-30　背景设置　　　　　　　　　　图2-31　契合度选择

（1）默认设置"填充"，"填充"方式不区分图片的分辨率，系统会按照当前屏幕分辨率自动适配当前屏幕。当图片的长宽比与当前屏幕分辨率的长宽比不对等时，图片可能会产生变形的问题。

（2）"适应"是将图片以其本身大小作为桌面。由于此填充方式不会自动适配当前屏幕，因此在设置背景之后，当前的桌面可能会有空隙。对于空隙部分，可以设置其显示的背景颜色。在未配置的情况下，系统默认空隙部分的颜色为黑色。可以从系统提供的颜色中选择，也可以自己另外自定义颜色。

（3）"拉伸"是将图片在作为桌面时自动将图片根据其长宽与屏幕的关系向四周拉伸，从而强制适配当前屏幕的分辨率，使用此项契合度设置后，图片变形是最严重的。

（4）"平铺"是将图片按照图片分辨率的宽度和屏幕分辨率的长度的比例进行放大，忽略图片的高度，从而适配当前屏幕。使用此项契合度设置后，图片将会出现显示不全的情况。

（5）"居中"是将图片以其中心和屏幕的中心重合进行设置。这样任何图片都将会自动居于屏幕的中心部位显示。居中显示桌面背景不产生图片适配的问题，但与适应选项一样，图片因为分辨率的问题可能会在桌面的四周产生空隙。

（6）"跨区"方式适用于拥有多个显示器的计算机。系统将会在多个显示器中使用同一张图片作为背景。

背景设置中的"纯色"是将当前桌面的背景设定为某种特定的颜色、是非图片背景。

选定它后，将会在选项下方显示各种颜色，如图 2-32 所示。

选中"幻灯片放映"方式后，将会在下面提示图片来源，可以使用系统提供的默认设置作为图片来源，也可以指定一个存有图片的新目录作为图片来源。无论是默认的来源，还是指定的来源，都要保证其中有图片，否则将无法自动更换。

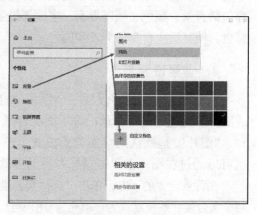

图2-32　纯色

2. 颜色设置

依次单击"开始→设置→个性化→颜色"，在"颜色"设置窗口中，选择"颜色"，有 3 项风格可供选择，分别为浅色、深色和自定义，如图 2-33 所示。

当选择"浅色"时，系统会自动启用明亮主题。当选择"深色"时，系统会自动将全局设置为暗黑主题。当选择"自定义"时，系统将在选择颜色选项的下方增加"选择默认 Windows 模式"和"选择默认应用模式"两个选项。这里的默认设置随当前使用的 Windows 主题而定，不是固定选项。

当默认 Windows 模式为"浅色"，且默认应用模式为"亮"时，所有应用都将会启用暗黑深色模式。而开始菜单、操作中心、任务栏等都会是浅色模式。反之，则是所有应用不启用暗黑深色模式，恢复原本的明亮界面配色，而开始菜单、操作中心、任务栏等都将会是暗黑深色模式。

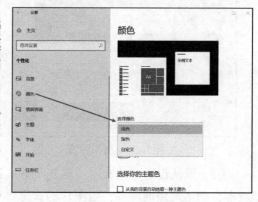

图2-33　颜色设置

Windows 10 操作系统中还可以根据壁纸的主题颜色自动更改配色方案。Windows 10 提供 40 多种主题色以供选择。此外，还可以启用随壁纸自动更换主题色功能。

3. 锁屏界面设置

如果用户在一段时间内没有使用鼠标或键盘，则会开启锁屏界面，在计算机的屏幕上出现移动的图片或图案，这是从 Windows 8 开始新增的功能。依次单击"开始→设置→个性化→锁屏界面"进行设置，可通过输入密码 /PIN 或上滑屏幕等方式解锁，锁屏界面设置中有 Windows 聚焦、图片和幻灯片放映 3 个选项，如图 2-34 所示。

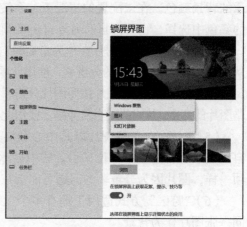

图2-34　锁屏界面设置

当背景的来源设为"图片"时,可以单击"浏览"选择图片,可以使用系统提供的图片,也可以自定义图片作为锁屏背景,如图2-35所示。

当背景来源设置为"幻灯片放映"时,将会在预览窗口左上角多出一个"播放"图标,如图2-36所示,可以为需要放映的幻灯片选择图册的内容。

图2-35 锁屏界面设置   图2-36 设置为幻灯片放映时的窗口

4. 主题设置

"主题"可以是桌面背景图片、窗口颜色和声音的组合。在"个性化"窗口,选择"主题"选项,即可进入主题的设置界面,单击某个主题可一次性同时更改桌面背景、颜色、声音和屏幕保护程序。在主题预览的上方、主题标题的下方显示了当前主题的名称,如图2-37所示。在默认情况下,系统提供了包括Windows、Windows 10和鲜花等多款主题。

图2-37 主题设置

"自定义"主题包括背景、颜色、声音和鼠标光标等内容,单击"背景"将会跳回个性化中的背景设置,单击"颜色"将会跳回个性化中的颜色设置,单击"声音"将会打开传统控制面板声音设置,单击"鼠标光标"将会打开传统控制面板对应的标签页面。在完成自定义主题中的各个内容设置后,可以将当前设置保存为一个自定义主题。

此外,在Windows 10中,主题不仅可以从第三方网站获取,还可以通过应用商店获取。单击"在Microsoft Store中获取更多主题"链接,将会打开应用商店,进入主题页面,可在其中选择并获取主题。

5. 任务栏设置

在个性化设置中,"任务栏"选项可以对任务栏进行锁定、隐藏、位置、通知区域、多显示器设置和人脉等多项内容进行设置，如图 2-38 所示。

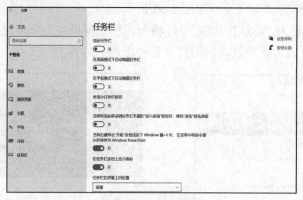

图2-38　任务栏设置

默认情况下任务栏是显示的，如需要隐藏任务栏，可以将"在桌面模式下自动隐藏任务栏"选项打开，则任务栏将隐藏，此时只有鼠标移动到下方，任务栏才会显示，如图 2-39 所示。

图2-39　任务栏隐藏

如果显示器分辨率较低，任务栏占屏幕空间较多，则可以将"使用小任务栏按钮"选项打开。打开后，任务栏宽度和所有的图标将会变小。需要注意的是，如果启用小任务栏按钮，则在任务栏按钮上显示角标的功能将会被禁用，如图 2-40 所示。

图2-40　使用小任务按钮的任务栏

在"通知区域"部分有"选择哪些图标显示在任务栏上"和"打开或关闭系统图标"两个超链接项。单击"选择哪些图标显示在任务栏上"超链接项，将会出现图 2-41 所示的界面，可以根据自己的使用习惯，打开或关闭通知区域始终显示的图标。

2.3.3　任务实施

1.　设置桌面背景操作

步骤 1：依次单击"开始→设置→个性化→背景"，在"背景"下拉菜单选择"图片"，单击"浏览"。

步骤 2：找到"本地磁盘 D:"，选择"风景相册"，选择"风景 1"，单击"选择图片"，如图 2-42 所示，桌面背景设置成功。

图2-41　选择图标显示

2. 设置锁屏界面操作

步骤1：依次单击"开始→设置→个性化→锁屏界面"，选择"幻灯片放映"，单击"添加文件夹"，如图2-43所示。

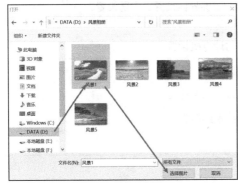

图2-42 选择图片

图2-43 锁屏界面设置

步骤2：找到"本地磁盘D:"，选择"风景相册"，单击"选择此文件夹"，即设置成功。

3. 设置任务栏操作

步骤：依次单击"开始→设置→个性化→任务栏"，打开"在桌面模式下自动隐藏任务栏"开关和将"任务栏在屏幕上的位置"设为靠左选项，进行对应设置，如图2-44所示。

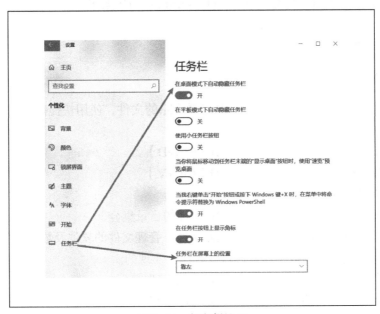

图2-44 任务栏设置

2.3.4 任务评价

个性化设置任务内容包括背景、颜色、锁屏界面、主题等设置项。完成此项任务的评价参考标准如表2-3所示。

表 2-3 评价参考标准

技能分类	测试项目	评价等级
基本能力	熟练掌握个性化计算机设置	
	熟练掌握背景设置、颜色设置、锁屏界面设置、主题设置、任务栏设置方法	
职业能力	根据工作要求，能够完成常用的计算机设置	
	具备一定的计算机设置及处理技巧	
通用能力	自学能力、总结能力、协作能力、动手能力	
素质能力	通过完成任务，提升学生运用技术的能力	
综合评价		

本章小结

本章以"任务驱动"教学模式介绍了 Windows 10 的基本操作、文件管理、个性化计算机设置等知识。通过学习本章内容，学生应重点掌握 Windows 窗口使用、开始菜单操作、任务管理器使用、输入法和语言设置、常用快捷键使用，从而提高信息化水平，便于在日常工作和学习中轻松、快速应用 Windows 10 操作系统。

思考与练习

一、选择题

1. 删除文件或文件夹时，可以选中需要删除的文件，使用快捷键（   ），即可删除选中文件。

    A.【Ctrl+C】   B.【Ctrl+D】

    C.【Ctrl+X】   D.【Ctrl+V】

2. 文件系统是指（   ）。

    A. 文件的集合   B. 文件的目录集合

    C. 实现文件管理的一组软件   D. 文件、管理文件的软件及数据结构的总体

3. 文件系统的按名存取主要是通过（   ）实现的。

    A. 存储空间管理   B. 目录管理

    C. 文件安全性管理   D. 文件读写管理

4. 绝对路径是从（   ）开始跟随的一条指向指定文件的路径。

    A. 用户文件目录   B. 根目录

    C. 当前目录   D. 父目录

5. 在添加压缩文件的过程中，想要将文件压缩为 zip 格式可选择（   ）。

    A. 新建   B. 发送到   C. 属性   D. 以管理员身份运行

6. 如果不希望其他人对文件进行修改，需要设置文件权限为（   ）。

A. 修改 B. 读取 C. 写入 D. 只读

7. 新建文件夹可以使用快捷键（ ）进行操作。

A.【Ctrl+Shift+N】 B.【Ctrl+ N】

C.【Shift+N】 D.【Ctrl+S】

8. 在个性化设置中，设置背景和颜色还可以在（ ）设置。

A. 锁屏界面 B. 主题 C. 开始 D. 任务栏

9. 将个性化颜色设置为浅色，以下（ ）可以显示主题色。

A. "开始" 菜单 B. 标题和窗口边框

C. 任务栏 D. 操作中心视图

10. 在（ ）中可以测试计算机的麦克风是否可以正常使用。

A. 主题设置 B. 任务栏设置

C. 系统设置 D. 任务栏

11. 主题系统中不包括（ ）。

A. Windows B. Windows10

C. 鲜花 D. 字体

二、操作题

1. 如何清晰地将多个文件分类?

2. 如何压缩多个文件?

3. 如何在锁屏界面添加快速状态的应用?

4. 如何在开始菜单、任务栏和操作中心设置主题色显示?

第三章 文档制作与处理

信息技术理实一体教程

任务目标

1. 职业素质：遵纪守法，保守秘密；实事求是，讲求时效；忠于职守，谦虚谨慎；团结协作，爱护设备；爱岗敬业，无私奉献；服务热情，尊重知识产权。

2. 熟悉 Word 2016 的启动和退出；熟悉 Word 2016 窗口界面的组成；了解 Word 2016 中文档的 5 种视图方式；熟悉文档的建立、打开及保存。

3. 掌握文档编辑、段落排版、页面布局的用法。

4. 掌握插入图片、表格、文本框等对象的方法，实现图文混排。

5. 掌握长文档排版的方法及技巧。

6. 掌握邮件合并的方法，了解公文的定义和规范，能制作规范的公文并进行排版。

思维导图

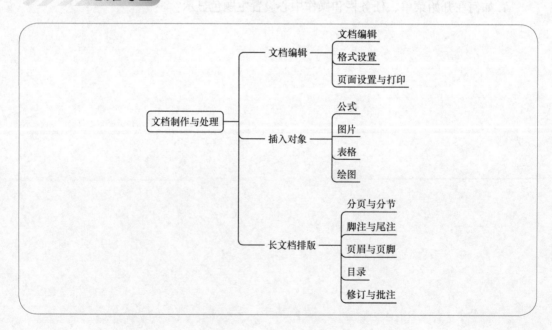

本章导读

Word 2016 中文版是 Office 2016 中的文字处理软件，不仅可用于文字、图形、图像的输入、

46

编辑、排版、打印等操作，还可以用于图形制作、编辑艺术字、编辑数学公式等一些复杂的操作。同时，Word 软件提供了强大的制表功能，有自动制表和手动制表两种方式，包括对表格进行修饰。它还提供了自动拼写和检查功能，以提高输入文字的正确率。Word 软件还提供了丰富的模板，使用户在编辑某一类文档时，能很快建立相应的格式。它允许用户自定义模板，这为用户建立个性化文档提供了高效而快捷的方法。

年报案例贯穿本章，通过基础任务的训练，学生可以熟悉 Word 2016 的基本环境，掌握文字、图形、表格的编辑方法，包括格式化文档与图文混排技巧；通过拓展任务的训练，学生可以学习目录的生成、邮件合并、长文档的编辑处理。本章按照学生的认知规律和任务的难易程度设计教学内容，将抽象的理论知识融入典型的工作任务中，力求达到"操作技能熟练，理论知识够用"的教学目标。

任务 1 》 编辑企业年度报告

3.1.1　任务引入

公司要求晓云对企业年报进行编辑，以符合年报的排版要求。本案例最终实现的工作簿如图 3-1 所示。

3.1.2　知识与技能

Word 文档的基本操作主要包括文档的新建、保存、打开与关闭，在文档中输入文本后可以进行文档编辑操作。

图3-1　企业年度报告样例图

1．编辑文档

输入文本后，对其进行的编辑操作包括以下内容。

（1）文本的选定。连续文本区的选定：可以用鼠标在文本内拖曳；也可以先选中第一段，再按住 Shift 键选中最后一段。

不连续多块文本区的选定：按住 Ctrl 键不放，依次选中各块文本区。

文档的一行、一段的选定：将鼠标移动到要选定行的左边空白处，单击左键，选定一行。在自然段内连续单击 3 次鼠标可选定一段。

整个文档的选定：按【Ctrl ＋ A】组合键，选中全文。

（2）文本的插入与改写。Word 2016 中输入文本提供了两种模式，一种是插入，另一种是改写。如果需要在任意位置插入文字，只需要将输入状态变为插入状态（默认为此状态），将光标放到需要插入的位置，输入文字即可，插入点之后的文字会自动向后移动。如果想改写文字，只需要单击状态栏的"插入"，转为"改写"状态。在改写状态，将光标放到需要改写的位置，输入改写文字即可，光标之后的文字会被逐一替换掉。在改写状态时，单击状态栏上的"改写"即可变为"插入"状态。

（3）文本的复制。复制文本常使用如下两种方法。

① 使用鼠标复制文本。选定待复制的文本，按住鼠标左键的同时按住 Ctrl 键拖动至目标位置，释放鼠标左键即可。

② 使用剪贴板复制文本。选定要复制的文本，在【开始】选项卡中单击"剪贴板"组中的"复制"按钮，或选择快捷菜单中的"复制"命令，或按下【Ctrl + C】组合键；将光标移至目标位置，单击"剪贴板"组中的"粘贴"按钮，或选择快捷菜单中的"粘贴"命令，或按下【Ctrl + V】组合键即可实现复制。

（4）文本的删除和移动。选中文本，单击鼠标右键后选择"剪切"命令，或者选中文本，按下 Delete 键，便可删除文本。用鼠标拖动选中文本，单击鼠标右键后选择"剪切"命令，再将光标移至目标位置，单击鼠标右键后选择"粘贴"命令，将其粘贴到目标位置，以此实现文本的移动。

（5）文本的查找与替换。如果需要在一个内容较多的 Word 文档中快速定位某项内容，可通过输入内容中包含的一个词组或一句话，进行快速查找。如果要修改文档中多处相同内容，可以使用替换功能。

（6）撤销、恢复或重复。若要进行撤销操作，可按【Ctrl + Z】组合键。如果更喜欢使用鼠标，可单击快速访问工具栏上的"撤销"按钮。如果要撤销多个步骤，可多次单击"撤销"按钮（或多次按【Ctrl + Z】组合键）。

若要恢复已撤销的内容，可按【Ctrl + Y】组合键或 F4 键。如果按 F4 键不起作用，则可能需要按【Fn + F4】组合键。如果更喜欢使用鼠标，可单击快速访问工具栏上的"恢复"按钮。"恢复"按钮仅在撤销操作后生效。

2. 设置页面格式

如果先进行内容编辑，再设置纸张大小，就可能导致版面混乱，所以一般应第一时间做页面设置。利用它可以规划纸张大小、文档的书写范围、装订线位置等。页面设置一般是针对整个文档而言的。

由【布局】选项卡的"页面设置"组功能可知，页面设置主要包括文字方向、页边距、纸张方向、纸张大小、分栏及分隔符、行号等的设置。

（1）设置纸型。在"页面设置"对话框的"纸张"选项卡中，可在"纸张大小"下拉列表框中选择纸张类型，在"宽度"和"高度"文本框中定义纸张大小，在"应用于"下拉列表框中选择页面设置所适用的文档范围。

（2）设置页边距。页边距是指文本区和纸张边沿之间的距离，它决定了页面四周的空白区域，包括左、右边距和上、下边距，如图 3-2 所示。

在"页面设置"对话框的"页边距"选项卡中可设置上、下、左、右 4 个边距值，在"装订线"和"装订线位置"设置装订线占用的空间和位置；在"纸张方向"区域设置纸张显示方向；在"应用于"下拉列表框中选择适用范围。

（3）设置页码。页码是用来表示每页在文档中的顺序编号，在 Word 2016 中添加的页码会随文档内容的增删而自动更新。页码的设置可以通过选择"插入→页眉和页脚→页码"来完成。

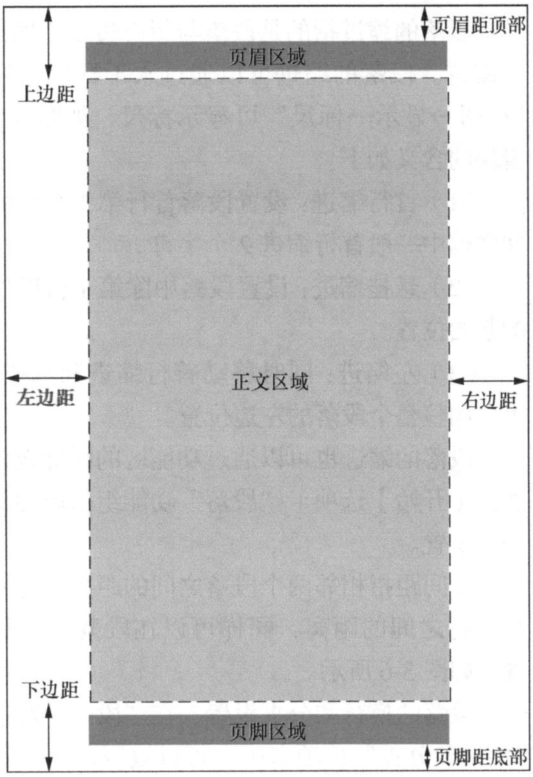

3. 设置字符格式

字符即文字，指汉字、字母、数字、标点符号、特殊符号等；字符格式即文字格式，文字格式主要指字体、字号、倾斜、加粗、下划线、颜色、边框和底纹等。在 Word 中，输入的文字通常有默认的格式。如果要改变其格式，可以重新设置。设置字符格式包括以下内容。

（1）设置字体和字号。

（2）设置字形和颜色。

（3）设置下划线和着重号。

（4）设置文字特殊效果。

图3-2　页边距

4. 段落格式设置

段落格式包括对齐方式、段落缩进、段间距和行间距等。

段落的对齐方式指的是水平方向上的对齐，包括"左对齐""居中""右对齐""两端对齐"和"分散对齐"，如图 3-3 所示。段落在垂直方向上的对齐，包括"顶端对齐""居中""两端对齐"和"底端对齐"，如图 3-4 所示，段落的垂直对齐方式可以通过定义页面设置来实现。

图3-3　段落的对齐方式

图3-4　段落的垂直对齐方式

段落的缩进指的是段落与版心边线之间的距离，包括首行缩进、悬挂缩进、左缩进、右缩进。段落的缩进可以通过水平标尺来修改，选中"视图→显示→标尺"可显示标尺，如图3-5所示，各滑块的含义如下。

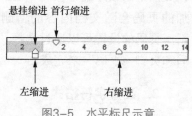

图3-5　水平标尺示意

（1）首行缩进：设置段落首行第1个字的位置。中文文档中一般首行缩进2个字符。

（2）悬挂缩进：设置段落中除第1行以外的其他行的起始位置。

（3）左缩进：同时移动首行缩进和悬挂缩进，可以调整整个段落的左边位置。

段落的缩进也可以通过功能区的图标设置或者通过【开始】选项卡"段落"功能组的属性对话框进行设置。

段间距指相邻两个段落之间的距离。行间距指行与行之间的距离，同样可以在段落对话框中设置，如图3-6所示。

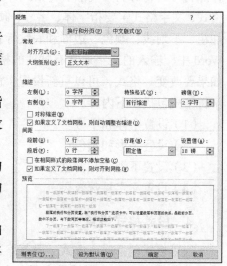

图3-6　设置段落属性

段落的换行和分页设置，在"段落"对话框的"换行和分页"选项卡中，可以设置段落和页面的关系。

（1）孤行控制：当段落被分开在两页中时，如果该段落在任何页的内容只有1行，则该段落将被完全放置到下一页。

（2）与下段同页：当前选中的段落与下一段落始终保持在同一页中。

（3）段中不分页：禁止在段落中间分页，如果当前页无法完全放置该段落，则该段落内容将被完全放置到下一页。

（4）段前分页：在段前分页，以确保当前段新起一页。

5.　项目符号和编号

项目符号主要用于区分文档中不同类别的文本内容，使用圆点、星号等符号表示项目符号，并以段落为单位进行标识。

选中需要添加项目符号的段落，或者只是将光标置于该段中，在【开始】选项卡"段落"功能组中单击"项目符号"下拉按钮，可选择使用特定项目符号，并将当前段落设定为由该符号引领的项目（悬挂缩进）。在当前项目符号所在段落输入内容后按下 Enter 键时，会自动产生另一个项目符号段落。连续按两次 Enter 键，将取消项目符号输入状态，恢复到常规输入状态。

编号主要用于文档中相同类别文本的不同内容，一般具有顺序性，如操作步骤。编号一般可使用阿拉伯数字、中文数字或英文字母，以段落为单位进行标识。由于编号影响排版效果且不容易保证连续性，一般不建议使用。

6. 边框和底纹

为了使某些段落或者文字突出、醒目，可以添加边框或底纹。选择"开始→段落→

下框线→边框和底纹"，打开图 3-7 所示"边框和底纹"对话框，在"边框"选项卡中可设置边框类型、样式和颜色。"应用于"下拉列表框中有"文字"和"段落"选项，分别表示把效果应用于文字或段落。在"底纹"选项卡中可设置底纹填充颜色及图案。

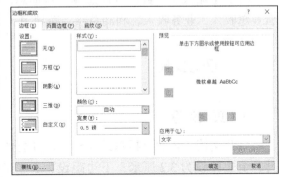

图3-7 "边框和底纹"对话框

7. 中文版式

Word 2016 自带纵横混排、双行合一、合并字符功能，即所选文字变为水平方向，剩余的文字变为垂直方向，也可采用插入横排文本框和竖排文本框方法实现类似功能。双行合一指的是在一行里显示两行的内容。如果要删除该内容，则单击"双行合一"按钮，在弹出的对话框中单击"删除"即可。合并字符是指对选中的字符按照设置的字体和字号进行合并处理。

8. 企业年报总结

企业年报制度是我国新推出的、有利于规范企业年报的一项制度。那么企业做年报有哪些注意事项？企业发现其公示的信息不准确的，应当及时更正；但是企业年度报告公示信息的更正应当在每年规定期限之前完成。更正前后的信息应当同时公示。

有下列情形之一的，由县级以上工商行政管理部门列入经营异常名录，通过企业信用信息公示系统向社会公示，提醒其履行公示义务，情节严重的，由有关主管部门依照有关法律、行政法规规定给予行政处罚；造成他人损失的，依法承担赔偿责任；构成犯罪的，依法追究刑事责任。

（1）企业未按照本条例规定的期限公示年度报告或者未按照工商行政管理部门责令的期限公示有关企业信息的；

（2）企业公示信息隐瞒真实情况、弄虚作假的。

企业要注意以上情形，不要被列入企业经营异常名录。

企业年检制度改为企业年度报告公示制度。企业应当按年度在规定的期限内，通过市场主体信用信息公示系统向工商机关报送年度报告，并向社会公示，任何单位和个人均可查询。

企业年报的内容，包括以下几项。

（1）企业通信地址、邮政编码、联系电话、电子邮箱等信息。

（2）企业开业、歇业、清算等存续状态信息。

（3）企业投资设立、购买股权信息。

（4）企业为有限责任公司或者股份有限公司的，其股东或者发起人认缴和实缴的出资额、出资时间、出资方式等信息。

（5）有限责任公司股东股权转让等股权变更信息。

（6）企业网站以及从事网络经营的网店的名称、网址等信息。

（7）企业从业人数、资产总额、负债总额、对外提供保证担保、所有者权益合计、营业总收入、业务收入、利润总额、净利润、纳税总额信息。

3.1.3 任务实施

1. 页面设置

打开文档"企业年报总结 .docx"。将纸张大小设为 16 开，上边距设为 3.2 厘米，下边距设为 3 厘米，左、右边距均设为 2.5 厘米。

步骤 1：单击【布局】选项卡"页面设置"功能组中的对话框启动器按钮，弹出"页面设置"对话框，单击"纸张"选项卡，设置"纸张大小"为"16 开"。

步骤 2：切换到"页边距"选项卡，在"页边距"下的"上"和"下"微调框中分别输入"3.2 厘米"和"3 厘米"，在"左"和"右"微调框中输入"2.5 厘米"，单击"确定"按钮。

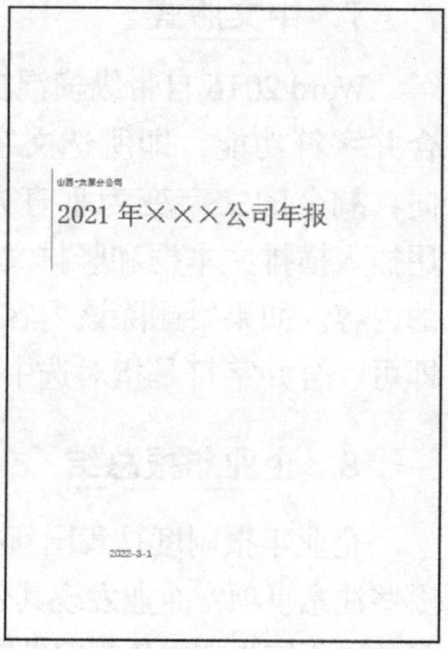

2. 制作封面

利用素材前三行内容为文档制作一个封面页，令其独占一页，参考样例如图 3-8 所示。

步骤 1：单击【插入】选项卡下的"页面"组中的"封面"按钮，从弹出的下拉列表中选择"边线型"。

步骤 2：参考图 3-8，将素材前三行剪切、粘贴到封面的相对位置，并设置适当的字体和字号。

步骤 3：将文字"2021 年 ×××公司年报"修改为微软雅黑，三号，并应用加粗效果。

图3-8　封面示例图

3. 插入竖线符号

在"×××公司"以后插入一个竖线符号。

步骤 1：将光标置于"×××公司"文本之后，单击【插入】选项卡下"符号"功能组中的"符号"按钮，在下拉列表中选择"其他符号"，弹出"符号"对话框，在右侧的"子集"中选择"制表符"，在下方的符号集中选中"竖线"，单击"插入"按钮，在文档中插入一个"竖线"符号，单击"关闭"按钮，关闭"符号"对话框。

步骤 2：选中竖线对象右侧的文本"年报总结 2021 年"，单击"段落"功能组中的"中

文版式"按钮 X，在下拉列表中选择"双行合一"，弹出
"双行合一"对话框，直接单击"确定"按钮。

步骤3：将该标题选中居中，单击"段落"功能组中
的对话框启动器按钮 □，在"段落"对话框中设置段后
间距为2行，如图3-9所示。

4. 设置字体上标

步骤：将光标置于在第一段末尾句号之前，输入【1】，
将其选中，单击【开始】选项卡"字体"功能组中的对
话框启动器按钮 □，在弹出的"字体"对话框中，将"效
果"中的"上标"打钩，则【1】设置为上标，单击"确定"
按钮。

5. 替换

图3-9 封面段落设置

> **多学一招**
>
> 关闭更正拼写和语法功能，使用Word编排文本，有时在编写文字的下方会出现
> 一条波浪线，这是因为开启了键入时自动检查拼写与语法错误功能，关闭该功能即可
> 去除波浪线。

将文档中正文的"信息"隶书替换为宋体文字。

步骤1：选中正文文字，单击【开始】选项卡"编辑"功能组中的"替换"按钮，
在弹出的对话框的查找内容中输入"信息"，光标置于"替换为"文本框并输入"信息"，
然后单击"更多"按钮，打开如图3-10所示的界面。单击"格式"下拉列表中的"字体"，
在弹出的"查找字体"对话框中，设置字体为宋体，单击"确定"按钮，返回到"查找
与替换"对话框，再单击"全部替换"按钮。

> **多学一招**
>
> 替换时选择格式设置，一定注意光标所在的位置。Word中的替换功能不仅可以对
> 指定文字进行格式化，还可以利用高级替换中的通配符功能对特定格式进行更改或删
> 除，或者利用高级替换功能中的"特殊格式"按钮删除或替换一些编辑标记或符号。

步骤2：按【Ctrl+H】组合键，弹出"查找和替换"对话框，在"查找内容"文本
框中输入西文空格（英文状态下按空格键），"替换为"栏内不输入任何信息，单击"全
部替换"按钮。将文档中的西文空格全部删除。

6. 段落排版

步骤1：将正文中第一段、第二段选中，单击【开始】选项卡"段落"功能组中的"两
端对齐"按钮。单击"段落"功能组中的对话框启动器按钮 □，在"段落"对话框中，设

置左缩进和右缩进分别为 0，首行缩进 2 字符，段前和段后 0.8 行，行距为固定值 22 磅，如图 3-11 所示，单击"确定"按钮。

图3-10　查找和替换　　　　　　　　图3-11　段落设置

步骤 2：选中第二段，单击【开始】选项卡"段落"功能组中的"边框"按钮，在下拉列表中选择"边框和底纹"，在弹出的"边框和底纹"对话框中，选择"边框"选项卡，在左侧窗格中选择"三维"，在"样式"下拉列表框中选择上粗下细的线型，宽度为 1.0 磅，"颜色"选择"蓝色"，在"应用于"下拉列表框中选择"段落"；在"底纹"选项卡中，填充为"蓝色，个性色 1"，单击"确定"按钮，如图 3-12 所示。

图3-12　边框和底纹

▶ 多学一招

　　使用标尺快速对齐文本，在 Word 中单击水平标尺左边的小方块，可方便地设置制表位的对齐方式，它以左对齐式、居中式、右对齐式、小数点对齐式、竖线对齐式的方式和首行缩进、悬挂缩进循环设置。

▶ 多学一招

　　使用制表符对齐文本，在编制试卷时，利用 Word 提供的制表符将选择题的选项对齐比手动调整更加高效。

7. 设置项目符号

将第三段后面的 3 个段落依据图 3-13 所示样式排版，并为其设置项目符号。

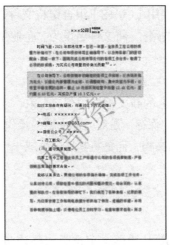

图3-13　项目符号

步骤：选中对应文字内容，单击【开始】选项卡的"段落"功能组的"项目符号" ，在下拉列表中选择相应的项目符号格式。

多学一招

　　通过"段落"组"项目符号"按钮，插入Word内置符号或者Windows系统图片符号，使得文档条例清楚、重点突出。项目编号可以实现自动编号，也可通过单击其下拉按钮中的"定义新编号格式"重新定义。但有时自动生成项目编号给用户带来诸多不便，如果临时性取消自动编号，只需按退格（BackSpace）键删除即可。

8. 添加页面背景水印

步骤 1：单击【设计】选项卡中"页面背景"功能区中的"水印"下拉按钮，选择"自定义水印"，在弹出的"水印"对话框中，选择文字水印，将文字内容设置为"内部资料"，选择颜色，版式为"斜式"，单击"确定"按钮。

步骤 2：单击【设计】选项卡中"页面背景"功能区中的"页面颜色"下拉按钮，选择"填充效果"，在弹出的"填充效果"对话框中，选择"纹理"选项卡，更改页面背景效果为"羊皮纸"，单击"确定"按钮，效果如图 3-13 所示。

9. 打印属性设置

步骤：单击【文件】选项卡中的"打印"按钮，在弹出的窗口中，在打开窗口的右侧预览打印效果，可再次单击【开始】选项卡切换到文档中继续对文档排版效果进行修改。

10. "插入"与"改写"

步骤：单击状态栏的"插入 / 改写"按钮，将当前文档窗口的键入状态分别设置为"插入"和"改写"状态，键入文字，观察它们的不同。

11. "保存"与"另存为"

步骤: 单击🖫按钮，或者使用【Ctrl+S】组合键将文件进行保存。单击【文件】选项卡中的"另存为"，选择保存文件的路径，将文件名设为"企业年报总结 2"，单击"保存"按钮。

> **▶▶ 提示**
>
> 如果是首次保存未命名的新文档，"保存"和"另存为"命令弹出的对话框相同，意义也一样；否则，"保存"是对当前文档的操作，保存后的文档覆盖原来的文档；"另存为"不改变当前文档，而是将其另外生成一个文档。

3.1.4 任务评价

完成制作企业年报任务需要从段落文字排版、整体布局、年报的整体效果、团队合作、素质能力等方面进行综合评价，评价参考标准如表 3-1 所示。

表 3-1 评价参考标准

技能分类	测试项目	评价等级
基本能力	熟练掌握文字和段落的排版	
	熟练掌握页面布局	
职业能力	根据录入的相关数据，进行数据处理和整合	
	根据工作的要求，严格保证提交信息数据的匹配程度和准确性	
	具备一定的数据分析及处理技巧	
通用能力	自学能力、总结能力、协作能力、动手能力	
素质能力	通过学习企业年报公示制度，了解国情，培养具有责任感和使命感的主人翁意识	
综合评价		

任务 2 ❯ 企业宣传小报设计与制作

3.2.1 任务引入

王小龙是公司的文秘，公司要求他做一份企业宣传小报，宣传公司的文化和理念，最终完成的宣传小报如图 3-14 所示。

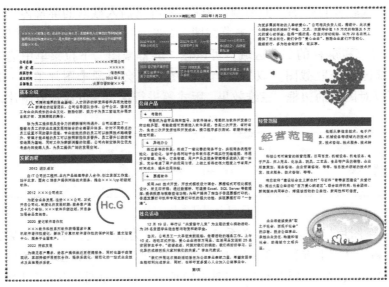

图3-14　企业宣传小报

3.2.2　知识与技能

1. 制表位

制表位是指在水平标尺上的位置，指定文字缩进的距离或一栏文字的开始之处。表的内容可以不用格线来划分，而是依靠相互之间的固定间距和规则的纵横定位来形成表的特征。通过设置制表位选项来确定制表位的位置。制表位的类型如图 3-15 所示。

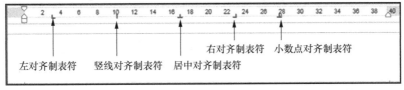

图3-15　制表位的类型

单击【开始】选项卡"段落"组的属性设置按钮，在打开的"段落"对话框中单击"制表位"按钮，在弹出图 3-16 所示的"制表位"对话框中，首先在"制表位位置"框中输入制表位的位置数值；然后调整"默认制表位"编辑框的数值，以设置制表位间隔；在"对齐方式"区域选择制表位的类型；在"前导符"区域选择前导符的样式，最后单击"确定"按钮使设置生效。单击"清除"或"全部清除"按钮可以删除制表位。

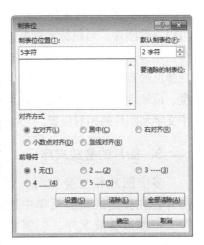

图3-16　"制表位"对话框

2. 插入图片

插入图片类型：可以在文档中插入硬盘中的图

片，也可以插入软件自带的"剪贴画"图片，还可以插入截取的屏幕内容。选择【插入】选项卡，单击"插图"组中的"屏幕截图"按钮，可以截取屏幕窗口并插入文档中。如果想截取计算机屏幕的部分区域，可以在"屏幕截图"下拉菜单中选择"屏幕剪辑"，对屏幕区域选取截图。双击文档中的图片，会出现【图片工具 | 格式】选项卡，在此可以对图片的边框、三维效果、版式等进行编辑，包括裁剪图片，如图 3-17所示。

图3-17　【图片工具|格式】选项卡

图文混排：图片与文本的环绕关系有 7 种，分别为嵌入型、四周型、紧密型、穿越型、上下型、衬于文字下方和浮于文字上方，如图 3-18 所示，可以通过【图片工具 | 格式】选项卡中的"自动换行"按钮设置，如图 3-19 所示，也可以通过右键单击图片弹出的快捷菜单来设置。

图3-18　文字环绕图

图3-19　设置自动换行

图片的调整：将鼠标光标移到图片上，当鼠标光标变为"✥"时按下鼠标左键拖曳，可以移动图片。当鼠标光标变为"↖"时，可以拖曳以调整图片大小。如果要精确调整图片大小，可以在选中图片后单击【图片工具 | 格式】选项卡"大小"组的属性设置按钮，在弹出的对话框中设置。同时也可对图片进行裁剪。其中"调整"组用于调节亮度、对比度、清晰度、色彩饱和度、色调、图片重新着色、删除背景等。"排列"组用于改变页面中文字和图片的相对位置。"大小"组用于裁剪图片的大小尺寸。

3. 图片的叠放次序

多个图片相互叠加时，经常需要改变其叠放次序。右键单击需要改变次序的图片，在弹出的快捷菜单中选择"置于顶层""置于底层""上移一层""下移一层"等，可修改叠放次序。但需要注意，图片环绕方式首先需要设置为"嵌入型"以外的方式。

图片次序设置完成后，为了防止相互间的位置变动，可将图形进行组合。操作方法如下：按住 Shift 键时，依次选择各个图形，完成后在图片上单击鼠标右键，选择"组合→组合"，则多个图形组合成一个图形。如果想再次编辑，在组合图片上单击鼠标右键，选择"组合→取消组合"。

4. 插入形状

选择"插入→插图→形状"，可插入自选图形，如线条、矩形、基本形状、箭头、流程图、星与旗帜、标注及其他自选图形。单击插入的自选图形，在【绘图工具 | 格式】选项卡中可对自选图形的形状、样式、艺术字、文本、排列、大小进行详细设置。

（1）添加文字：选中图形形状并单击鼠标右键，在快捷菜单中选择"添加文字"。

（2）对象层次：选中图形形状并单击鼠标右键，在快捷菜单中选择"置于顶层""置于底层"等。

（3）对象的组合与分解：按住 Ctrl 键不放，依次选中各对象，在其中任意对象上单击鼠标右键，选择快捷菜单中的"组合"命令，可以将指定对象组合；反之，在快捷菜单中选择"取消组合"。

5. 文本框

文本框是指一种可移动、可调大小的文字或图形容器。使用文本框可以在一页上放置数个文字块，或使文字与文档中其他文字排列方向不同，位置比较灵活。选择"插入→文本→文本框"，可以选择横排或竖排文本框。单击绘制的文本框，在【绘图工具 | 格式】选项卡中可详细设置文本框。

（1）设置文本框边距和垂直对齐方式。默认情况下，文本框垂直对齐方式为顶端对齐，文本框内部左、右边距为 0.25 厘米，上、下边距为 0.13 厘米。这种设置符合大多数用户的需求，用户可以根据实际需要设置文本框的边距和垂直对齐方式，操作方法为：右键单击文本框，在打开的快捷菜单中选择"设置形状格式"命令；单击"文本框"选项卡，在"内部边距"区域设置文本框边距，然后在"垂直对齐方式"区域设置顶端对齐、中部对齐或底端对齐，设置完毕后单击"确定"按钮。

（2）设置文本框的文字环绕方式。文本框同图片一样，也可设置与周围文本的环绕方式，可根据排版需要设置不同的环绕方式，默认为"浮于文字上方"环绕方式。操作方法为：单击文本框，选择"绘图工具 / 格式→排列→位置"，在下拉框中选择需要的环绕方式，或选择"其他布局选项"，在弹出的对话框中选择环绕方式。

6. 艺术字

艺术字是一种包含特殊文本效果的绘图对象。用户可以将这种修饰性文字任意旋转角度、着色、拉伸或调整字间距，以达到最佳效果。艺术字通常用作文章标题。艺术字在本质上也属于图片，所以其文字环绕方式的设置方法同图片。操作方法如下。

（1）将光标定位到插入位置，选择"插入→文本→艺术字"。

（2）选择一种内置的艺术字样式，文档中将插入含有默认文字"请在此放置您的文字"的所选样式的艺术字，出现【绘图工具 | 格式】选项卡。

（3）选择要修改的艺术字，在【绘图工具 | 格式】选项卡中设置以下内容。

① 在"形状样式"组中，可对艺术字的形状样式、形状填充、形状轮廓及形状效果进行设置。

② 在"艺术字样式"组中，可对艺术字的样式、文本填充、文本轮廓及文本效果进行设置。

③ 在"文本"组中，可对艺术字文字方向、对齐文本、创建链接等进行设置。

④ 在"排列"组中，可对艺术字的位置、自动换行、排列次序、对齐、组合对象、旋转等进行设置。

⑤ 在"大小"组中，可对艺术字的高度和宽度进行设置。

7. 插入日期和时间

我们可以在文档中插入动态的日期和时间。该日期和时间代码是从系统中调用的，每次打开该文档时自动更新，或者手动更新。操作方法如下。

（1）将光标定位到需要插入日期和时间的位置，选择"插入→文本→日期和时间"。

（2）在打开的"日期和时间"对话框中，"可用格式"列表中列出各种日期和时间的组合方式。如果选中"自动更新"复选框，插入的时间和日期会随着系统时间而自动更改，如图 3-20 所示。

（3）单击"确定"按钮，完成插入。

如果在"日期和时间"对话框的"语言"下拉列表中选择的是"英语（美国）"选项，并且"可用格式"选择的是日期和时间的组合方式（如 9/24/2019 9:40:37 AM），则可通过单击插入的日期或时间左上角的"更新"按钮，手动更新日期或时间。

插入日期和时间的快捷键：插入当前日期，【Alt + Shift + D】；插入当前时间，【Alt+Shift+T】。

图3-20 "日期和时间"对话框

8. SmartArt 图形

SmartArt 图形适用于表明对象之间的从属关系、层次关系，有 8 类，分别是列表、流程、循环、层次结构、关系、矩阵、棱锥图和图片。用户可以根据自己的需要创建不同的图形。

9. 企业小报的组成

版面少的有二版，版面多的有十几版。下面，分别对组成版面的各主要部分加以介绍。

（1）报头：报刊中最重要的部分是报头。报头主要写清楚报头名称、主编、日期、期数等，还可适当插入一些图片。在设计报头的色彩时应注意突出字的色彩。

（2）标题：标题是各篇稿件的题目。标题主要起突出报刊重点，引导读者阅读的作用。在形式上，主题所用字号要大，地位要突出。

（3）版面类型：根据版面的总体结构形式，可将版面分为板块式结构和穿插式结构两大类。

（4）专栏：专栏是由若干篇有共性的稿件组成的相对独立的版面。一般以精巧的头花（也叫专栏标题）统领，并用边线勾出，为版面中独具特色的小园地。

（5）文字：文字是小报的基本单位。小报的文本一般都采用六号宋体，少数小报文本采用五号字。小报中一般不使用繁体字。为了便于读者阅读，在页面中一般采用分栏形式。

为了将文章与文章区分开来，一般都采用简单的文字框边线，或用不同的颜色文字、底纹色块来加以区别。在文字的排版方式上，应尽量符合读者的阅读习惯。横排时，从左到右，从上到下，竖排时，从上到下，从右到左。

（6）花边：花边是用来将文章与文章隔开，美化版面而设立的。因此，在设计上要以造型简单为好。纹样不要复杂，色彩不要多样，整个版面不宜变换花边太多，一篇文章尽可能只用一种花边，边线数也以少为好。

（7）插图：为了活跃版面，在编排与设计时可在版面中适当插入一些插图。这是由于图形在视觉上比文字更具有直观性的优势。插图既可突出地烘托出本栏目的主题，又可获得理想的装饰效果。不过，在编排时也要考虑插图在版面中所占面积和分布情况。

3.2.3 任务实施

新建空白文档，单击"保存"按钮，文件命名为"宣传小报 .docx"。

1. 页面设置

步骤 1：单击【布局】选项卡中的"页面设置"对话框启动器按钮，在弹出的对话框中设置上、下、左、右边距为 2.5 厘米，纸张方向为横向，纸张大小为 A3，单击"确定"。

步骤 2：单击【布局】选项卡中的"页面设置"功能区中的"栏"按钮，在下拉列表中选择"更多栏"，在弹出的"栏"对话框中，设置为三栏，选中"分隔线"，单击"确定"。

2. 页面边框

步骤：单击【开始】选项卡"段落"功能组中的"边框"按钮 ▦▾，在下拉列表中选择"边框和底纹"，在弹出的"边框和底纹"对话框中，选择"页面边框"选项卡，选择一种"艺术型"，宽度 10 磅，单击"确定"，效果如图 3-14 所示。

3. 设置页眉和页脚

步骤 1：选择【插入】选项卡中"页眉和页脚"功能组中的"页眉"下拉列表中的"空白"，在页眉处出现输入符号，在其中键入"×××××有限公司"字样。

步骤 2：选择【插入】选项卡中"文本"功能组中的"日期和时间" 🗓 按钮，在弹出的对话框中，选择"语言"为中文，选择如图 3-14 所示日期形式。

步骤3：将光标置于页脚，输入"第　页"，将光标定位在"第　页"的中间，选择"页眉和页脚工具 | 设计→页眉和页脚→页码→当前位置→普通数字"，将页码插入页脚中，将页脚居中对齐。

▶ 多学一招

页眉和页脚是每一页顶部和底部的注释行文字或图形。选择【插入】选项卡"页眉和页脚"组中的命令，光标将自动转到页眉或页脚位置，并进入编辑状态。如果要退出编辑状态，则可选择"关闭页眉和页脚"。我们也可通过双击页眉或页脚区域进入页眉和页脚的编辑状态。

4. 插入文本框

步骤：单击【插入】选项卡下的"文本"功能组中的"文本框"按钮，在下拉列表中选择"怀旧型引言"。将文本框移动到文档开头位置，对照样例适当调整，选中文档标题下方以"××××× 有限公司……"开头的段落文本，通过键盘上的组合键【Ctrl+X】剪切到剪贴板中，然后在上方文本框内使用【Ctrl+V】组合键将内容粘贴到该文本框内，设置字体为宋体，字号为小五。

5. 设置制表位

参照图 3-14 示例效果，为文本框下方的 5 行文字设置格式。

（1）为 5 行文字添加制表位，引导符和对齐方式应与示例效果一致。

（2）设置引导符左侧文字的宽度为 4 字符。

步骤1：选中文档首页标题下方的 5 行文字，单击【开始】选项卡下的"段落"功能组右下角的对话框启动器按钮，在弹出的"段落"对话框中，单击下方的"制表位"按钮，弹出"制表位"对话框，如图 3-21 所示。

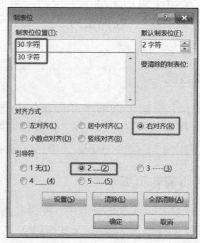

图3-21　制表符设置

步骤 2：在"制表位"对话框中，在"制表位位置"文本框中输入"30 字符"，将"对齐方式"设置为"右对齐"，将"引导符"设置为"2……（2）"，单击"设置"按钮，如图 3-22 所示，再单击"确定"按钮，关闭对话框。

步骤 3：将光标置于第一行的"公司名称"文本之后，按下 Tab 键，后续设置方法相同，参考样例图 3-14。

步骤 4：按住 Alt 键，选中制表符前的所有文本，单击【开始】选项卡下的"段落"功能组中的"中文版式"按钮，在下拉列表中选择"调整宽度"，在弹出的"调整宽度"对话框中，将"新文字宽度"设置为"4 字符"。

6. 边框底纹

步骤 1：将光标置于文档标题"基本介绍"，在"边框和底纹"对话框中，选择"底纹"选项卡，在"填充"下拉列表中选择"黑色，文字 1，淡色 35%"，应用于"段落"，单击"确定"按钮。在"字体"功能组中单击"字体颜色"右侧的下拉箭头，在下拉列表中选择"白色，背景 1"。

步骤 2：利用格式刷，将标题的样式应用于"发展历程""公司产品""社会活动""经营范围"。

步骤 3：选中"基本介绍"中段落的第一个字"公"，选择"插入→（文本）→首字下沉"，在下拉列表中选择"首字下沉选项"，弹出对话框，将"下沉行数"设为 2，单击"确定"。

多学一招

使用"格式刷"按钮，可以将原文本的格式复制到目标文本中。格式刷有两种使用方法，一种是一次性使用，即选中原文本，单击"格式刷"按钮，使用格式刷刷目标文本；另一种是多次使用，即选中原文本，双击"格式刷"按钮，可以多次刷不同的目标文本。若不再使用，可按Esc键或再次单击"格式刷"按钮。

多学一招

当遇到首字下沉按钮为灰色无法设置时，试将该段落的首行缩进2字符改为0字符，则首字下沉按钮将变得可用。

7. 转换为 SmartArt 图形

将标题"发展历程"下方的项目符号列表转换为 SmartArt 图形，布局为"重复蛇形流程"，修改图形中 4 个箭头的形状为"燕尾箭头"，并适当调整 SmartArt 图形样式，文字对齐方式为居中，效果图如图 3-22 所示。

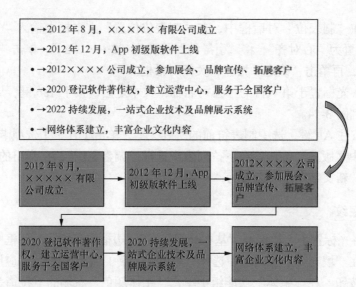

图3-22　SmartArt图形

步骤 1：将光标置于标题"发展历程"下方的"2012 年 8 月 ×××× 有限公司成立"段落之后，使用键盘上的 Enter 键产生一个空白段落，并删除出现的项目符号和缩进。

步骤 2：单击【插入】选项卡中"插图"功能组中的"SmartArt"按钮，弹出"选择 SmartArt 图形"对话框。在左侧列表框中选择"流程"，在右侧列表框中选择"重复蛇形流程"，单击"确定"按钮。

步骤 3：将上方项目列表文本逐一剪切并粘贴到 SmartArt 图形框中。

步骤 4：选中 SmartArt 图形，在【SmartArt 工具 | 设计】选项卡下"SmartArt 样式"功能组中选择一种样式；在【开始】选项卡下"段落"功能组选择"两端对齐"。

步骤 5：选中 SmartArt 图形中的箭头形状（按 Ctrl 键逐一单击选择，可以同时选择所有箭头形状），右键单击被选中的形状，在快捷菜单中选择"设置形状格式"，打开"设置形状格式"对话框，选择"线条"，设置"结尾箭头类型"为"燕尾型"箭头，单击"确定"按钮。关闭"设置形状格式"对话框。

▶ 提示

　　先设置SmartArt样式，再设置步骤5的"燕尾型"箭头，否则变换样式箭头会重置为默认的箭头类型。

---

8. 插入形状

步骤 1：将光标置于"公司产品"中的"考勤机"处，单击【插入】选项卡"插图"功能组中的"形状"下拉按钮，选择"星与旗帜"中的"卷形：水平"形状，设置"形状样式"为蓝色边框，透明填充，右键单击形状，选择"编辑文字"，即可编辑文字。可使用组合键【Ctrl+X】和【Ctrl+V】将"考勤机"粘贴到图形中。

步骤 2：选中"考勤机"，单击"段落"组"项目符号"按钮，在下拉列表中选择定义新项目符号，设置相应图片为项目符号。

步骤 3： 同样的方法设置标题"异地办公""票据软件"，效果如图 3-14 所示。

9. 插入图片

对插入的图片进行裁剪，设置图片样式。

步骤 1： 将"社会活动"中的图片插入，环绕方式设置为"四周型"。

步骤 2： 将实例图片插入"经营范围"版块，单击图片，单击【图片工具|格式】选项卡中的"大小"功能组中的"裁剪"按钮，裁剪图片后，将图片样式设置为"金属椭圆"。

▶◉ **多学一招**

插入Word的图片默认为嵌入式，即图片嵌入文档中，这种情况下插入图片可能只显示一部分，并且拖不动，不易调整位置。如果想让图片可以被随意拖动，可将其环绕方式改为"四周型"；如果要完整显示图片，则将图片所在行选中，将行距调整为正常的单倍行距即可。

---

10. 插入艺术字

插入艺术字，设置图片叠放次序，将图片和文字进行组合。

步骤： 将"经营范围"版块的文字"经营范围"设置为"艺术字"，再次插入艺术字"美好"，单击【绘图工具|格式】选项卡中的"艺术字样式"功能区中的"文字效果"按钮 Ⓐ▾，在下拉列表中选择"三维旋转"中的"透视"中的"极右极大"，移动到图片上方，置于顶层，按 Ctrl 键单击图片和艺术字，将图片和艺术字选中，单击鼠标右键，选择"组合"，将图片设置为紧密型。

3.2.4 任务评价

制作企业宣传小报，完成此项任务需要从图文混排、整体布局、团队合作、处理信息、运用信息等方面进行综合评价，评价参考标准如表 3-2 所示。

表 3-2 评价参考标准

技能分类	测试项目	评价等级
基本能力	熟练掌握图文混排方法	
	熟练掌握插入对象（包括艺术字、组织图、图片）的方法	
职业能力	根据录入的相关数据，进行数据处理和整合	
	根据板报的要求，设计美观，布局合理	
	具备一定的数据分析及处理技巧	
通用能力	自学能力、总结能力、协作能力、动手能力	
素质能力	通过企业宣传小报的制作，培养处理信息的能力、处理人际关系的能力、运用技术的能力	
综合评价		

任务 3 > **企业工作年报报表制作**

3.3.1 任务引入

晓云是企业人力资源部工作人员，现需要在年会报告中插入企业相关数据表，并进行计算和美化排版，本案例最终实现的效果如图 3-23 所示。

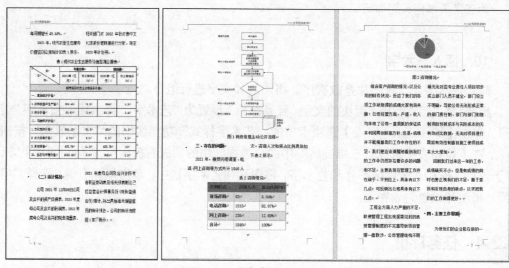

图3-23 年报报表制作示意

3.3.2 知识与技能

1. 插入表格

由"插入→表格→表格"可知，表格的插入方式有 3 种。其中拖曳绘制和"插入表格"一般用于创建简单的表格，同时可以自动套用样式。而"绘制表格"适用于形成复杂的表格，如不同高度的单元格，或每行有不同的列数，或绘制斜线表头。表格的编辑，即行高、列宽、单元格的拆分和合并等，都可以通过右键单击表格在弹出的快捷菜单中操作，或者在【表格工具|布局】选项卡中实现。

表格斜线的绘制方法有 3 种，如下。

方法一：将光标定位到要插入斜线表头的单元格，选择"开始→段落→边框→斜下框线"。

方法二：将光标定位到要插入斜线表头的单元格，选择"表格工具|设计→表格样式→边框→斜下框线"。

方法三：选择"表格工具|设计→绘图边框→绘制表格"，在需要斜线表头的单元格划线。

2. 表格的编辑

（1）在表格中输入。将光标置于准备输入文本的单元格内输入文本，输入的文本会自动换行并且单元格自动增加行高。若按 Enter 键，则将在该单元格中开始一个新的段落；若按 Tab 键，光标置于下一单元格。

单元格内容的剪切、复制与粘贴的方式与普通文档一样。如果要删除单元格中的内容，则先选中要删除的内容，然后按 Delete 键或【Ctrl+X】组合键。

（2）在表格中移动插入点与选取。快速定位插入点可通过在目标单元格内单击鼠标左键，或利用键盘方向键定位。

另外，要移动整个表格，可以双击表格或选取某单元格，当表格的左上角出现控制点⊞时，拖曳该控制点即可移动。

要在表格中进行各种操作，首先必须选取对象。对象的选定有两种方法：通过"表格工具|布局→表→选择"选取指定单元格、列、行、表格；采用表 3-3 所示操作。

表 3-3　表格的选取

选定范围	操作
选定一个单元格	单击该单元格左侧
选定一行	将光标置于该行左侧，当光标变成➡时，单击鼠标左键
选定一列	将光标置于该列顶部，当光标变成⬇时，单击鼠标左键
选定相邻单元格	拖曳鼠标选取，或选定第一个单元格，按住 Shift 键选对角线最后一个单元格
选定不相邻单元格	按 Ctrl 键，依次单击单元格
选定整个表格	拖曳鼠标选择所有行或所有列；或将光标置于表格内的任意单元格，单击表格左上角的⊞图标

（3）在表格中添加和删除单元格、列与行。选定表格对象后，通过单击鼠标右键，在弹出的快捷菜单中选择对应的操作。

3. 表格的格式

对表格的格式化，包括行高与列宽、单元格对齐方式、表格对齐方式、表格的边框和底纹、表格的图文混排等设置，具体操作方法如下。

（1）使用"表格样式"。光标置于表格的单元格中，将鼠标置于【表格工具 | 设计】选项卡"表格样式"组中的样式上即可预览样式效果，从而选定使用的样式。

（2）自定义边框和底纹。在要设置格式的表格内单击，选择"表格工具 | 设计→表格样式→边框→边框和底纹"。选定表格，单击鼠标右键，在弹出的快捷菜单中选择"表格属性"，在弹出的对话框中可以设置表格的文字环绕方式、对齐方式、行高和列宽等。

单元格对齐方式：指的是单元格中文字的对齐方式。

表格行高与列宽的调整：通过拖动标尺、拖动表格线、自动调整、精确调整等方法实现。自动调整和精确调整相关界面如图 3-24 所示。

表格的文字环绕方式：通过图 3-24 所示"表格属性"对话框"表格"选项卡选择，与图片的文字环绕方式的设置方法类似。

（a）自动调整

（b）精确调整

图3-24 自动调整与精确调整

4. 表格和文本相互转换

在 Word 中，可以将表格转换为文本，也可将文字转换为表格。

将表格转换为文本：将光标置于表格中任意单元格，选择"表格工具 | 布局→数据→转换为文本"，如图 3-25 所示，单击"确定"按钮。

将文字转换为表格：输入表格中的各项内容，需注意，使用段落标记、制表位（Tab键）、空格或其他字符隔开准备产生表格列线的文字内容。然后选中这些内容，选择"插入→表格→文本转换成表格"，在弹出的"将文字转换成表格"对话框的"文字分隔位置"选项中设置和输入表格内容时的分隔符一致，确认列数与行数正确，同时按所要的表格形式对其他选项做适当的调整，如图 3-26 所示。

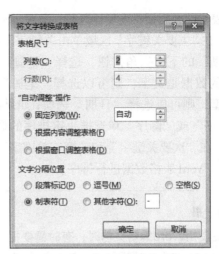

图3-25 将表格转换为文本

图3-26 将文字转换为表格

5. 表格的运算与排序

（1）表格中的运算。如果需要对表格中的数据进行计算，可以使用公式或函数。

方法一： 公式计算。单击准备存放计算结果的单元格，选择"表格工具 | 布局→数据→公式"，在弹出的"公式"对话框中输入公式，单击"确定"按钮即可在当前单元格得到相应计算结果。

方法二： 函数计算。单击要显示运算结果的单元格，选择"表格工具 | 布局→数据→公式"，在弹出的"公式"对话框中从"粘贴函数"下拉列表中选择需要的函数。例如，可以选择求和函数 SUM 计算所有数据的和，或者选择平均数函数 AVERAGE 计算所有数据的平均数。单击"确定"按钮即可得到计算结果。

我们要掌握常用的函数名及其功能，这些功能都是通过"域"来实现的。表现形式为："= 选用函数（参数）"，由三部分组成，具体含义如下："="表示该单元格等于什么内容；选用函数，表示对数据进行何种运算；函数参数则引用具体的单元格作为参数。如果选用的参数分别为 LEFT、RIGHT、ABOVE，则分别表示对公式域所在单元格左侧、右侧、上方连续单元格内数据进行计算，如"=SUM（ABOVE）"表示对公式域上方的单元格中的数据进行求和计算；同理，"=PRODUCT（ABOVE）"表示对单元格上面的数据求积。

（2）表格中的内容排序。在 Word 2016 中可以对表格中的数字、文字和日期数据进行排序，操作步骤如下。

首先，将光标置于排序表格中的任意单元格，选择"表格工具 | 布局→数据→排序"，弹出"排序"对话框，如图 3-27 所示。

其次，在"排序"对话框中，"列表"区域选中"有标题行"单选框。如果选中"无标题行"单选框，则 Word 表格中的标题行也会参与排序。

图3-27 "排序"对话框

如果当前表格已经启用"重复标题行"设置,则"有标题行"和"无标题行"单选框无效。

再次,在"主要关键字"区域单击关键字下拉三角按钮选择排序依据的主要关键字。单击"类型"的下拉三角按钮,选择"笔画""数字""日期"或"拼音"选项。如果参与排序的数据是文字,则可以选择"笔画"或"拼音"选项;如果参与排序的数据是日期类型,则可以选择"日期"选项;如果参与排序的是数字,则可以选择"数字"选项。"升序"或"降序"单选框决定排序的顺序类型。

最后,在"次要关键字"和"第三关键字"区域进行相关设置,单击"确定"按钮,便可实现对 Word 表格数据进行排序。

多学一招

在使用Word编辑文档时,有时需要插入表格,如果表格比较长已跨页,首先选中Word 2016表格的标题行,然后单击"表格工具|布局→数据→重复标题行",则被分页的表格顶端会出现与上一页表格相同的标题。

6. 报告式报表的制作

在银行、财务、销售等系统中,我们常常需要制作报告文件来进行工作汇报,例如季度销售报告、年度总结报告等。在没有报表工具之前,这类报告大部分是用 Word 做的,不仅费时费力,还不易维护。例如,银行系统中某季度的工作报告包括总体概述、财务情况分析、风险分析等几个部分,要求有文字描述的同时配上图表分析,便于高层人员快速掌握情况,进行下一步战略部署。首先,根据效果图绘制报表样式和框架,然后,进行动态数据和固定文字内容的整合,将取数表达式配置到对应单元格,如果在主内容中需要进行复杂数据处理,我们可以通过隐藏列来实现数据预处理,然后在主单元格中直接引用或者进行简单处理。最后,我们可以添加与业务要求相符的统计图类型,实现图文结合效果;右键单击需要添加图表的单元格,选择"统计图",设置分类和系列相关参数,其中分类轴相当于横轴,系列相当于纵轴。

遇到的问题和解决的方法如下。

(1)动态内容

使用字符串拼接规则动态拼接内容。

(2)图表制作

使用内置统计图实现图表的绘制。

3.3.3 任务实施

1. 文字转表格

打开文档"企业年报总结 .docx",将标题"三、存在的问题"下蓝色标出的段落部分转换为表格,为表格套用一种表格样式使其更加美观。

> **提示**
>
> 当将文本段落转换为表格时，"行数"微调框不可用。此时的行数由选定内容中所含分隔数和选定的列数决定。

步骤1：选中标题"三、存在的问题"下蓝色标出的段落部分，在【插入】选项卡下的"表格"组中，单击"表格"下拉按钮，从弹出的下拉列表中选择"文本转换成表格"命令，弹出"将文字转换成表格"对话框，单击"确定"按钮。

步骤2：选中表格，在【表格工具|设计】选项卡下的"表格样式"组中选择"浅色底纹"样式。

步骤3：将光标置于计算"咨询人次合计"的单元格内，在【表格工具|布局】选项卡下的"数据"组中选择"公式"，在弹出的对话框中，公式中输入"=SUM（ABOVE）"，单击"确定"按钮，如图3-28所示。

步骤4：将计算出的咨询人次合计数值复制到"所占比例合计"的单元格内，按F9键更新数值。

步骤5：选中表格对象，单击【表格工具|布局】选项卡下的"表"功能组中的"属性"按钮，弹出"表格属性"对话框，在"表格"选项卡下，将"度量单位"选择为"百分比"，在"指定宽度"中输入"100%"，这样便完成了表格宽度为页面宽度的100%的设置。

步骤6：选定整个表格对象，单击【表格工具|布局】选项卡下的"对齐方式"功能组中的"水平居中"按钮，设置单元格中的内容水平居中对齐，效果如图3-29所示。

图3-28 表格公式的插入

咨询形式	咨询人次	所占比例
现场咨询	93	5.04%
电话咨询	1515	82.07%
网上咨询	238	12.89%
合计	1846	100%

图3-29 表格公式的插入

> **提示**
>
> 用户修改了某些单元格中的数据后，计算的结果不会立即同步更新，可采用以下两种方法对计算结果进行更新。第一种，将鼠标光标定位于要更新的域区域上，单击鼠标右键，选择"更新域"命令；第二种，选中整个表格或整个文档，然后按F9键进行更新。

2. 插入饼图

基于该表格数据，在表格下方插入一个饼图，用于反映各种咨询形式所占比例，要求在饼图中仅显示百分比。

步骤 1：将光标定位到表格下方，单击【插入】选项卡下的"插图"组中的"图表"按钮，弹出"插入图表"对话框，选择"饼图"选项中的"饼图"，单击"确定"按钮。将 Word 中的表格数据的第一列和第三列分别复制粘贴到 Excel 中 A 列和 B 列相关内容中。

步骤 2：选中图表，在【图表工具 | 布局】选项卡下的"标签"组中，单击"数据标签"下拉按钮，在弹出的列表中选择"其他数据标签选项"命令，弹出"设置数据标签格式"对话框。在标签选项中去除"值"和"显示引导线"复选框前面的选中标记，并勾选"百分比"复选框，如图 3-30 所示，单击"关闭"按钮关闭对话框。

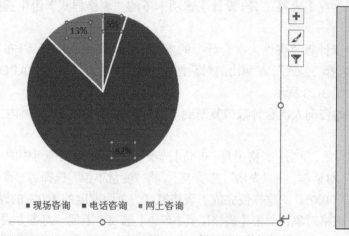

图3-30 饼图添加数据标签

步骤 3：将图表和表格居中显示。

3. 插入表格

在"二、公司财务情况"中的红色字体下方插入表格，效果如图 3-31 所示。

数值＼名称	年值名称		贴现值	
	2020 年（亿元）	比上年增长	2020 年（亿元）	比上年增长
都市型现代农业生态服务价值				
一、直接经济价值				
1. 农林牧渔业总产值	263.43	−6.5%	264	6.5%
2. 供水价值	80.47	3.4%	80.74	3.4%
二、间接经济价值				
1. 文化旅游价值	434.12	−51.3%	434	51.3%
2. 水力发电价值	8.74	9.2%	8.7	9.2%
3. 景观增值	455.76	11.0%	455.76	11%
三、生态与环境价值	2233.18	0.3%	9681	1.2%

图3-31 现代农业生态服务价值监测报表

步骤 1：单击【插入】选项卡下的"表格"组中的"表格"下拉按钮，选择"插入表格…"，在弹出的对话框中选择列数 5、行数 12，单击"确定"按钮。

> **多学一招**
>
> 如果表格在页面中的第1行，但想在表格上方输入标题或文字，只需将光标置于表格第1行中的任一单元格中，然后选择"表格工具|布局→合并→拆分表格"，即表格的上方插入一空行。

> **多学一招**
>
> 在表格中插入空行，可将光标放在要插入的行末，按Enter键。如果选定若干列（行），进行插入列（行）操作，则插入的列数（行数）与选定的列数（行数）相同。

步骤 2：选中第 1 行第 1 列和第 2 行第 2 列单元格，单击鼠标右键，在快捷菜单中选择"合并单元格"，单击【开始】选项卡中"段落"中的"边框"按钮⊞ ，在下拉框中选择"斜下框线"，为该单元格绘制出斜线，并输入文字，可适当调整该单元格宽度。分别将第 3、4、7 行单元格合并，并输入文字。

步骤 3：选中第 2、3、4、5 列单元格，单击【表格工具 | 布局】选项卡中的"单元格大小"组中的"分布列"。删除最后一行，并选中第 4 ~ 11 行单元格，单击鼠标右键，在快捷菜单中选择"表格属性…"，在弹出的对话框中，选择"行"，设置行高为 1 厘米、行高值为固定值。

步骤 4：将"年值名称""贴现值"设置为加粗、宋体、五号，其余字体为宋体、五号。利用【表格工具 | 布局】选项卡中"对齐方式"组中的图标，将第一列文字对齐方式设为左对齐，其余列设置为水平居中。

步骤 5：将光标置于第 3 行，单击【插入】选项卡中"符号"组中的"符号"，在下拉框中选择"其他符号…"，在弹出的对话框中选择字体"Wingdings"中的图标，单击"插入"按钮后，再单击"关闭"按钮关闭对话框。

> **多学一招**
>
> 当直接使用拖曳表格边框线的方法无法使其边框线对齐时，可按住Alt键拖曳表格线，进行微调。

> **多学一招**
>
> 如果斜线绘制有错，可选择"表格工具|布局→绘图边框→橡皮擦"将其擦掉。

步骤 6：选中第 3 行单元格，单击【表格工具 | 设计】选项卡中"表格样式"组中的"底

纹"，为该行设置一种底纹效果。

步骤7：选中第8～11行单元格，单击【表格工具 | 布局】选项卡中"数据"组中的"排序"，在弹出的对话框中设置主要关键字为列2，类型为数字，排序方式为升序，如图3-32所示。单击"确定"后观察排序结果，按【Ctrl＋Z】组合键可撤销此操作。

图3-32　数据排序

4. 表格转换成文本

步骤：选中该表格第4～11行，单击【表格工具 | 布局】选项卡中"数据"组中的"转换为文本"按钮，弹出对话框如图3-33左图所示，确保"文字分隔符"是"制表符"，单击"确定"按钮，可将表格转换成文本，如图3-33右图所示。观察结果变化后，可按【Ctrl＋Z】组合键撤销此操作。

一、直接经济价值				
1.农林牧渔业总产值	263.43	-6.5	264	6.5
2.供水价值	80.47	3.4	80.74	3.4
二、间接经济价值				
1.文化旅游价值	434.12	-51.3	434	51.3
2.水力发电价值	8.74	9.2	8.7	9.2
3.景观增值	455.76	11.0	455.76	11
三、生态与环境价值	2233.18	0.3	9681	1.2

图3-33　表格转换成文本

5. 绘制流程图

步骤：在"二、公司财务情况"红色字体处"内部审计工作流程图1如下所示："绘制图3-34所示流程图，形状轮廓均为黑色、0.5磅，无填充，字体为宋体，字号为五号。

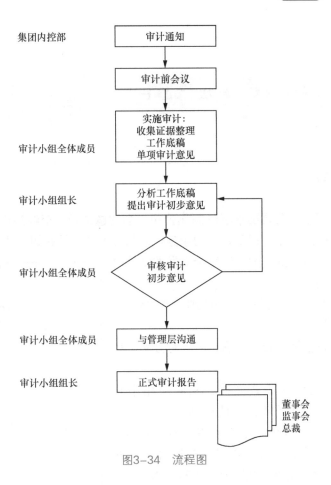

图3-34 流程图

3.3.4 任务评价

完善企业工作年报，完成此项任务需要从插入表格和图表、表格格式、表格计算、整体布局、团队合作等方面进行综合评价，评价参考标准如表3-4所示。

表3-4 评价参考标准

技能分类	测试项目	评价等级
基本能力	熟练掌握表格、图表的插入方法	
	熟练掌握表格格式化和计算方法	
职业能力	根据录入的相关数据，进行数据处理和整合	
	学会选择与业务要求相符的统计图类型	
	具备一定的数据分析及处理技巧	
通用能力	自学能力、总结能力、协作能力、动手能力	
素质能力	通过了解企业工作年报，了解国情，建立正确的就业观	
综合评价		

任务 4 》年会邀请函制作

3.4.1 任务引入

马上接近年尾了，公司要求李红制作公司年会的邀请函。李红知道，这次邀请函邮件的发送与其平时给合作公司单独发的业务往来邮件不同，具有如下特点。

（1）文档数量多，批量大。给每个人发的邮件内容相当于一个文档。

（2）文档的主体内容相同，仅一些细节需要变动，如姓名、称呼、地址。

（3）要求语言精练、表达准确，便于对方阅读和理解。

这类文档称为统一版式文档，实际应用中有很多类似的文档，如请柬、成绩通知书、录取通知书、准考证、考生座位信息标签、资产标签、工资条。在 Word 中，这类文档可通过邮件合并的功能来制作。最终做好的邀请函如图 3-35 所示。

yāo qǐng hán
邀 请 函

尊敬的«性别»先生：

仰首是春、俯首成秋，我们深知在发展的道路上离不开您的合作与支持，我们取得成绩中有您的辛勤工作。本公司定于 2021 年 12 月 10 日下午 14:00 整，在高新区洛龙大厦办公大楼四层多功能厅举办新年酒会，与您共话友情、展望将来。如蒙应允、不胜欣喜，诚挚邀请您抽出宝贵时间光临。

董事长：李成龙

二〇二一年十二月

附：公司年会流程

13:30-14:00……签到
14:00-14:20……董事长致辞
14:20-14:40……特邀嘉宾致辞
14:40-16:40……节目表演、抽奖
16:40-17:00……休息
17:00-19:00……晚宴

TEL: 0351-5536×××

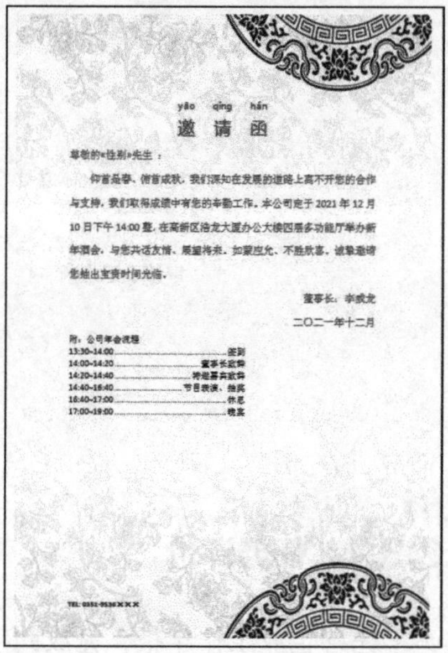

图3-35 邀请函

3.4.2 知识与技能

1. 页面颜色

在默认状态下，Word 文档是典型的白纸黑字，为了丰富文档的显示效果，Word 2016 提供了多种页面颜色和图案，设置方法如下。

（1）设置页面颜色。选择“设计→页面背景→页面颜色”，在打开的页面颜色面板中选择“主题颜色”或“标准色”中的特定颜色，也可选择“其他颜色”，在弹出的“颜色”对话框中，可在“自定义”选项卡中选择颜色模式来定义颜色。

如果觉得单一颜色单调，也可设置为渐变色，提高文档的视觉层次感，方法如下。

① 选择“设计→页面背景→页面颜色→填充效果”。

② 在弹出的“填充效果”对话框的“渐变”选项卡中，在“颜色”区域可选“双色”“单色”和“预设”，在“底纹样式”区域选择颜色的渐变方向，包括“水平”“垂直”“斜上”“斜下”“角部辐射”和“中心辐射”几种样式。

③ 设置完毕后，单击“确定”按钮。

（2）设置图片填充。选择“设计→页面背景→页面颜色→填充效果”，在弹出的“填

充效果"对话框的"图片"选项卡中单击"选择图片"按钮，选择计算机硬盘中的图片。Word 根据页面和图片的大小匹配程度，自动进行相应的裁剪或者拉伸，使其充满整个页面。

2. 水印图片

将图片设置为背景，可以选择图片填充，也可以选择插入图片，环绕方式设置为"衬于文字下方"。同时也可以将图片作为水印，不同的是，水印图片颜色稍微浅一些，更能突出文字内容。设置水印的步骤如下。

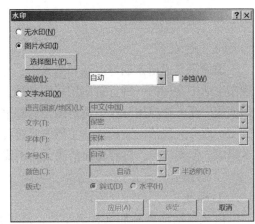

（1）选择"设计→页面背景→水印→自定义水印"，在弹出的"水印"对话框中选择"图片水印"，无"冲蚀"，如图 3-36 所示，单击"确定"按钮。

（2）双击页眉，进入页眉状态，选中图片，调整图片大小，使其充满整个页面；如果文档为多页，则每页均有水印图片。选择"开始→样式→其他→清除格式"，去掉页眉线，关闭页眉和页脚状态。

图3-36 设置水印图

3. 邮件合并数据源制作

数据源提供个人具体信息，如姓名、性别、身份证号、照片、通信地址、联系方式等。数据源的文件格式有多种，如 Word 表格文件、文本文件、Excel 表格文件、网页表格文件、某些数据库文件（Access 数据库或者其他类型数据库）等。在数据源文件中，数据信息按照行列形式组织，行列的分隔分别可使用 Enter 键和制表键 Tab（或逗号）。数据源虽然有多种格式，但数据源文件的第一行必须包含标题，标题中不能有非法字符（如 *、? 等，也不能有空缺或重复字符），并且不能有行列形式以外的内容，如图 3-37 和图 3-38 所示。

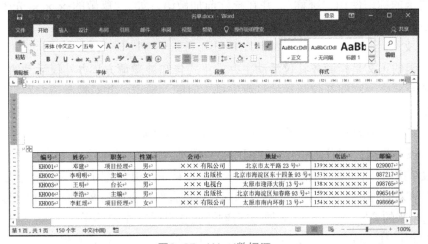

图3-37 Word数据源

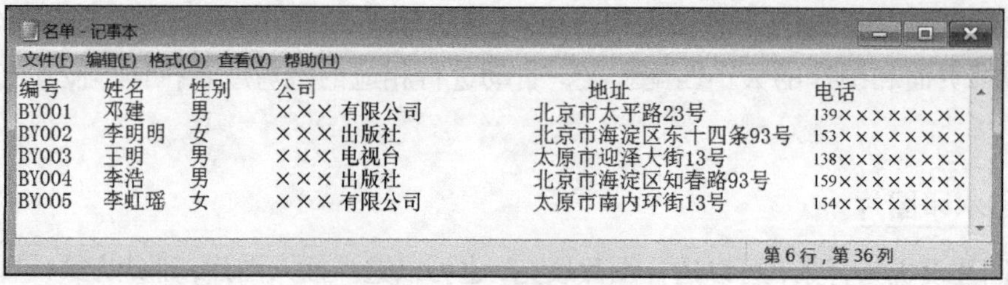

编号	姓名	性别	公司	地址	电话
BY001	邓建	男	××× 有限公司	北京市太平路23号	139××××××××
BY002	李明明	女	××× 出版社	北京市海淀区东十四条93号	153××××××××
BY003	王明	男	××× 电视台	太原市迎泽大街13号	138××××××××
BY004	李浩	男	××× 出版社	北京市海淀区知春路93号	159××××××××
BY005	李虹瑶	女	××× 有限公司	太原市南内环街13号	154××××××××

图3–38　记事本数据源

4. 邀请函的写作

（1）定义

邀请函是邀请亲朋好友或知名人士、专家等参加某项活动时所发的请约性书信。它是现实生活中常用的一种日常应用写作文种。在国际交往和日常的各种社交活动中，这类书信使用广泛。在应用写作中邀请函是非常重要的，而商务活动邀请函是邀请函的一个重要分支，商务礼仪活动邀请函的主体内容符合邀请函的一般结构，由标题、称谓、正文、落款组成。但要注意，内容要简洁明了，不要有太多文字。

（2）结构

① 标题

由礼仪活动名称和文种名组成，还可包括个性化的活动主题标语。如例文，“阿里巴巴年终客户答谢会邀请函”及活动主题标语“网聚财富主角”。活动主题标语可以体现举办方特有的企业文化特色。例文中的主题标语——“网聚财富主角”独具创意，非常巧妙地将“网”——阿里巴巴网络技术有限公司与“网商”——“财富主角”用一个充满动感的动词“聚”字紧密地联结起来，既传达了阿里巴巴与尊贵的“客户”之间密切的合作关系，又传达了阿里对客户的真诚敬意。若将“聚”和“财”连读，“聚财”又通俗、直率地表达了合作双方的合作愿望，可谓“以言表意、以言传情”，也恰到好处地暗合了双方通过网络平台实现利益共赢的心理。

② 称谓

邀请函的称谓使用“统称”，并在统称前加敬语。如，“尊敬的 ××× 先生 / 女士”或“尊敬的 ××× 总经理（局长）”。

③ 正文

邀请函的正文是指商务礼仪活动主办方正式告知被邀请方举办礼仪活动的缘由、目的、事项及要求，写明礼仪活动的日程安排、时间、地点，并对被邀请方发出得体、诚挚的邀请。

正文结尾一般要写常用的邀请惯用语，如“敬请光临”“欢迎光临”。

第一段开头语：“过往的一年，我们用心搭建平台，您是我们关注和支持的财富主角”和第三段结束语：“让我们同叙友谊，共话未来，迎接来年更多的财富，更多的快乐”，既反映了主办方对合作历史的回顾，即与“网商”精诚合作，真诚为客户服务的经营宗旨，又表达了对未来的美好展望，××× 愿与网商共同迎接财富，共享快乐。

这两句话独立成段，简要精炼，语义连贯，首尾照应，符合礼仪文书的行文要求，可谓是事务与礼仪的完美结合。

④ 落款

落款要写明礼仪活动主办单位的全称和成文日期。

3.4.3 任务实施

1. 文本转表格

打开文件"通讯录 .docx"。将文本转换为 5 列 16 行，与窗口同宽的表格。在最左侧插入一列，输入可以自动变化的序号 1、2、3……

步骤 1：利用【Ctrl+A】组合键选中通讯录中所有文本，单击【插入】选项卡下的"表格"组中的"表格"，在下拉列表中选择"文本转为表格"，弹出"将文字转换成表格"对话框，在"自动调整"操作栏选择"根据窗口调整表格"，其他保持默认，单击"确定"按钮，即可转换成一个 5 列 16 行与窗口同宽的表格。

步骤 2：将光标置于表格第 1 列单元格中，用鼠标右键单击表格，在弹出的快捷菜单中选择"插入→在左侧插入列"，此时最左侧插入一列，在左上角单元格输入"序号"，选中表格最左侧一列（不选标题列），单击【开始】选项卡下的"段落"功能组中"编号"下拉按钮，在下拉框中选择"定义新编号格式"，打开"定义新编号格式"对话框，在"编号格式"栏中删除编号右侧的点号，只保留数字编号，如图 3-39 所示，然后单击"确定"按钮，插入自动编号，设置表格文字水平居中，并应用一种样式，保存并关闭该文档。

图 3-39 设置编号

▶ **多学一招**

如果数据源的标题列中有"照片"，则需要建立一个存放照片的文件夹（照片的名称按顺序编号），照片列中只录入照片保存的位置（如 D:\照片\1），不需要将每张照片插入此列。

2. 添加制表符

打开素材文件"邀请函 .docx"，参照图片"邀请函样例 .jpg"进行排版修饰，具体要求如下。

（1）为邀请函主体内容排版，在"附：公司年会流程"下方的时间和后续文本之间添加右对齐的制表符。

（2）在邀请函页脚的右侧位置插入公司的联系电话"TEL: 0351-9536×××"。

（3）将图片"背景 .jpg"作为邀请函的水印，并平铺整个页面背景。

步骤 1：选中"邀请函"3 个字，设置为"微软雅黑""红色""小一"，然后单击"段落"功能组"居中"按钮。选中"请柬"二字，单击【开始】选项卡下的"字体"功能组中的"拼音指南"按钮，打开"拼音指南"对话框，保持默认设置，单击"确定"按钮。

> **提示**
>
> 如果拼音不显示，则可能是因为系统没有装微软拼音输入法，需要安装与系统兼容的微软拼音输入法。

步骤 2：选中"尊敬的"到"二〇二一年十二月"所在的正文段落，设置"标准色 / 蓝色"、四号。选中"仰首是春……抽出宝贵时间光临"段落，设置"首行缩进 2 字符"。

步骤 3：选中落款中包含人名及日期的两行文本，单击"段落"功能组"右对齐"按钮。

步骤 4：选中"附：联谊会流程"及下方的时间和后面的文本，单击"段落"功能组中的对话框启动器按钮，打开"段落"对话框，单击左下角"制表位"按钮，打开"制表位"对话框，在"制表位位置"输入"20 字符"，"对齐方式"选择"右对齐"，选择前导符"2……（2）"，然后单击"确定"按钮。光标依次置于时间和后续文本中间，按 Tab 键，添加制表符，达到样例图 3-35 效果。

步骤 5：用鼠标左键双击页脚，打开页脚编辑状态，将光标置于页脚中，输入电话"TEL：0351-9536×××"。单击"段落"功能组中的"左对齐"按钮，关闭页眉页脚。

步骤 6：单击【设计】选项卡下的"页面背景"功能组中的"水印"下拉按钮，在下拉框中选择"自定义水印"，打开"水印"对话框，选择"图片水印"，单击"选择图片"按钮，选择"背景 .jpg"，单击"插入"，返回"水印"对话框，不勾选右侧"冲蚀"复选框，单击"确定"按钮。双击页眉处，进入页眉页脚编辑状态，将该图片铺满整个页面，关闭页眉页脚状态。

3. 邮件合并

以"邀请函 .docx"为合并主文档，按下列要求为"通讯录 .docx"列表中的客户生成邀请函。

（1）在"尊敬的"右侧插入客户姓名，并根据性别添加后缀"先生"或"女士"。

（2）仅为北京和河北的客户生成请柬。为符合条件的每位客户生成独立的文档，并以"邀请函 2.docx"为文件名保存，同时保存合并主文档邀请函 .docx。

步骤 1：在"邀请函 .docx"文档中，切换到【邮件】选项卡，单击"开始邮件合并"功能组中的"选择收件人"下拉按钮，在下拉框中选择"使用现有列表"命令，启动"选取数据源"对话框，在考生文件夹下选择文档"通讯录 .docx"，单击"打开"按钮。再将光标置于"尊敬的"右侧，单击"编写和插入域"功能组"插入合并域"下拉按钮，在下拉列表中单击"姓名"合并域，接着单击"编写和插入域"功能组"规则"下拉按钮，在下拉列表中，选择如果…那么…否则，打开"插入 Word 域：如果"对话框，"域名"选择"性别"，"比较对象"选择"男"，在"则插入此文字"框中输入文字"先生"，在"否则插入此文字"中输入"女士"，如图 3-40 所示，单击"确定"按钮。（新插入的"先生"或"女士"可以用格式刷复制一下"尊敬的"的字体格式。）

步骤 2：单击"开始邮件合并"功能组中的"编辑收件人列表"按钮，打开"邮件合并收件人"对话框,单击"筛选"按钮,打开"查询选项"对话框,设置如图3-41所示,设置完成后单击"确定"按钮,返回"邮件合并收件人"对话框,继续单击"确定"按钮。

步骤3:在【邮件】选项卡下的"完成"功能组中单击"完成并合并"按钮,在下拉框中单击"编辑单个文档"选项,启动"合并到新文档"对话框,选择"全部"单选按钮,单击"确定"按钮,Word会将存储的收件人的信息自动添加到邀请函的正文中,并合并生成一个新文档。将生成的单个信函以"邀请函2.docx"为文件名保存,并保存合并主文档邀请函.docx。

图3-40 插入Word域

图3-41 查询选项

3.4.4 任务评价

制作邀请函,完成此项任务需要从邀请函格式、邮件合并、熟练办公等方面进行综合评价,评价参考标准如表3-5所示。

表3-5 评价参考标准

技能分类	测试项目	评价等级
基本能力	熟练掌握邀请函的格式	
	熟练掌握邮件合并方法	
职业能力	根据邀请函的主题,合理设计并美化邀请函	
	学会并掌握日常应用写作文种	
	具备高效处理信息的能力和熟练办公的技能	
通用能力	自学能力、总结能力、协作能力、动手能力	
素质能力	通过邀请函的制作,建立学生强烈的事业心和责任感,使其具有过硬的专业技能	
综合评价		

任务5 〉 工作年报排版

3.5.1 任务引入

王力是企业文秘人员,他不仅需要撰写文章,还需要对稿件进行排版,从而使稿件符合规范，体现企业形象的同时，推广企业，为企业带来更大的经济效益，最终完成如图 3-42 所示板报制作。

（a）封面和目录

（b）内容排版

图3-42　样例图

3.5.2　知识与技能

1. 样式

样式是多种格式的集合。一个样式中会包括很多格式效果，为文本应用了一个样式后，就等于为文本设置了多种格式。利用样式排版，不仅能快速设置段落格式，同时还能保证内容格式的一致性。样式的应用可以直接使用系统自带样式，也可自定义或者修改系统样式，使之应用到相应的段落。例如，在论文排版中，当用户要改变使用某个样式的所有正文文字时，不需要一一修改正文的段落格式，即使使用格式刷，也耗用大量的时间，只需修改该样式的属性即可。在【开始】选项卡"样式"组，可以选择系统提供的各种样式，如图 3-43 所示，也可以在系统样式的基础上修改后使用，还可以根据需要创建新的样式。

图3-43 "样式"列表

（1）样式的定义。样式是一组字符、段落格式特征的集合，系统样式包括字符样式和段落格式两种。字符样式包含文字颜色、字号、间距等格式；段落样式包含段落的对齐方式、间距、缩进、项目列表和编号等格式。单击【开始】选项卡中的"样式"组中的对话框启动器按钮，在弹出的"样式"面板中可以看到字符样式后面标记为"a"，段落样式前面标记为"↵"。

（2）样式的应用、修改、删除。利用"创建样式"功能创建的新样式将自动在系统内置样式列表中出现。更改样式后，文档中所有应用了该样式的文本格式都会自动做相应更改。为了方便管理，样式太多时，可以将不用的样式删除、修改，如图3-44所示。

图3-44 管理样式

2. 分隔符和分栏符

在 Word 编辑中，经常要对正在编辑的文稿进行分开隔离处理，如因章节的设立而另起一页，这就需要使用分隔符。分隔符包括分页符和分节符：分页符是分隔相邻页之间文档的符号，分开的两部分文本只能保持同样的页面设置；分节符将文档分成多个部分，每个部分可以有不同的页边距、页眉、页脚、纸张大小等设置。

分栏符的作用是将其后的文档从下一栏起排版，从而将页面在横向上分为多栏，文档内容在其中逐栏排列，并可以设置栏宽和栏间距。

文档的不同部分通常会要求从另起一页开始显示。正确的做法是在此插入分页符，使下一段必然从新页开始。如果希望下一段所在页面采用与当前页不同的页眉或页脚，则插入分页符的做法不可行，这时需要插入的是分节符。在默认情况下，Word 将整篇文档视为一节，即只能采用统一的页面格式。分节符的类型及其含义如表3-6所示。

表3-6 分节符的类型及其含义

类型	图示	含义	类型	图示	含义
下一页		插入分节符，并在下一页开始新节	偶数页		插入分节符，并在下一偶数页开始新节
连续		插入分节符，并在同一页开始新节	奇数页		插入分节符，并在下一奇数页开始新节

普通状态下，分节符与分页符是隐藏状态，不显示，如果想显示它们，则选择"开始→段落→显示|隐藏编辑标记"，这时分节符显示为两条横向平行虚线，之后就可以像操作普通字符一样，编辑分节符、分页符。

3. 批注、脚注、尾注、书签

批注是审阅者添加到独立的批注窗口中的文档注释或注解。当审阅者只是评论文档，而不直接修改文档时，使用"插入批注"功能。批注不影响文档的内容，它是隐藏的文字。Word 会为每个批注自动赋予不重复的编号和名称。

在文档中，有时要为某些文档添加注解以说明其含义和来源，这种说明在 Word 中称为脚注或尾注。脚注一般位于每一页文档的底端，可以用作对本页内容的解释，适用于对文档中的难点进行说明；尾注一般位于文档的末尾，常用来展示文章或书籍的参考文献等。脚注和尾注都是由注释引用标记和注释文本组成的，对于引用标记，可以自动进行编号或者创建自定义的标记。

书签用于标识已指定或标识的位置和选定的文本，以供将来引用。例如，可以用书签来标识需要在以后进行修订的文本，以后修订时可使用该功能快速定位到相应文本，不需要在文档中上下滚动。除此之外，还可以为书签添加交叉引用。例如，在文档中插入书签后，可以创建该书签的交叉引用，从而在文本的其他位置引用该书签。这种功能对于书籍等长文档的修改和查阅很有用。

4. 编号及引用

在 Word 2016 中，图片与表格的编号及引用比较简单，主要利用题注，交叉引用。因为图片与表格类似，区别只是表格的题注在表格上面，图片的题注在图片下面；如果图或表被删除了，标号也应相应变化。如果人工标注和修改这些标号会很麻烦，还容易出错。而题注不仅可以按照要求形式标出，还可以在修改后自动更新，但是需要注意的是删除图表的同时应把它们的题注也删除。

默认插入的题注形式为"图表 1、图表 2、图表 3……"，如果默认的题注形式不符合要求，也可以根据需要自己创建"新标签"（New Label）。方法是选择"插入→插图→图片"，插入外部图片；右键单击插入的图片，选择"插入题注"；在弹出的"题注"对话框中，单击"新建标签"按钮，在弹出的对话框中输入"图"。如果文档标号按照章节形式展开（如"图 2-1×××"），则需在单击"编号"按钮后弹出的"题注编号"对话框中选上"包含章节号"，如图 3-45 所示，设置完成后单击"确定"按钮。

图3-45 题注的设置

在文档中交代图号时，可以将光标停在"如"后，选择"引用→题注→交叉引用"，在弹出的对话框中选择要插入的"引用类型"。在对图片进行增加或删减操作后，引用编号需要做相应变化，这时只需按【Ctrl ＋ A】组合键选中所有文字，右键单击选中文字，在弹出的快捷菜单中选择"更新域"即可。表编号的操作方式和图类似，不再赘述。

5. 目录

目录通常是长文档不可缺少的组成部分，通过目录可以快速定位标题位置。目录由标题和页码组成。在完成样式及多级编号设置的基础上，可以快速生成目录。只有标题才能出现在目录中；设置好标题后，选择"引用→目录→目录→插入目录"，即可自动生成目录。标题内容或页码位置有变化时，只需在目录上单击鼠标右键，在弹出的快捷菜单上选择"更新目录"即可自动更新。

6. 模板

按格式要求编辑排版后，可以创建模板，目的是让大家共享，最大限度地避免重复性的格式设置工作。方法是选择"文件→另存为"，在弹出的对话框中选择"保存类型"为"Word模板（*.dotx）"。以后要使用这个模板时，只要双击该模板文件，即可基于该模板快速建立新文档，之前定义好的样式、页面设置、页眉页脚、字体段落仍然有效。

如果不希望文档被修改，可以将文档另存为PDF格式，还可以将Word文档另存为网页形式，直接在网上发布。

7. 预览和打印

完成文档的编辑和排版操作后，一般应先预览其效果，如果不满意，还可以修改和调整，待预览完全满意后再打印输出。预览文档和打印文档的操作方法如下。

（1）预览文档。在打印文档之前，要想预览打印效果，可使用打印预览功能查看。

打印预览的效果与实际打印的效果极为相近，使用该功能可以避免打印失误或造成不必要的损失。

在Word 2016窗口中，选择"文件→打印"，在打开的界面中包括两部分，即选项设置区和预览区域，可在预览区域预览打印效果。

（2）打印文档。预览结果满足要求后，可以对文档实施打印。方法是选择"文件→打印"，在打开的界面中设置打印份数、打印机属性、打印页数和单面或双面打印等。设置完成后，单击"打印"按钮，即可开始打印文档。

8. 长文档排版步骤

长文档排版其实是一个比较简单也比较烦琐的过程，一般情况下有以下几个步骤。

（1）设置、编辑并应用标题样式。

（2）设置文本样式和段落。

（3）设置表格样式和编号。

（4）设置图片样式和编号（如图××）。

（5）设置图文混排样式（如有需要）。

（6）设置页眉、页脚的样式及内容。

（7）设置目录样式并应用。

（8）其他需要调整的内容（如部分页面样式、文字样式或段落样式）。

完成以上步骤基本上就能够把一个长文档变成比较漂亮的文档了。

3.5.3 任务实施

1. 设置样式

打开文档"企业年报总结 .docx",将文档中以"一、""二、"……开头的段落设为"标题 1"样式;以"(一)""(二)"……开头的段落设为"标题 2"样式;以"1.""2."……开头的段落设为"标题 3"样式。

步骤 1:将纸张大小设为 16 开,上边距设为 3.2 厘米,下边距设为 3 厘米,左、右边距均设为 2.5 厘米。按住 Ctrl 键,同时选中文档中以"一、""二、"……开头的标题段落,单击【开始】选项卡下的"样式"组中的"标题 1"。

步骤 2:按住 Ctrl 键,同时选中文档中以"(一)""(二)"……开头的标题段落,单击【开始】选项卡下的"样式"组中的"标题 2"。

步骤 3:按住 Ctrl 键,同时选中以"1.""2."……开头的标题段落,单击【开始】选项卡下的"样式"组中的"标题 3"。

2. 添加超链接

为"图 2 咨询情况"添加超链接,链接到文件"调查表 .docx"。同时在"微信公众号:××××"后添加脚注,内容为"关注公司公众号,了解公司动态"。

步骤 1:选中"图 2 咨询情况"文字,单击【插入】选项卡下的"链接"组中的"超链接"按钮,弹出"插入超链接"对话框,选择左侧的"现有文件或网页",再在"查找范围"中找到并选中"调查表 .docx",单击"确定"按钮。

步骤 2:选中"微信公众号:××××,"单击【引用】选项卡下的"脚注"组中的"插入脚注"按钮,在鼠标光标处输入"关注公司公众号,了解公司动态"。

3. 文档分栏设置

将除封面页外的所有内容分为两栏显示,但是前述表格及相关图表仍需跨栏居中显示,无须分栏。

步骤:选中除封面和相关图表外的所有内容,单击【布局】选项卡下的"页面设置"组中的"分栏"下拉按钮,从弹出的下拉列表中选择"两栏"。

4. 插入目录

在封面页与正文之间插入目录,目录要求包含标题第 1 ~ 3 级及对应页号。目录单独占用一页,且无须分栏。

步骤 1:将光标定位在第 2 页的开始,单击【布局】选项卡下"页面设置"组中的"分隔符"按钮,从弹出的下拉列表中选择"分节符"下的"下一页"按钮。

步骤 2:将光标定位在新建的空白页,单击"页面设置"组中的"分栏"下拉按钮,从弹出的下拉列表中选择"一栏"。

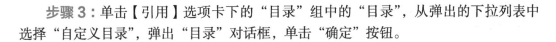

步骤 3：单击【引用】选项卡下的"目录"组中的"目录"，从弹出的下拉列表中选择"自定义目录"，弹出"目录"对话框，单击"确定"按钮。

5. 添加页码

除封面页和目录页外，在正文页上添加页眉，内容为文档标题"×××公司年报总结"和页码，要求正文页码从第 1 页开始，其中奇数页眉居右显示，页码在标题右侧，偶数页眉居左显示，页码在标题左侧，如图 3-42（b）所示。

步骤 1：双击正文第一页页眉，在【页眉和页脚工具 | 设计】选项卡下的"页眉和页脚"组中单击"页码"按钮，在弹出的下拉列表中选择"设置页码格式"命令，在打开的对话框中将"起始页码"设置为 1，单击"确定"按钮。

步骤 2：在【页眉和页脚工具 | 设计】选项卡下的"导航"组中单击"链接到前一条页眉"按钮，取消该按钮的选中状态。取消勾选"选项"组中的"首页不同"复选框，并勾选"奇偶页不同"复选框。

步骤 3：在正文第一页页眉处输入"×××公司年报总结"，将光标置于此页页脚处，单击【插入】选项卡"页眉和页脚"组下的"页码"按钮，在弹出的菜单中选择"当前位置→普通数字"。

步骤 4：选择页眉上的内容，在【开始】选项卡下的"段落"组中单击"文本右对齐"按钮，设置对齐方式。

步骤 5：将光标放到正文第二页页眉处，输入页眉"×××公司年报总结"，切换到【页眉和页脚工具 | 设计】选项卡，再去除链接到前一条页眉。

步骤 6：将光标置于文字之前，单击【插入】选项卡"页眉和页脚"分组下的"页码"按钮，在弹出的菜单中依次选择"当前位置→普通数字"，并将此页眉上的内容向左对齐。

步骤 7：若图表后面的页码有重新从 1 开始显示的问题，则可以选中该页的页码，单击【页眉和页脚工具 | 设计】选项卡"页眉和页脚"组下的"页码"按钮，在弹出的菜单中选择"设置页码格式"，在弹出的对话框中设置页码编号为"续前节"即可解决，此步骤可多次操作，直到都为续前节显示。

步骤 8：切换回【页眉和页脚工具 | 设计】选项卡，关闭页眉和页脚。

6. 生成 PDF 文档

将完成排版的文档以原文件名"公司工作年报 .docx"进行保存，并另行生成一份同名的 PDF 文档进行保存。

步骤 1：单击【文件】选项卡下的"另存为"，弹出"另存为"对话框，"文件名"为"×××公司年报总结"，设置"保存类型"为"PDF（*.pdf）"，单击"保存"按钮。

步骤 2：单击"保存"按钮，保存 Word 文件。

3.5.4 任务评价

制作公司年度报告长文档，完成此项任务需要从长文档排版步骤、办公技能、处理信息等方面进行综合评价，评价参考标准如表 3-7 所示。

表 3-7 评价参考标准

技能分类	测试项目	评价等级
基本能力	熟练长文档排版步骤	
	熟练掌握长文档排版技巧	
职业能力	熟悉各类主题长文档的排版格式要求	
	熟悉日常长文档的内容	
	具备高效处理信息的能力和熟练办公的技能	
通用能力	自学能力、总结能力、协作能力、动手能力	
素质能力	通过学习制作企业年报，了解公司的发展史，树立正确的就业观	
综合评价		

本章小结

本章以"任务驱动"模式介绍了文本的编辑操作、图文混排、插入对象、长文档的排版、创建图表、邮件合并等知识。学生通过学习能够重点掌握文档的基本操作、文档排版的方法和技巧，以便在日常工作和学习中轻松、快速应用。

思考与练习

一、选择题

1. 在 Word 中，若要计算表格中某行数值的总和，可使用的统计函数是（   ）。
   A. Sum( ) B. Total( )
   C. Count( ) D. Average( )

2. 在 Word 2016 的窗口中，能同时显示水平标尺和垂直标尺的视图是（   ）。
   A. 大纲视图 B. 页面视图
   C. 阅读版式视图 D. Web 版式视图

3. Word 2016 文档扩展名的默认类型是（   ）。
   A. DOCX B. DOC C. DOTX D. DAT

4. （   ）标记包含前面段落格式信息。
   A. 行结束 B. 段落结束 C. 分页符 D. 分节符

5. 【Ctrl+S】组合键的功能是（   ）。
   A. 删除文字 B. 粘贴文字 C. 保存文件 D. 复制文字

6. 在 Word 2016 中，快速工具栏上标有"软磁盘"图形按钮的作用是（   ）。
   A. 打开 B. 保存 C. 新建 D. 打印

7. 在 Word 2016 中"打开"文档的作用是（   ）。
   A. 将指定的文档从内存中读入并显示出来
   B. 为指定的文档打开一个空白窗口
   C. 将指定的文档从外存中读入并显示出来
   D. 显示并打印指定文档的内容

8. Word 2016 有记录最近使用过的文档功能。如果用户有保护隐私的要求，需要将文档使用记录删除，可以在打开的"文件"面板中单击"选项"按钮中的（　　）进行操作。

　　A. 常规　　　　　B. 保存　　　　　C. 显示　　　　　D. 高级

9. 在 Word 中页眉和页脚的默认作用范围是（　　）。

　　A. 全文　　　　　B. 节　　　　　C. 页　　　　　D. 段

10. 关闭当前文件的快捷键是（　　）。

　　A.【Ctrl+F6】　　B.【Ctrl+F4】　　C.【Alt+F6】　　D.【Alt+F4】

二、操作题

1. 在 Word 中如何设置取消断字？

2. 如何将 Word 文档里的繁体字改为简化字？

3. Word 表格上、下竖线不能对齐，用鼠标拖动其中一条线也对不齐，那么怎样微调 Word 表格线？

4. 怎么删除分页符？

5. 怎样设置每章不同的页眉？

6. 如何实现奇偶页不同页眉？例如，奇数页显示"大学学位论文"，偶数页显示章标题。

7. 怎样使文档的第 1 页无页眉、页脚？

三、应用题

为了更好地介绍公司的服务与市场战略，市场部助理小王需要协助制作完成公司战略规划文档，并调整文档的外观与格式。

现在，请你按照如下需求，在 Word.docx 文档中完成制作工作。

（1）调整文档纸张大小为 A4 幅面，纸张方向为纵向；并调整上、下页边距为 2.5 厘米，左、右页边距为 3.2 厘米。

（2）打开"Word_样式标准.docx"文件，将其文档样式库中的"标题 1，标题样式一"和"标题 2，标题样式二"复制到 Word.docx 文档样式库中。

（3）将 Word.docx 文档中的所有红色文字段落应用为"标题 1，标题样式一"段落样式。

（4）将 Word.docx 文档中的所有绿色文字段落应用为"标题 2，标题样式二"段落样式。

（5）将文档中出现的全部"软回车"符号（手动换行符）更改为"硬回车"符号（段落标记）。

（6）修改文档样式库中的"正文"样式，使得文档中所有正文段落首行缩进 2 个字符。

（7）为文档添加页眉，并将当前页中样式为"标题 1，标题样式一"的文字自动显示在页眉区域中。

（8）在文档的第 4 个段落后（标题为"目标"的段落之前）插入一个空段落，并按照下面的数据方式在此空段落中插入一个折线图图表，将图表的标题命名为"公司业务指标"。

	销售额（单位：亿元）	成本（单位：亿元）	利润（单位：亿元）
2010 年	4.3	2.4	1.9
2011 年	6.3	5.1	1.2
2012 年	5.9	3.6	2.3
2016 年	7.8	3.2	4.6

任务目标

1. 职业素质：实事求是，严谨缜密，保守秘密，讲求时效，尊重产权。
2. 熟悉 Excel 2016 文件的建立与保存；熟悉 Excel 2016 窗口界面的特殊组成及功能。
3. 掌握各种数据类型的输入方法及数据格式。
4. 掌握单元格和工作表的格式操作。
5. 掌握数据的计算方法。
6. 掌握图表的生成及优化。
7. 掌握常用的数据分析和管理工具。
8. 了解工作簿、工作表的操作，了解 Excel 2016 的几种视图方式。

思维导图

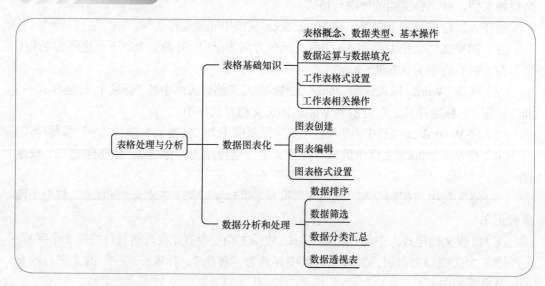

本章导读

　　Excel 是 Microsoft Office 办公套装软件中一个非常重要的组件，是集快速制表，将数据图表化，对数据进行各种运算、分析、管理，制作复杂的统计表等功能于一身的优秀电子表格处理软件，目前已被广泛应用于商业、科学、工程、财务等各个领域。Excel 2016 的基本操作、数据编辑、格式设置、数据计算、分析管理、打印输出等成为处理日常工作必不可少的内容。

通过任务 1 ~ 任务 3 这 3 个基础任务的训练，学生可以熟悉 Excel 2016 的基本环境，掌握数据、单元格和表格的相关操作；通过任务 4 和任务 5 的训练，学生可以学习表格的制作、特殊格式的设置、数据分析和处理的技巧。此外，将公司年度财务数据贯穿本章，该年度财务数据案例针对性强，可提高学生的学习和工作实践能力，进一步熟悉数据处理方法和工具。

任务 1 构建财务结算单

4.1.1 任务引入

晓峰是某工程公司财务部工作人员，现需要创建一个工程结算单模板，以便每个月直接输入相关数据生成当月结算单，本案例最终实现的工作表如图 4-1 所示。本任务中先将其暂存为普通文件，任务 2 中再存为模板。

4.1.2 知识与技能

构建财务结算单涉及的 Excel 基本操作主要包括工作簿、工作表、行、列、单元格、数据的基本操作等方面的知识与技能。

	A	B	C	D	E	F	G
2	财务结算单						
3	客户名称	建筑工程原材料提供商					
4	工程名称	碧桂苑			工程地址	山西省太原市飞机场东	
5	日期	工程材料	数量	单位	单价（元）	金额（元）	备注
6	2021/03/01	强劲牌水泥	1000	袋	200		
7	2021/03/05	中宇钢筋	500	吨	300		
8	2021/03/13	通达钢管	1200	根	500		
9	2021/03/14	中宇钢筋	200	吨	300		
10	2021/03/18	古道石子	856.7	方	95.5		
11	2021/03/21	简牌瓷砖	600	箱	1500		
12	2021/03/24	河床细沙	795.8	方	90.2		
13	2021/03/26	强劲牌水泥	250	袋	200		
14	2021/03/27	简牌瓷砖	300	箱	1500		
15	2021/03/28	通达钢管	1000	根	500		
16	2021/03/29	古道石子	226.3	方	95.5		
17	2021/03/31	河床细沙	313.1	方	90.2		
18	合计大写金额					小写金额	
19	备注	以上资料，经双方核对无误，本对账单一式两份，双方各执一份。					
20	供方：					需方：	
21	经办人签字：					经办人签字：	
22	日期：					日期：	

图4-1 财务结算单效果图

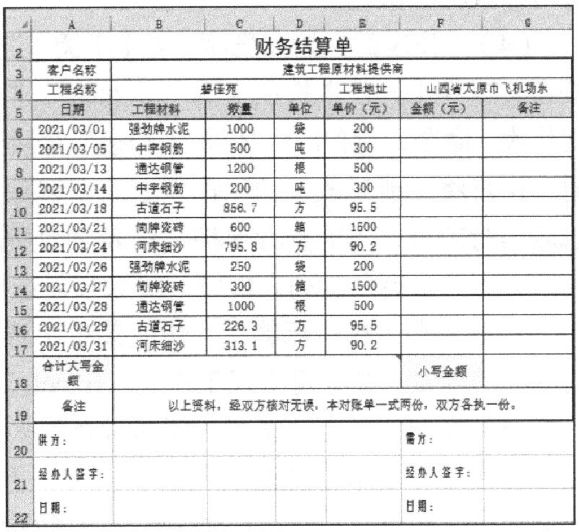

1. 工作簿

一个工作簿就是一个 Excel 文件，新建 Excel 工作簿的方法有两种。

（1）利用模板新建。启动 Excel 程序，从右侧选择“空白工作簿”“业务”“日历”“个人”“列表”“教育”“预算”“日志”等模板，可以创建对应的工作簿，或在已打开的 Excel 程序窗口中，执行【文件】中的“新建”命令，也可以选择模板进行创建。利用模板生成电子表格，可以减少烦琐的重复操作，从而提高工作效率。

（2）直接新建空白工作簿。在已打开的 Excel 程序窗口中，单击【快速访问工具栏】中的“新建”按钮，或按【Ctrl+N】组合键。工作簿文件中有多张工作表，两者就像书和页的关系，新建的空白工作簿中包括一张工作表。

2. 工作表

我们可以根据需要对工作表进行插入、删除、重命名、移动、复制、隐藏、保护等操作，还可以对每个工作表窗口进行拆分、冻结。

（1）工作表的插入和删除。

插入工作表有 3 种方法。方法一：直接单击工作表标签条上的"新工作表"按钮⊕。方法二：鼠标右键单击某工作表标签，在弹出的快捷菜单中选择"插入"命令，从弹出的对话框中选择"工作表"选项。方法三：选定多张工作表标签，按方法二进行插入操作，可一次插入多张工作表。新插入的工作表出现在活动工作表的左侧，并成为当前工作表。

删除工作表，先选定要删除的一张或多张工作表，用鼠标右键单击工作表标签，从快捷菜单中选择"删除"命令。

（2）工作表的移动和复制。在同一工作簿内，用鼠标左键拖曳工作表标签到目标位置执行移动工作表操作；按下 Ctrl 键拖曳可复制工作表。在不同的工作簿间，用鼠标右键单击工作表标签，可从弹出的快捷菜单中选择"移动或复制…"命令，选择对话框中要移动或复制到的目标工作簿，若选中了"建立副本"复选框，则相当于执行复制工作表操作。

（3）工作表重命名及修改标签颜色。工作表快速重命名的方法有两种，一是双击工作表标签，输入新的工作表名称。二是用鼠标右键单击工作表标签，在弹出的快捷菜单中选择"重命名"选项。

右键单击工作表标签，在快捷菜单中选择"工作表标签颜色"选项，从中选取颜色即可修改标签颜色。

（4）工作表的保护和隐藏。在【审阅】选项卡的"保护"选项组中单击"保护工作表"按钮，或在【开始】选项卡的"单元格"选项组中打开"格式"下拉菜单，选择"保护工作表"命令，在弹出的"保护工作表"对话框中选中"保护工作表及锁定的单元格内容"时，用户将不能修改保护工作表之前未解除锁定的单元格，不能查看保护工作表之前所隐藏的行或列，不能查看保护工作表之前所隐藏的单元格中的公式。在"允许此工作表的所有用户进行"的列表框中，清除某复选框项，就意味着用户不能进行相应的操作。

右键单击工作表标签，在快捷菜单中选择"隐藏"命令，即可将该工作表隐藏；执行"取消隐藏"命令可重现工作表。Excel 无法一次性对多张工作表取消隐藏。

（5）控制工作窗口视图。要同时查看多张工作表有以下几种方法，这些方法都包含在【视图】选项卡的"窗口"选项组中。方法一，执行"新建窗口"，即可为当前工作簿创建一个新窗口，两个窗口有完全相同的内容。方法二，重排窗口，执行"全部重排"，可选择不同的排列方式，如平铺、水平并排、垂直并排、层叠等。方法三，切换窗口，当打开多个工作簿时，选择"切换窗口"，可将选定的工作簿激活为当前工作簿。方法四，执行"并排查看"，可以在两个窗口中并排比较两个工作表，并可以同步滚动浏览两个窗口中的内容，"全部重排"没有同步滚动这个功能。

（6）工作表窗口的拆分和冻结。可将工作表窗口拆分为几个小窗口，每个小窗口显示出同一张工作表的不同部分，拖动各窗口中的滚动条，将所需部分显示在窗口中，以便查看大型表格。拆分和冻结都在【视图】选项卡的"窗口"选项组中。拆分方法是选定某单元格，单击"拆分"按钮，即从选定单元格的左上角对窗口进行拆分，可拆为 4 个窗口，同时，垂直和水平滚动条都就变成了两个。上、下、左、右拖动拆分条可改变拆分条的位置。双击拆分条，可取消窗口拆分，或再一次单击"拆分"按钮取消拆分。

工作表的冻结是将工作表窗口的某一部位固定，使其不随滚动条移动，选定单元格，选择"冻结窗格"命令，可从选定单元格的左上角位置冻结；也可以只冻结首行或首列。同样从"冻结窗格"下选择取消冻结。

3. 行、列、单元格

每张工作表中有横向的行和纵向的列，行号是位于各行左侧的数字，用阿拉伯数字表示，如 2、10、35。列标是位于各列上方的字母，用大写英文字母表示，如 A、C、AM、DX。行与列交叉处是一个单元格，单元格是构成工作表的基本单位，共有 1048576×16384 个，在单元格中可输入各种格式的文本、数字、公式等数据信息。默认的单元格地址由列标行号表示，如 G5 指位于第 G 列第 5 行的单元格。

（1）光标的移动和定位

定位就是使其成为当前活动单元格，方法：单击单元格；按 Tab 键光标从左向右移动；按 Enter 键光标下移一个单元格；按方向键↑、↓、←、→，光标向当前单元格的上、下、左、右位置的单元格移动；要定位到相距甚远的单元格，可使用【开始】选项卡的"编辑"选项组中的"查找和选择"下的"转到"命令，将目标单元格的地址输入对话框的"引用位置"文本框后，单击"确定"按钮；要将光标定位到满足某种条件的单元格，可在"查找和选择"下的"定位条件"命令对话框中选择合适的条件。

（2）行、列、单元格的选定操作

单击或拖曳可选定一个单元格或任意一个区域。借助 Shift 键可以选取一个大的连续区域，借助 Ctrl 键可以选择多个不连续的区域。单击工作表左上角行号和列标交叉处的按钮（称为全选按钮），可选定整张工作表。

（3）插入/删除行或列

行或列的插入有 3 种方法：在【开始】选项卡的"单元格"选项组中打开"插入"下拉菜单，选择其中的"插入单元格…"；右键单击某个单元格，在快捷菜单中选择"插入…"；右键单击行号/列标，在快捷菜单中选择"插入"。选定要删除的行、列、单元格，单击鼠标右键，执行快捷菜单中的"删除"命令，或从【开始】选项卡的"单元格"选项组中打开"删除"下拉菜单，选择其中的命令。

插入的行和列在选定单元格的上方和左侧（选定几行/列就会插入几行/列）。

（4）行高或列宽的调整

调整行高或列宽有 3 种方法：任意拖动行标线和列标线；在调整行高和列宽对话框中输入精确值；根据内容自动调整行高和列宽。要同时调整多列为等宽时，先选定这几列，再拖动其中任何一列的列标线。

（5）单元格边框底纹

利用【开始】选项卡的"字体"选项组中的"边框"按钮和"填充颜色"按钮，或在"设置单元格格式"对话框的"边框"和"填充"选项卡中先选择边框样式和颜色，再单击"预置"或"边框"下的按钮即可为单元格设置边框底纹，可为单元格区域选择单一的填充颜色和填充效果，也可以选图案样式及图案颜色。设计表格样式一般要遵守"三色原则"：

首行、首列最深，间行、间列留白。

另外 Excel 2016 提供了表格样式和单元格样式，直接套用这些样式可方便、快捷地设置表格和单元格格式。

（6）对齐方式

在工作表中输入的数据按照 Excel 内置的方式对齐，即文本数据左对齐，数字数据右对齐，可根据需要重新改变数据对齐方式。

选定要设置对齐方式的区域后，从【开始】选项卡的"对齐方式"选项组中选择垂直方向的"顶端对齐、垂直居中、底端对齐"，水平方向的"左对齐、居中、右对齐"，以及"合并后居中""自动换行""缩进""方向"等按钮，即可让选定区域的数据按要求进行对齐；也可进入"设置单元格格式"对话框中的"对齐"选项卡设置，其中的水平对齐下拉列表框中有多种水平对齐方式，"缩小字体填充"功能没有体现在工具栏中。这些特殊效果在设计较复杂的表格时非常有用，可以组合使用。

（7）合并单元格

在 Excel 中，合并单元格有 3 种方式，分别为合并单元格、合并后居中和跨越合并，每种合并单元格的方式效果不同，前两种方式的区别主要在对齐方式上，第三种方式只合并同一行的单元格。在合并选中单元格时，无论用哪种方式，Excel 都只保留选中单元格左上角一个单元格的内容，不像 Word 会把多个单元格的内容同时合并到一个单元格。

方法一：合并单元格。选中要合并的单元格，例如 A2:B2，单击【开始】选项卡的"对齐方式"选项组中"合并后居中"右边的黑色小倒三角，在弹出的菜单中选择"合并单元格"，弹出"合并单元格时，仅保留左上角的值，而放弃其他值"提示窗口，意思是只保留左上角一个单元格的值，确定后选中的两个单元格合并为一个。合并后保留原对齐方式。

方法二：合并后居中。例如，选中要合并的 A2:B3 单元格区域，单击【开始】选项卡的"对齐方式"选项组中"合并后居中"，确定后 A2:B3 合并为一个单元格，只保留 A2 中的值，且无论这些单元格原来的对齐方式是什么，合并后自动改为居中对齐。

方法三：跨越合并。例如，选中要跨越合并的 A2:B4 单元格，单击【开始】选项卡的"对齐方式"选项组中"跨越合并"后，仍保留三行，每行的两个单元格合并为一个，文本右对齐。

4. 数据的基本操作

输入数据是建立工作表后最基本的操作，输入数据后，可对其进行计算、管理及分析等工作。工作表中可以输入的数据包括数字、文本、时间和日期、公式和函数等。

输入数据后可按 Enter 键，或单击编辑栏上的"√"按钮，或在其他单元格中单击鼠标以确定输入。

▶▷ **微说明**

Excel中输入任何符号都必须在英文标点符号输入状态下，各类数据的输入方法和格式有差别。

（1）数字的输入

Excel 中输入的数字为常量，包括可从键盘上输入的 0 ~ 9、+、-、/、%、$、. 等数字和符号，可参与计算，输入单元格的数字自动右对齐。

要输入分数，可采用"整数 分子 / 分母"的格式，如输入二分之一时，要输入 0 1/2，否则系统会认为是 1 月 2 日。

当单元格中输入的数字过长时，Excel 会用科学记数法来表示，或出现 #### 符号字样（数字为数值格式时），这时可通过调整列宽来改变。但要注意科学记数法已改变了数字大小。

（2）文本的输入

单元格中输入的文本自动左对齐。文本可以是字符或字符与数字的组合，如 12-R、第 5、24A 等。

如果要将输入的数字，如电话号码、身份证号码等作为文本对待，而非数字数据，则需先向单元格中输入英文标点中的单引号（'），再输入数字，确定后该单元格左上角会自动出现一个绿色三角标记，且当选定该单元格时，旁边出现提示符号，提示该单元格中的内容为文本格式，并可从下拉三角形中选择操作命令。

单元格的文本太长时会溢出到右单元格，若右单元格中也有内容，则会截断溢出部分，但该单元格中的实际内容都存在，可选定该单元格，在编辑栏中浏览其中全部内容，也可通过调整列宽来显示全部内容。

若公式或函数中有文本，则需用字符串定界符即英文标点中的双引号将文本括起来。例如，要输入文本 0123，可在单元格中输入 ="0123"；再比如公式 =IF(D2>60," 通过 "," 不通过 ") 中的"通过"和"不通过"都是文本格式。

单元格中插入的"特殊符号"也自动作为文本对待。

（3）日期和时间的输入

在 Excel 中，日期和时间均按数字处理，故可用于计算。日期和时间的显示方式取决于所在单元格的数字格式。例如，通过设置单元格格式，使日期的显示方式为 18/3/24、2018-3-24 或其他日期形式。

Excel 默认使用斜线（/）或连字符（-）输入日期，用冒号（:）输入时间，并以 24 小时制显示时间。输入当天日期，可用【Ctrl+ ；】组合键；输入当前时间，可用【Ctrl+Shift+ ：】组合键。

（4）公式和函数的输入

Excel 单元格中除了可以输入数字、文本等常量，还经常需要对某些数据进行数学运算处理，即要在单元格中输入公式或函数。

（5）批量自动填充

如果要在一行、一列或一个单元格区域内填充相同的数据，或填充一些序列数据，如月份、季度、星期，可以用自动填充功能，即拖动活动单元格的填充柄或用【开始】选项卡的"编辑"选项组中的"填充"按钮进行操作。

① 相同数据的输入

方法一: 在某区域中输入相同的数据，可先在区域第一个单元格中输入数据，用鼠标向下和向右拖曳其填充柄，到该区域的最后一个单元格，松开鼠标即可。

方法二: 先选定要输入数据的单元格区域（可以连续或不连续），输入数据后，按

【Ctrl+Enter】组合键，即可在所有选定的单元格中快速输入相同数据。

② 序列数据的输入

若要连续填充数字系列，可先在区域的前两个单元格中分别输入数据，确定变化的步长，然后选定这两个单元格，拖动填充柄到区域的最后一个单元格，释放鼠标，数据会按步长值依次填入单元格区域。

若要填充连续自然数或系统预定义的序列，则可在第一个单元格中输入第一个数据后直接拖动填充柄到区域的最后一个单元格。例如，在某单元格中输入星期一，向下拖动该单元格的填充柄，即可自动依次填入星期二~星期日。

选定已输入序列起始值的单元格，用鼠标右键拖动其填充柄到区域的最后单元格，释放鼠标右键后，在快捷菜单中选择要执行的"填充序列"命令，即可按要求填充序列。用鼠标左键拖动其填充柄到区域的最后单元格，释放鼠标后，在快捷菜单中可以复制单元格、填充序列、填充格式、快速填充，从中选择要执行的命令，就可按要求填充序列。如果要用"序列"对话框填充，在第一个单元格中输入序列的初始值，选定填充区域，在【开始】选项卡的"编辑"选项组中单击"填充"按钮，执行其中的"序列"，在对话框中可选择按行或列的方向填充；如果序列类型是日期，则要选择一种日期单位；如果是数字型的序列，则要确定步长值和终值，设置完毕，单击"确定"按钮，即可完成序列数据的填充。

▶ 微说明

单元格的格式和其中的数据格式都可用格式刷进行快速复制。

4.1.3 任务实施

1. 新建一个空白的 Excel 工作簿文件并保存

步骤1：在任务栏的"搜索"按钮中输入 Excel，或者双击桌面上的 Excel 图标，在启动程序的同时会新建一个工作簿文件。

步骤2：选择一个保存位置，输入文件名"创建财务结算单"后，单击"保存"按钮。

2. 创建原始表格

步骤：按图 4-2 的位置和内容输入相应数据。此处先不做任何格式上的调整。最后两行的内容可以复制，即选定 A18 单元格，按下【Ctrl+C】组合键，选定 E18，按【Ctrl+V】组合键，或用"复制→粘贴"命令。将工作表重命名为"原始表格"。

3. 格式化表格

复制上述表中所有内容，粘贴到 Sheet2 工作表中，并将该表重命名为"格式化"，修改标签颜色。

步骤1：将单元格合并后居中。选定 A2:F2 单元格区域，执行【开始】选项卡下的"对齐方式"选项组中的"合并后居中"，同理，选定 B3:F3、B4:C4、E4:F4、B15:D15、

B16:F16，分别进行合并后居中操作。

步骤2：设置边框和底纹。选定 A3:F16 单元格区域，打开"设置单元格格式"对话框，选择粗线条应用于外边框，细线条应用于内部，如图 4-3 所示。选定 A5:F5 单元格区域，在"样式"选项组中选择"单元格样式"列表中的"主题单元格样式"——"冰蓝，20% 着色 1"。选定 A15 和 E15 两个单元格，填充为"黄色"。

图4-2 原始表格

图4-3 内外边框的设置

步骤3：调整行高和列宽。选定第 2 ~ 14 行，拖动行标线或打开"行高"对话框，调整行高为18。选定第 15 ~ 19 行，行高调整为 30。按照单元格中输入的相应内容调整各列列宽。

步骤4：字体格式修饰。将表格标题字体设为黑体，字号设为 18；将 A3:F16 单元格内容居中；选定 A17:E19 区域，将字体设置为方正姚体；选定 A15 单元格，在"对齐方式"选项组中选择"自动换行"。

4. 输入数据

步骤1：仿照图 4-4 所示输入数据，并在"数量"和"单价"间插入一列"单位"。

步骤2：为 B15 单元格插入批注"由小写金额而来"。

步骤3：数字格式设置。选定需要输入日期的单元格区域，进入"设置单元格格式"对话框，将日期格式设置为 yyyy/mm/dd 的格式，如图 4-5 所示。选定需要输入金额的单元格区域，进入"设置单元格格式"对话框，将其设为保留两位小数、千位分隔符的格式。

图4-4 数据输入　　　　　　　图4-5 日期格式的自定义

▶ ⓘ 提示

如果系统提供的日期格式没有所需的，可进行自定义。

步骤 4：插入行。在第 9 行上方插入一行；在第 13 ~ 14 行上方插入两行。拖动 A8
单元格的填充柄将日期序列填充到 A9 单元格，同理填充 A14 和 A15 单元格日期。仿照
图 4-1 的内容，利用复制的方法填写修改完成空行内容。

▶ ⓘ 多学一招

选定几行，右键单击鼠标，选择"插入"，可一次性在选定行上方插入几行。

▶ ⓘ 多学一招

近距离复制可选定内容后，按Ctrl键直接拖动到目标位置。

4.1.4 任务评价

制作财务结算单任务要根据结算单的制作特点，从制表的基本操作方法、表格设计
技巧、表格整体效果、变通能力及素质能力方面进行综合评价。评价参考标准如表 4-1
所示。

表 4–1 评价参考标准

技能分类	测试项目	评价等级
基本能力	熟练掌握工作簿中所有对象的基本操作	
	熟练掌握数据的一般输入方法	
职业能力	改变数字的不同格式以适应所需	
	根据工作要求，设计特殊格式的工作表	
	具备一定的快速输入特殊数据的技巧和能力	
通用能力	自学能力、总结能力、协作能力、动手能力、变通能力	
素质能力	通过财务结算单的创建，了解不同行业财务结算单的要求，培养严谨的工作作风和实事求是的工作态度	
综合评价		

任务 2 》制作财务结算单模板

4.2.1 任务引入

晓峰创建好一个工程用料财务结算单工作表后，还需进行公式的编制、数据的验证等工作，完善后保存为模板文件。本案例最终实现的工作表如图 4-6 所示。

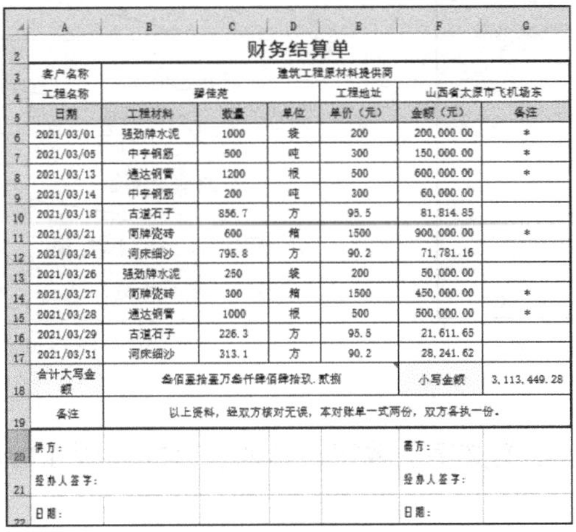

	A	B	C	D	E	F	G
2	财务结算单						
3	客户名称	建筑工程原材料提供商					
4	工程名称	翠佳苑			工程地址	山西省太原市飞机场东	
5	日期	工程材料	数量	单位	单价（元）	金额（元）	备注
6	2021/03/01	强劲牌水泥	1000	袋	200	200,000.00	*
7	2021/03/05	中宇钢筋	500	吨	300	150,000.00	*
8	2021/03/13	通达钢管	1200	根	500	600,000.00	*
9	2021/03/14	中宇钢筋	200	吨	300	60,000.00	
10	2021/03/18	古道石子	856.7	方	95.5	81,814.85	
11	2021/03/21	闻牌瓷砖	600	箱	1500	900,000.00	*
12	2021/03/24	河床细沙	795.8	方	90.2	71,781.16	
13	2021/03/26	强劲牌水泥	250	袋	200	50,000.00	
14	2021/03/27	闻牌瓷砖	300	箱	1500	450,000.00	*
15	2021/03/28	通达钢管	1000	根	500	500,000.00	*
16	2021/03/29	古道石子	226.3	方	95.5	21,611.65	
17	2021/03/31	河床细沙	313.1	方	90.2	28,241.62	
18	合计大写金额	叁佰壹拾壹万叁仟肆佰肆拾玖.贰捌				小写金额	3,113,449.28
19	备注	以上资料，经双方核对无误，本对账单一式两份，双方各执一份。					
20	供方：					需方：	
21	经办人签字：					经办人签字：	
22	日期：					日期：	

图4-6 财务结算单效果图

4.2.2 知识与技能

要制作完成一个财务结算单模板，除一般的表格格式设置外，还需设置某些数据输入的有效性规则、编写好相关的计算公式、设置某些单元格（区域）和工作表的保护措施，以保证模板中某些内容不被用户随意修改，保持模板的统一性。

1. 数据处理

（1）删除和清除数据

只删除单元格中的内容，可在选定单元格后，按 Delete 键；若有特殊删除要求，在选定单元格后，从【开始】选项卡的“编辑”选项组中“清除”下拉菜单中选择相应的子菜单，如图 4-7 所示。其中各项含义如下。

① 全部清除（A）：删除所选单元格中的内容、格式、批注、超链接等全部对象。

② 清除格式（F）：只删除所选单元格的格式，而保留内容和批注。

③ 清除内容（C）：只删除所选单元格中的内容而保留其他属性，相当于按 Delete 键。

④ 清除批注（M）：只删除所选单元格附加的批注，单元格内容和格式不受影响。

⑤ 清除超链接（不含格式（L））：清除所选单元格中的超链接，但超链接格式仍存在。

⑥删除超链接（含格式（R））：删除所选单元格中已有的超链接。

（2）选择性粘贴

如果只需要复制单元格中的某些对象（如格式、批注或公式），需在粘贴时选择【开始】选项卡的"剪贴板"选项组中"粘贴"下拉列表中的某项，或右键单击目标位置，在快捷菜单中选择。从"粘贴"下拉列表中可选择只粘贴单元格中的某些对象（如格式、批注或公式），可转换原表格的行与列（转置），也可将原单元格中的数据与目标单元格中的数据进行某种运算等，如图4-8所示。

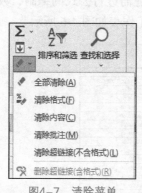

图4-7　清除菜单

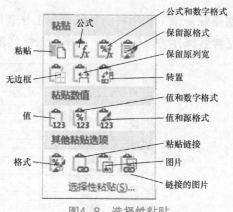

图4-8　选择性粘贴

（3）查找和替换

Excel可以查找出指定的文字、数字、日期、公式等所在的单元格，还可以替换查找到的内容。

单击【开始】选项卡的"编辑"选项组中的"查找和选择"按钮，选择"查找"命令，打开如图4-9所示的对话框。在"查找内容"框中输入要查找的信息（文字、数字、公式、批注内容），在"范围"框中选择相应的选项（工作簿、工作表），在"搜索"框中选择"按行"或"按列"，在"查找范围"框中选择"公式""值""批注"，若只查找与"查找内容"框中指定的字符完全匹配的单元格，则要选中"单元格匹配"复选框。单击"查找下一个"按钮，符合条件的单元格将成为当前活动单元格。单击"查找全部"按钮，则在对话框下部列出查找到的相关信息。

图4-9　"查找和替换"对话框

替换功能与查找功能的使用方法类似，它可以将查找到的信息用其他信息替换。只要在"替换"选项卡中的"替换值"框中输入要替换成的数据，单击"替换"或"全部替换"按钮即可。

2. 数据验证

为防止用户输入错误数据，在向工作表中输入数据时，可为单元格设置有效数据范围，限制用户只能输入指定范围的数据。

（1）验证有效性。单击【数据】选项卡的"数据工具"选项组中的"数据验证"，弹出"数据验证"对话框，对话框中各个标签功能如图 4-10 所示，"验证条件"中允许取的值包括任何值、整数、小数、序列、日期、时间、文本长度、自定义这些数据类型。"设置"选项主要指定数据类型和取值范围，"输入信息"选项为鼠标指向该区域时的信息，"出错警告"选项中可设置当用户输入的数据不在指定范围时提示的指示语及符号，当向设置了条件的单元格中输入超出范围的内容时，会出现警告提示，如果要强行输入，单击"是"选项。执行"数据验证"下拉列表中的"圈释无效数据"命令，则会将违反数据有效性的数据用红色椭圆圈起来，也可清除这个圈释。

 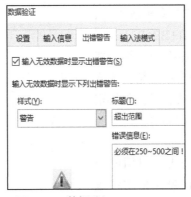 

图4-10　数据验证

（2）填充序列。利用数据验证还可以为单元格数据添加下拉列表框，以提供填充序列，保证数据的正确性。例如，工程用"工程材料"基本是固定的，如果不想每次输入，就可将其设置为下拉选项，即选定要填充工程材料的单元格区域后，在"数据验证"对话框中进行图 4-11 所示的设置。来源框中的值可直接引用表格中已有内容的单元格区域。确定后，在这些单元格中提供了下拉式列表，直接选择值即可。

图4-11　数据序列设置

3. 计算

Excel 2016 提供了输入和使用公式或使用函数两种方法进行数据计算。

（1）单元格引用

　　工作表中的运算都是对单元格中的数据进行处理的，所以大多数公式中都包含对其他单元格的引用，即在公式中用单元格的地址调用该单元格中的数据参与计算。被引用单元格中的数据发生改变，运算的结果也会随之改变。单元格引用有两种方式：相对引用和绝对引用。

　　① 相对引用

　　相对引用指的是当公式移动或复制到其他位置时，引用的单元格地址也会有相应的变化。例如，在图 4-12 所示的单元格 A5 中的公式为"=A1+A2+A3+A4"，当将该单元格中的公式复制到 B5 单元格中时，公式会自动变为"=B1+B2+B3+B4"。Excel 的相对引用使得在应用同类公式进行计算时，不必在每个单元格都输入公式，只需建立一个公式，其他单元格中的公式通过填充柄复制即可。

　　② 绝对引用

　　绝对引用指的是公式中引用的单元格地址不随公式所在单元格的位置

图4-12　单元格引用

变化而变化。在单元格地址的列标和行号前加 $ 符号（在英文标点符号下输入，或将光标置于单元格名称前，按 F4 键），就意味着该单元格被绝对引用。图 4-12 所示的单元格 C5 中的公式是"=\$C\$1+\$C\$2+\$C\$3+\$C\$4"，将其复制到 D5 单元格中时，公式仍为"=\$C\$1+\$C\$2+\$C\$3+\$C\$4"。绝对引用适用于公式中引用的某个单元格中的数据无论在什么时候都不能改变的情况。

（2）公式

公式编写是完成数据计算的重要前提，编写公式既要符合工作表的实际情况，又要符合数学逻辑。

微说明

> 无论是公式还是函数，其中所有的符号都必须用英文符号。

① 公式的格式

公式以等号开头，各种操作运算符将相关对象连在一起组成公式，即"= 对象 运算符 对象 运算符……"。

② 公式中的对象

公式中的对象可以是常量（数字和字符）、变量、单元格引用及函数，如果对象是字符型值，需要用引号将其定界（将字符型的值放在引号中）。

③ 公式中的操作运算符

公式中的运算规则与数学中的规则相同，公式中常用的运算符如表 4-2 所示，运算符的优先级如表 4-3 所示。

表 4-2　公式中常用的运算符

类型	符号	含义	举例
算术运算符	＋（加）	加法运算	=B2+C2
	－（减）	减法运算	=B2–C2
	＊（星号）	乘法运算	=5*A6
	／（正斜线）	除法运算	=9/3
	％（百分号）	加百分号	=5%
	＾（脱字号）	乘方运算	=2^3
文本运算符	＆（与）	将两个文本值连接起来产生一个连续的文本值	=B2&C3&3
比较运算符	＝（等于）	等于	=B4=C4
	＞（大于）	大于	=B4>C4
	＜（小于）	小于	=B4<C4
	＜＞（不等于）	不等于	=B4<>C4
	<=（小于或等于）	小于等于	=B4<=8
	>=（大于或等于）	大于等于	=B4>=2
引用运算符	：（冒号）	区域引用（将两个单元格间的所有单元格生成一个区域）	=SUM（B2:D5）
	，（逗号）	联合引用（将两个单元格区域合并为一个区域）	=SUM（B2:C4,E3:G6,B7:E8）
	（空格）	交叉运算符（将两个单元格区域交叉的部分生成一个区域）	（B7:D7 C6:C8）

表4-3　公式中运算符的优先级

优先序号	运算符	说明	优先序号	运算符	说明
1	:（冒号）和，（逗号）	引用运算符	5	* 和 /	乘和除
2	–	负号	6	+ 和 –	加和减
3	%	百分号	7	&	文本运算符
4	^	幂	8	=、>、<、<>、<=、>=	比较运算符

微说明

按优先级别从高到低进行，同一优先级按从左到右顺序。括号的优先级别最高。

④公式的编制

选定要输入公式的单元格，先输入等号，再输入由运算符和对象组成的公式，单击编辑栏中的"对勾"按钮（或按 Enter 键）确认公式，计算结果出现在该单元格中，而编辑栏中显示的仍是该单元格中的公式。若要修改公式，可双击单元格直接在单元格中进行修改，或单击单元格在编辑栏中修改。

⑤公式的复制

快速复制公式可起到事半功倍的效果。拖动公式所在单元格右下角的填充柄，可将该单元格中的公式快速地复制到相邻的单元格（区域）中。

若公式所在的单元格不相邻，无法用填充柄，可用"复制"和"选择性粘贴"中的"公式"进行操作。

微说明

公式中的对象是单元格引用时，复制公式才有意义；若公式中的对象全部是常量，该公式不一定适合复制给其他单元格。

（3）函数

函数也是一种公式，是 Excel 将常用公式和特殊计算作为内置公式提供给用户直接使用的。Excel 内置的函数大致分为 11 类，即数学和三角函数、数据库函数、财务函数、统计函数、逻辑函数、文本函数、查找和引用函数、信息函数、工程函数、日期和时间函数、多维数据集函数。利用它们可以解决许多公式不能解决的问题。

微说明

需要熟练了解函数的功能、输入技巧、函数的参数设置、嵌套函数的方法等，才能运用自如。

① 函数的结构形式

函数的结构形式为"= 函数名（参数 1，参数 2，…）"，其中函数名表示进行什么样的操作，是英文单词的缩写；参数可以是常量、单元格（区域）引用或其他函数，参数间用逗号隔开。

② 输入函数的方法

输入函数的方法有两种，一是使用【公式】选项卡的"函数库"选项组中的"插入函数"，在"选择函数"列表框中选择要使用的函数名称，选定一个函数时，下方提供对该函数的有关解释，确定后设置"函数参数"，其中显示了函数的名称、功能、参数、参数的描述、函数的当前结果等，在参数文本框中输入参数值或引用单元格（单击该文本框右侧按钮可将对话框折叠，并显示出工作表窗口），设置完成后单击"确定"按钮，插入函数的单元格中会显示计算结果。二是直接在单元格中输入函数。如果对函数非常熟悉，可以像输入公式一样直接在单元格中输入函数，如图 4-13 所示。

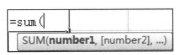

图4-13 单元格直接输入函数时的提示

▶▷ **微说明**

　　"自动求和"按钮可以快速计算出常规结果，如求和、求平均值、求最大值、求最小值、计数等。

▶▷ **微说明**

　　当选定一个有数据的单元格区域后，Excel窗口下部的状态栏右侧会出现对选定区域中数据的快速计算结果，如图4-14所示。

平均值: 2955.3　计数: 10　数值计数: 10　最小值: 1392　最大值: 5530　求和: 29553

图4-14 快速计算结果显示

③ 函数的嵌套

Excel 还支持复合函数，即函数的嵌套。在某些情况下，要将某函数的计算值作为另一函数的参数使用时，就需要将两个函数嵌套起来。例如，求"8、9 及 3 与 9 的和"三者中的最大值，可用函数 SUM 和 MAX 嵌套，即 MAX（8,9,SUM（3,9）），函数 SUM（3,9）的值作为 MAX 的一个参数。常用函数用法如表4-4所示。

表 4-4　常用函数用法

功能	格式	说明	示例
和	=SUM（number1,number2,…）	number 可以是数值、单元格引用、数组，但必须是数值型的	=SUM（1,D5,3）
平均值	=AVERAGE（number1, number2,…）		= AVERAGE（1,D5,3）
最大值	=MAX（number1,number2,…）		=MAX（1,D5,3）
最小值	=MIN（number1,number2,…）		=MIN（1,D5,3）
计数	=COUNT（value1,value2…）	value1、value2…各种类型数据，但只计数值型数据的个数	=COUNT（1,4,9）
条件判断	=IF（logical_test,value_if_true,value_if_false）	判断条件表达式值的真假，返回不同结果 logical_test：条件表达式； value_if_true：条件为真时的返回值； value_if_false：条件为假时的返回值	=IF（E4>=25，"A"，IF（E4>=10，"B"，"C"））
条件求和	=SUMIF（range,criteria,sum range）	对符合条件的区域的数据求和 range：用于判断的单元格区域； criteria：求和条件； sum range：求和的实际区域	=SUMIF（C4: C13，"女"，E4:E13）
条件计数	=COUNTIF（range,criteria）	计算给定区域内满足给定条件的单元格数目 range：给定区域； criteria：应满足的条件	=COUNTIF（C4:C13，">200"）
排名	=RANK（number,ref,order）	指定数字在一列数字中的排名 number：指定的需要排名的数字； ref：排名的区域； order：按升序或降序排名，默认或为 0 时按降序排名	=RANK（F6, $F$6:$F$17）
行号	=ROW（）	计算当前所在的行号，无参数	
日期	=TODAY（）	显示系统的当前日期，无参数	
四舍五入	=ROUND（number,num_digits）	按指定位数对数值进行四舍五入	=ROUND（12.356,2）

▶ 微说明

　　计数函数衍生出 COUNTA（对非空单元格计数）、COUNTBLACK（对空白单元格计数）函数。

▶ 微说明

　　IF 函数自身或与其他函数嵌套使用可解决许多问题。

▶ 微说明

　　排名函数中的排名区域一般都要绝对引用。

在编辑公式或函数时如果有错误，系统会显示相应的提示，或利用错误检查功能进一步确定出错原因、显示计算步骤等。不同的错误会显示出不同的提示信息。公式或函数中的出错提示如表4-5所示。

表4-5 公式或函数中的出错提示

提示符	错误原因	修改办法
#DIV/0!	公式的除数为0，或被空单元格除	将除数修改为非0或非空格值
#NAME?	公式中引用的对象名称无法识别	修改公式中引用的对象名称
#REF	公式中引用的单元格不存在，如公式中引用的单元格被删除等	修改公式中引用的单元格名称
#VALUE	函数中参数的数据类型与要求不符	修改单元格中的数据类型
#NULL	公式中引用了不正确的区域或运算符丢失，如=SUM（F4F5）	修改区域名称或补全运算符

4.2.3 任务实施

1. 复制工作表

步骤1：按住Ctrl键不放，拖动"格式化"工作表到该表后面，释放鼠标后再放开Ctrl键。

步骤2：重命名复制出的工作表，文件名为"制作财务结算单"。

2. 计算金额

步骤1：定位于F6单元格，利用公式进行计算，输入"=C6*E6"后，按Enter键确定，结果显示于该单元格。

步骤2：向下拖动F6单元格的填充柄至F17单元格，将公式复制到拖动过的单元格中。

> **提示**
>
> 选定单元格边框的右下角有一个黑色小方块，称为填充柄，用于快速填充内容。

---

3. 备注内容

"备注"列中的内容要求：如果金额大于10万元，就在对应的备注单元格中输出"*"号。

步骤1：定位于G6单元格，插入函数，选择"逻辑"类别下的IF函数，进入"函数参数"设置对话框，按照题意进行参数设定，如图4-15所示。

图4-15 IF函数参数设置

> **提示**
>
> 无论是逻辑表达式还是结果，必须用英文标点符号。返回的值为字符型时，用引号括起；如果返回值为空，可用一对空引号表示。

步骤2：向下拖动 G6 单元格的填充柄至 G17 单元格，将函数复制到拖动过的单元格中。

4. 合计金额

步骤1：定位 G18 单元格，插入函数，选择"数学与三角函数"类别下的 SUM 函数，进入设置对话框，按照题意进行参数设定，如图 4-16 所示，可计算出合计金额。

步骤2：选定 B18 单元格，输入公式 =G18，再进入单元格格式对话框，按图 4-17 进行设置，即可将数字转换为中文大写数字。

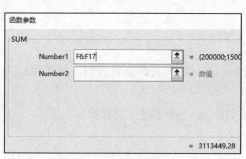

图4-16　SUM函数参数设置

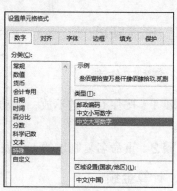

图4-17　数字格式设置

5. 统计计算

在熟悉了函数的使用方法后，利用统计函数进行下列计算。

步骤1："数量"列的最大值：=MAX（C6:C17）

步骤2："单价"列的最小值：=MIN（E6:E17）

步骤3："单价"列的平均单价：=AVERAGE（E6:E17）

步骤4：本月结算条目数：=COUNT（A6:A17）

步骤5：水泥总用量：=SUMIF（B6:B17,B6,C6:C17）

步骤6：水泥结算条目数：=COUNTIF（B6:B17,B6）

步骤7：结算金额降序排名：=RANK（F6,$F$6:$F$17,0）

6. 数据验证

步骤1：设置"单位"列中只能输入一个字的文本：选定 D6:D17 单元格区域，进入"数据验证"对话框，在"验证条件"，下选择"文本长度"，在"数据"下选择"等于"，长度输入1，如图 4-18 所示。

图4-18　数据验证

步骤2：设置"单价"列中的值在 0 ～ 2000：选定 E6:E17 单元格区域，进入"数据验证"对话框，各个选项中的设置如图 4-19 所示。违反数据验证的结果如图 4-20 所示。

图4-19　单价数据验证

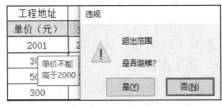

图4-20　违反数据验证

▶▷多学一招

设置了数据范围后，可输入违反条件数据进行验证。

▶▷多学一招

如果强行输入违反验证条件的数据，执行"数据验证"下的"圈释无效数据"，该数据就会被圈释（红色椭圆）出来。

7. 生成模板

步骤1：复制"制作财务结算单"工作表，重命名为"财务结算单模板"，并将标签颜色修改为红色。需要对此表中部分单元格原来的设置进行修改。

步骤2：选定 A6:E17 单元格区域，执行"编辑"选项组中的"清除内容"。

步骤3：选定 B6:B17 单元格区域，打开"数据验证"对话框，按图 4-21 所示输入序列来源内容，即内容是"，通达钢管，中宇钢筋，古道石子，简牌瓷砖，河床细沙，强劲牌水泥"。同理，设置 D6:D17 单元格区域的填充序列为"，根，吨，方，袋，箱"。

图4-21　序列设置

> **提示**
>
> 由于上一工作表中工程材料下的序列来源是单元格中已填充的内容，所以在清除内容后，序列值也清除了，这是另一种设置填充序列的方法。

> **多学一招**
>
> 数据验证序列下拉菜单增加空白选项的方法：切换成中文全角输入法，输入一个空格，再切换回常用的半角输入法输入其他内容，内容之间用英文逗号分隔。

步骤 4：保存为工作簿。存为模板前，需先将该工作表单独保存为一个工作簿。右键单击"财务结算单模板"工作表标签，执行"移动或复制"，在对话框的"将选定工作表移至工作簿"下拉列表中选择"（新工作簿）"，并勾选"建立副本"后，单击"确定"按钮，如图 4-22 所示，这样就新建并打开了一个工作簿，其中只有这一张工作表。

图4-22　保存为工作簿

步骤 5：解锁 / 锁定单元格。全选单元格（按【Ctrl+A】组合键，或单击表格左上方按钮），进入"设置单元格格式"对话框中的"保护"选项卡，取消"锁定"，单击"确定"按钮如图 4-23 所示。再选定 F6:G17 及 B18 和 G18，单击【审阅】选项卡的"保护"选项组中"保护工作表"命令，进入图 4-23 的对话框中勾选"锁定"，将这些单元格锁定，以便下一步保护起来。

步骤 6：保护工作表。执行【审阅】选项卡的"保护"选项组中的"保护工作表"命令，输入保护密码，允许此工作表的所有用户进行的操作按图 4-24 选择，这样用户可以选定锁定和未锁定的单元格，可插入 / 删除行，锁定了的单元格不能再执行其他操作，从而保护有公式的单元格内容不会被修改，且允许各月的数据行数不同。

图4-23　单元格保护　　　　　　　图4-24　保护工作表

步骤 7：生成模板。经过上述操作后，就制作完成了一个财务结算单，为方便每月都可使用，将其生成模板文件。执行【文件】下的"另存为"命令，先任选一个位置后，在打开的对话框中"保存类型"选"Excel 模板"，然后选择保存位置，最后单击"保存"按钮。观察模板文件与一般文件的图标有何不同。

打开模板文件，向其中输入 2021 年 4 月的结算内容，可能需要插入或删除表格的行数，观察各单元格中数据的变化，完成后保存为"2021 年 4 月财务结算单"文件。

4.2.4 任务评价

完成制作一个完整的财务结算单任务，要从编辑和处理数据、计算数据、判断数据合理性和有效性、灵活运用知识、具体问题具体分析等能力方面进行综合评价。评价参考标准如表 4-6 所示。

表 4-6 评价参考标准

技能分类	测试项目	评价等级
基本能力	熟练掌握对数据的编辑和处理方法	
	熟练掌握基本的计算方法	
职业能力	快速批量查找替换数据	
	对表格中数据的合理性和有效性具有一定的判断能力	
	具备一定的公式和函数应用能力	
通用能力	自学能力、灵活运用能力、协作能力、变通能力	
素质能力	通过财务结算单的制作，培养处理数据的能力、具体问题具体分析的能力、灵活运用技术的能力	
综合评价		

任务 3 》 管理与统计财务结算数据

4.3.1 任务引入

领导要求晓峰对 2021 年 3 月的财务结算单数据进行分析，看看哪些数据特殊、数据变化有何特点、每类材料使用情况如何等，晓峰需要应用条件格式、排序、筛选、分类汇总等功能进行分析。本案例通过条件格式最终实现的分析如图 4-25 所示。

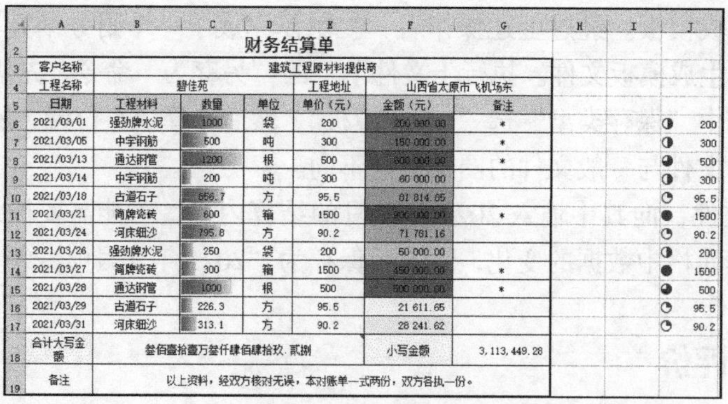

	A	B	C	D	E	F	G	H	I	J
2	财务结算单									
3	客户名称	建筑工程原材料提供商								
4	工程名称	碧佳苑			工程地址	山西省太原市飞机场东				
5	日期	工程材料	数量	单位	单价（元）	金额（元）	备注			
6	2021/03/01	强劲牌水泥	1000	袋	200	200 000.00	*			200
7	2021/03/05	中宇钢筋	500	吨	300	150 000.00	*			300
8	2021/03/13	通达钢管	1200	根	500	600 000.00	*			500
9	2021/03/14	中宇钢筋	200	吨	300	60 000.00				300
10	2021/03/18	古道石子	856.7	方	95.5	81 814.65				95.5
11	2021/03/21	简牌瓷砖	600	箱	1500	900 000.00	*			1500
12	2021/03/24	河床细沙	795.8	方	90.2	71 761.16				90.2
13	2021/03/26	强劲牌水泥	250	袋	200	50 000.00				200
14	2021/03/27	简牌瓷砖	300	箱	1500	450 000.00	*			1500
15	2021/03/28	通达钢管	1000	根	500	500 000.00	*			500
16	2021/03/29	古道石子	226.3	方	95.5	21 611.65				95.5
17	2021/03/31	河床细沙	313.1	方	90.2	28 241.62				90.2
18	合计大写金额	叁佰壹拾壹万叁仟肆佰肆拾玖. 贰捌				小写金额	3,113,449.28			
19	备注	以上资料，经双方核对无误，本对账单一式两份，双方各执一份。								

图4-25 财务结算单数据分析——条件格式效果图

4.3.2 知识与技能

数据的管理和统计是 Excel 一个很重要的功能，可以通过设定符合一定条件的单元格区域的特殊格式、按各种特定条件进行重新排列、筛选满足各种条件的数据、按不同类别进行数据的汇总等方法进行数据的管理和统计，在处理数据过程中可根据需要确定使用何种或哪几种分析工具。

1. 条件格式

在分析数据量比较大的财务表格时常会涉及条件格式的设置和使用。条件格式是指用醒目的格式设置选定单元格区域中满足条件的数据单元格格式，使用条件格式可以突出显示所关注的单元格区域，强调异常值，使用数据条、颜色刻度和图标集来直观地显示等，共有 5 种类型，如图 4-26 所示。选定要应用条件格式的单元格区域，在【开始】选项卡的“样式”选项组中单击“条件格式”下拉按钮，在下拉菜单中选择要进行的设置。

（1）突出显示单元格规则

当选定单元格（区域）的值满足某种条件时，可设置该选定区域的填充色、文本色及边框色为特殊格式以突出显示。

利用“突出显示单元格规则”可以对满足确定范围的数字所在单元格、包含文本的单元格、有重复值的单元格进行条件格式设置。

（2）最前 / 最后规则

用于标记出数据区域中在最前或最后某范围内的单元格。利用该规则可以用特殊格式标记出值最前 / 最后的 n 项、百分值最前 / 最后的 n 项、高于或低于平均值的项目。

（3）数据条

数据条用于帮助用户查看选定区域中数据的相对大小，数据条的长度代表数据的大小。

（4）色阶

色阶和数据条的功能类似，该功能是利用颜色刻度以多种颜色的深浅程度标记符合条件的单元格，颜色的深浅表示数据值的高低，这样就可对单元格中的数据进行直观的对比。

（5）图标集

图标集可以为数据添加注释，系统能根据单元格的数值分布情况自动应用一些图标，每个图标代表一个值的范围。用图标的颜色表示数据的大小，可以自定义设置。

（6）规则

除用上述已有工具设置格式外，Excel 2016 的条件格式还可新建某种规则进行设置。例如，将表格中行号为双的行填充为浅红色的要求，可用公式进行设置：选定区域后，在条件格式下选择"新建规则"，按图 4-27 所示进行设置，规则选择"使用公式确定要设置格式的单元格"，编辑规则框中的公式含义是，行号与 2 相除的余数为 0（行号是偶数）。

图4-26 条件格式　　　　图4-27 "新建规则"对话框

> **微说明**
>
> 我们还可以为包含某些内容的单元格、排名靠前/靠后多大值的单元格、高于/低于平均值的单元格、唯一值/重复值单元格等设置特殊要求的格式。

2. 排序

对于有大量数据信息的工作表，为了方便查找数据，经常需要对数据进行排序，即根据指定字段的数据顺序或特定条件，对整个工作表或选定区域的内容上下位置进行调整。根据不同的要求，可选择不同的排序方法。

（1）简单排序

只根据某一列字段中的数据对工作表中的数据排序，是最简单的排序方法。选定某单元格，单击【数据】选项卡的"排序和筛选"选项组中的"升序"按钮 （或【开始】选项卡的"编辑"选项组中的"升序"按钮），以该列数字按从小到大的序列，或该列文字按首字拼音从 A ～ Z 的序列重新排序内容；单击"降序"按钮 ，则可逆序排列。

（2）多字段排序

当根据某一列字段名对工作表中的数据进行排序时，可能会遇到该字段中有相同数据的情况，这时还需根据其他字段对数据再进行排序，即进行多字段排序。选定工作表中要排序的区域，单击【数据】选项卡的"排序和筛选"选项组中的"排序"按钮（或【开始】选项卡的"编辑"选项组中的"自定义排序"），打开"排序"对话框，设置排序的主要、次要关键字，排序依据，次序要求等。在设置主要关键字条件后，单击其中的"添加条件"按钮，进行次要关键字条件的设置。对于相同条件，可以进行复制；对于不需要的条件，可以删除，如果选定"数据包含标题"，则关键字框中列出的是每列的标题，还可以单击"选项"按钮，设置排序是否区分大小写、排序方向及排序方法。

> **微说明**
>
> 这种排序方式总体上是按主要关键字的顺序进行排列的。

（3）按特定顺序排序

希望把某些数据按自己特定的想法进行排序时，需要用"自定义序列"的功能实现。打开"排序"对话框后，在"次序"框中选择"自定义序列"，将要求的顺序输入序列框并单击"添加"按钮后，再单击"确定"按钮即可。

（4）其他排序方式

Excel 2016还可按单元格颜色、单元格数值使用的条件格式图标（在排序依据中选）进行排序。

按单元格颜色排序：该功能可以将某列中具有相同颜色的单元格排在列的顶端或底端。按字体颜色排序的操作与之类似。

按单元格数值使用的条件格式图标进行排序：该功能可以将某列中具有相同图标样式的单元格排在列的顶端或底端。

> **微说明**
>
> 经过这些特殊的排序后，该列不符合所设图标的数据将保持原有的相对顺序。

3. 筛选

筛选的目的是从工作表中选择出符合一定条件的数据，经过筛选后的数据清单只包含指定条件的数据行，方便用户浏览、分析使用。

（1）自动筛选

如果筛选条件比较简单，可以选择自动筛选。使用自动筛选功能时能直接选择筛选条件，或简单定义筛选条件。

选定数据区域，单击【数据】选项卡的"排序和筛选"选项组中的"筛选"按钮（或【开始】选项卡的"编辑"选项组中的"筛选"），每个字段名的右边出现一个三角形筛选按钮，单击要筛选字段右侧的筛选按钮，从下拉列表中选择一个条件，则依据该字段满足该条件的数据将会显示在工作表中，其他数据行被隐藏。

若下拉列表中没有所需的条件，则需要自定义筛选条件，如果筛选的字段是文本型，筛选条件中可以使用"？"或"*"通配符代替其他字符，如图4-28所示。

我们也可以按照单元格的颜色进行筛选。

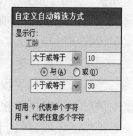

图4-28　自定义筛选条件

（2）高级筛选

当自动筛选无法提供筛选条件或筛选条件较多、较复杂时，可使用高级筛选。

在进行高级筛选前，需要先在工作表中建立条件区域。将含有筛选条件的字段名复制或输入空单元格中，在该字段下方的单元格中输入要匹配的条件。

> **▶微说明**
>
> 　　高级筛选的条件设置非常重要，字段名必须与表中的一致，条件值不能与字段同格或同行，如果各条件为"与"的关系，所有条件可在同行；如果是"或"的关系，则每个条件不能在同行。

如果要求筛选结果中符合条件的记录没有重复值，则勾选"选择不重复的记录"框，如图 4-29 所示。

图4-29 "高级筛选"对话框

高级筛选是处理重复数据的利器。利用高级筛选功能可对匹配指定条件的记录进行筛选，从两张结构相同的表中筛选出两个表记录的交集部分或差异部分。如果把两张表中的任意一张作为条件区域，从另外一张表中就能筛选出与之相匹配的记录，忽略其他不相关的记录。例如，从两张表的学习用品中查找相同和不同的内容时，高级筛选的对话框设置有差别，如图 4-30 和图 4-31 所示。一学期表作为列表区域，二学期表作为条件区域，若要筛选出相同记录，则选择"将筛选结果复制到其他位置"方式并选择一学期表的某个位置；若要筛选出差异记录，则选择"在原有区域显示筛选结果"方式。筛选两表中差异记录后，将筛选出来的记录全部选中按 Delete 键删除，然后单击"排序和筛选"中的"清除"按钮，就可以恢复筛选前的状态，得到最终的结果，如图 4-31 所示。

图4-30 筛选出两表中的相同记录

图4-31 筛选出两表中的差异记录

（3）取消自动筛选

以下几种方法可取消筛选。

① 单击进行了筛选的字段名右侧的下拉箭头，选择其中的"从……中清除筛选"项，可取消该列的筛选而显示出全部数据。

② 单击【数据】选项卡的"排序和筛选"选项组中的"清除"按钮，可取消该列的筛选而显示出全部数据。

③ 单击【数据】选项卡的"排序和筛选"选项组中的"筛选"按钮，可取消自动筛选的下拉箭头。

4. 分类汇总

分类汇总数据是按一定条件对数据进行分类的同时，对同一类别中的数据进行统计运算，包括求和、计数、平均值、最大值、最小值、乘积、数值计算、标准偏差、总体标准偏差、方差、总体方差。该方法被广泛应用于财务、统计等领域。

（1）分类汇总方法

在对某字段中的数据进行统计汇总之前必须先依据该字段进行排序，将该字段中相同的值归为一类，即先进行分类操作。

选定要进行分类汇总的数据区域，打开【数据】选项卡的"分级显示"选项组中的"分类汇总"对话框，在"分类字段"下拉列表中选择分类所依据的字段名；在"汇总方式"下拉列表中选择汇总的方式；在"选定汇总项"列表框中指定要对哪些字段进行统计汇总，如图4-32所示。

（2）分类汇总表的查看

经过分类汇总得到的表结构与原表有所不同，除增加了汇总结果行之外，在分类汇总表的左侧增加了层次按钮和折叠/展开按钮。

分类汇总表一般分为3层，第1层为总的汇总结果范围，单击它，显示全部数据的汇总结果；第2层代表参加汇总的各个记录项，单击它，显示总的汇总结果和分类汇总结果；单击层次按钮3，显示全部数据。而单击某个折叠或展开按钮，可以只折叠或展开该记录项的数据，如图4-33所示。

图4-32　分类汇总

图4-33　分类汇总表结构

微说明

分类汇总对话框中的"全部删除"按钮可实现删除分类汇总表，返回原工作表。

4.3.3 任务实施

1. 为财务结算单的各列数据设置条件格式

步骤1：复制"财务结算单"工作表，重命名为"条件格式"。

步骤2：将"备注"列中带"*"的单元格填充为粉红色。选定"备注"列所在单元格区域，打开"样式"选项组中的"条件格式→突出显示单元格规则→文本包含"对话框，进行完图4-34的设置后，单击"确定"按钮。

步骤3：将"数量"列应用数据条标注大小。选定"数量"列所在单元格区域，应用"条件格式"中的"数据条→渐变填充→蓝色数据条"，值越大，数据条越长，如果要求数据条不带边框，则可单击下方"其他规则"，进入图4-35所示的对话框，设置为"渐变填充、无边框"，单击"确定"按钮。

图4-34 文本包含设置

步骤4：将"单价"大于等于500的单元格显示为黄色。选定"单价"列所在单元格区域，打开"条件格式→突出显示单元格规则 →其他规则"，在"新建格式规则"对话框中完成图4-36的设置后单击"确定"按钮。

提示

由于"突出显示单元格规则"中没有大于等于这一条件，因此需选择其中的"其他规则"，在"新建格式规则"中设置条件，单击"格式"按钮即可在弹出的对话框中设置满足条件的格式。

图4-35 数据条规则

图4-36 新建格式规则设置

步骤5：将"金额"在前10%的数据所在单元格设置为"浅红填充色深红色文本"。选定"金额"所在列，应用"最前/最后规则"，按图4-37所示进行设置，设置完成后单击"确定"按钮。

图4-37　最前/最后规则

▶♢**多学一招**

　　条件格式中有许多可以设置的内容，特别是新建规则，根据需要编制表达式就可显示出不同的格式效果，还可以对某条规则清除或重新编辑。

步骤6：选定"金额"列，清除此前应用的规则，改为应用"色阶"下的"其他规则"，数据用三色刻度显示，"格式样式"选择"三色刻度"，3个颜色下拉列表框中分别设置最小值、中间值、最大值对应的颜色，此处设置为黄色、橙色、红色，表示颜色越深，值越大，效果如图4-38所示。

步骤7：用图标集体现单价高低。选定"单价"所在单元格区域，先执行"复制"命令，然后在本表右侧空白处单击鼠标右键，从快捷菜单的"粘贴选项"中选择"值"粘贴项。为该单元格区域添加图标集，要求选择五等级，图标样式如图4-39所示，类型均选数字，值按图4-39所示进行设置，图标填充越满，意味着值越大，设置完成后，单击"确定"按钮。

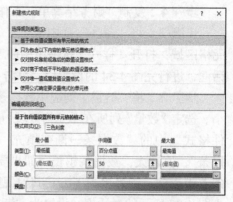

图4-38　色阶规则设置

上述格式设置后，可以初步看出财务结算单中单项数据大小情况：该工程项目在2021年3月用料中，水泥、钢管用量大，细沙和石子用量正常，瓷砖用量较少。从这些材料的价格上看，钢管和瓷砖价格高，细沙和石子价格低。在总体所需金额方面，瓷砖和钢管所需金额最高，细沙所需金额最低。

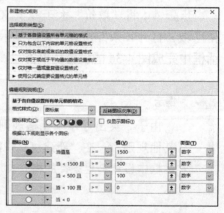

图4-39　图标集规则设置

2. 排序观察数据大小

为了能清楚地看出数据的排序效果，可在工作表最左侧插入一列，在A5单元格中输入"序号"，A6和A7单元格中输入1，2后，选定这两个单元格，向下拖填充柄到A17单元格，可将序列号快速填充完毕。

步骤1：将工作表中的数据按"金额"降序排列。选定A5:G17区域，进入"排序"对话框后，按图4-40的上图进行设置。确定后可以看出序号顺序发生了变化，在实际界面中，金额列的颜色由上而下由红到黄，与条件格式的设置结果一致。

	A	B	C	D	E	F	G	H
5	序号	日期	工程材料	数量	单位	单价（元）	金额（元）	备注
6	6	2021/03/21	简牌瓷砖	600	箱	1500	900 000.00	*
7	3	2021/03/13	通达钢管	1200	根	500	600 000.00	*
8	10	2021/03/28	通达钢管	1000	根	500	500 000.00	*
9	9	2021/03/27	简牌瓷砖	300	箱	1500	450 000.00	*
10	1	2021/03/01	强劲牌水泥	1000	袋	200	200 000.00	*
11	2	2021/03/05	中宇钢筋	500	吨	300	150 000.00	*
12	5	2021/03/18	古道石子	856.7	方	95.5	81 814.85	
13	7	2021/03/24	河床细沙	795.8	方	90.2	71 781.16	
14	4	2021/03/14	中宇钢筋	200	吨	300	60 000.00	
15	8	2021/03/26	强劲牌水泥	250	袋	200	50 000.00	
16	12	2021/03/31	河床细沙	313.1	方	90.2	28 241.62	
17	11	2021/03/29	古道石子	226.3	方	95.5	21 611.65	

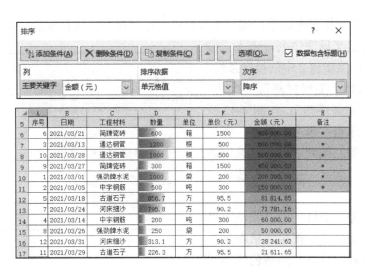

图4-40 简单排序

提示

由于有合并单元格区域，因此进行排序和筛选前需选定要进行操作的单元格区域，且不适合直接单击升序或降序按钮进行排序。

步骤 2：将工作表中的数据先按“数量”降序排序，再按“金额”降序排序。选定 A5:G17 区域，进入“排序”对话框后，按要求选择主要关键字，设置完第一个排序条件后，单击左上角“添加条件”，继续设置次要关键字，如图 4-41 的上图所示。完成设置后单击“确定”按钮。

	A	B	C	D	E	F	G	H
5	序号	日期	工程材料	数量	单位	单价（元）	金额（元）	备注
6	3	2021/03/13	通达钢管	1200	根	500	600 000.00	*
7	10	2021/03/28	通达钢管	1000	根	500	500 000.00	*
8	1	2021/03/01	强劲牌水泥	1000	袋	200	200 000.00	*
9	5	2021/03/18	古道石子	856.7	方	95.5	81 814.85	
10	7	2021/03/24	河床细沙	795.8	方	90.2	71 781.16	
11	6	2021/03/21	简牌瓷砖	600	箱	1500	900 000.00	*
12	2	2021/03/05	中宇钢筋	500	吨	300	150 000.00	*
13	12	2021/03/31	河床细沙	313.1	方	90.2	28 241.62	
14	9	2021/03/27	简牌瓷砖	300	箱	1500	450 000.00	*
15	8	2021/03/26	强劲牌水泥	250	袋	200	50 000.00	
16	11	2021/03/29	古道石子	226.3	方	95.5	21 611.65	
17	4	2021/03/14	中宇钢筋	200	吨	300	60 000.00	

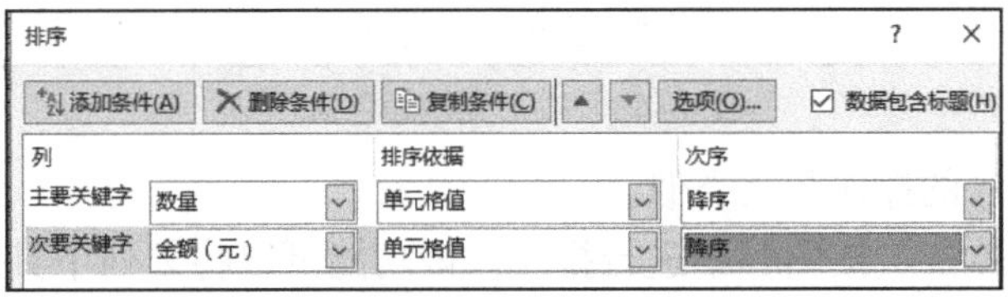

图4-41 多条件排序

可以看出，当“数量”都是 1000 时，“金额”按降序排列。

步骤 3：将工作表中的数据按"工程材料"序列排序。这是按自己特定的想法进行排序，需要自定义排序序列。进入"排序"对话框，删除步骤2中的排序条件，主要关键字选择"工程材料"，"次序"框中选择"自定义序列"，按图4-42所示输入序列后单击"添加"按钮，则可将该序列添加到左侧列表框中。选定该序列后，单击"确定"按钮，即按该序列重新排序。

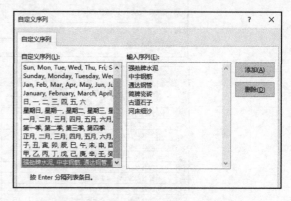

图4-42 自定义排序序列

步骤 4：将"单价"中有颜色的单元格显示在顶部。这是按单元格颜色排序，可以将某列中具有相同颜色的单元格排在列的顶端或底端。选定排序区域，在"排序"对话框中进行图4-43所示的设置，就可将所有黄色填充的单元格排序到列的顶端。

> **提示**
>
> 序列输入时分隔列表条目有两种方法，一是每个序列输入后按Enter键换行，二是每个序列间用英文逗号间隔。

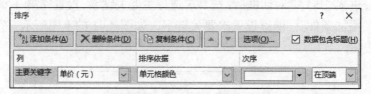

图4-43 按单元格颜色排序

按字体颜色排序的操作与之类似。

步骤 5：将"单价"按图标集进行排序。该功能可以将某列中具有相同图标样式的单元格排在列的顶端或底端。上述任务中将"单价"复制后为其添加了图标集，若希望将某图标排在列的顶端，选定该区域，在"排序"对话框中进行图4-44所示的设置，就可将所有实心圆图标的单元格排序到列的顶端。

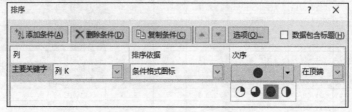

图4-44 按单元格图标排序

可以看出，3月瓷砖和钢管使用的金额最多，钢管的用量最大，每类材料的单价差别较大，单价大于等于500元的材料只有两种。

3. 筛选查看各类数据

复制"条件格式"工作表中 A5:G17 单元格区域的内容到新工作表中的对应位置，重命名工作表，文件名为"筛选"。

> **▶ 提示**
>
> 进行筛选的单元格区域要求是没有合并单元格的行和列规范的表格。

步骤 1：要求按不同的工程材料查看信息。选定筛选工作表中的数据区域，单击"筛选"按钮，单击工程材料右侧三角按钮，选择其中一个工程材料后，表中只显示出该工程材料对应的信息行 10 行和 16 行，其他信息行隐藏，从行号中即可看出（如图 4-45 所示）。再选择其他工程材料，会有类似结果。

步骤 2：筛选出 2021 年 3 月 10 日 ~ 3 月 20 日间的信息。选定筛选工作表中的数据区域，单击"筛选"按钮，单击日期右侧的三角按钮，选择"日期筛选"下的"介于"或"自定义筛选"，按图 4-46 所示设置。符合筛选条件的记录只显示出来 3 条。同理筛选本月上旬和下旬的数据，比较记录行的多少，可以得出什么时间段工程材料用量大。

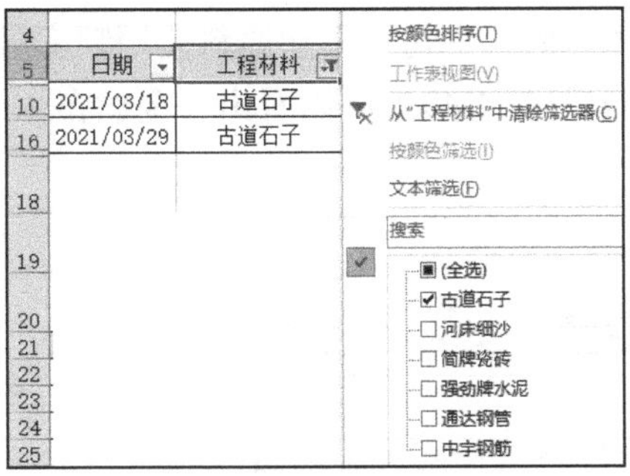

图4-45　筛选工程材料　　　　　图4-46　自定义筛选日期

步骤 3：筛选出日期在 2021 年 3 月 20 日之后的金额大于 40 万元的信息。

这属于涉及两个不同字段条件的筛选，需先按要求设定筛选条件，然后选定数据区域，单击【数据】选项卡的"排序和筛选"选项组的"高级"按钮，打开图 4-47 左图所示的对话框，选择筛选结果的放置位置，确定筛选的数据区域（对话框中的"列表区域"）和条件区域，可用鼠标直接引用单元格区域，若在"方式"中选择"将筛选结果复制到其他位置"，就要为筛选结果确定一个区域（对话框中的"复制到"），确定后筛选结果如图 4-47 右图所示。

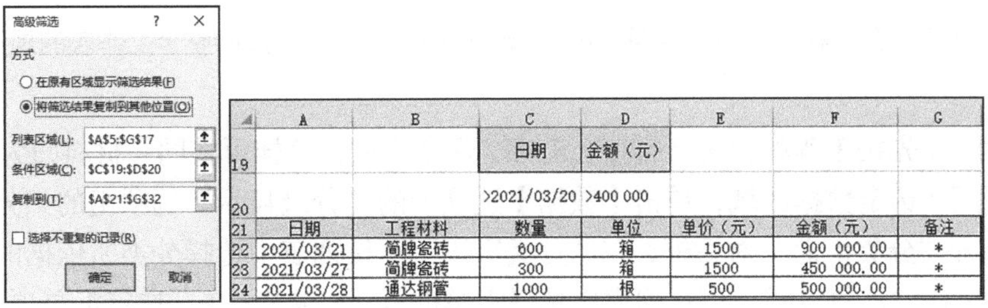

图4-47　高级筛选"与"条件和筛选结果

本题要求两个筛选条件为"与"的关系，所以条件在同行；若要求筛选出日期在 2021 年 3 月 20 日之后或金额大于 40 万元的信息，则条件间为"或"的关系，条件区域应按照图 4-48 左图设置。同样改变筛选日期间隔或金额范围进行筛选，分析结果。

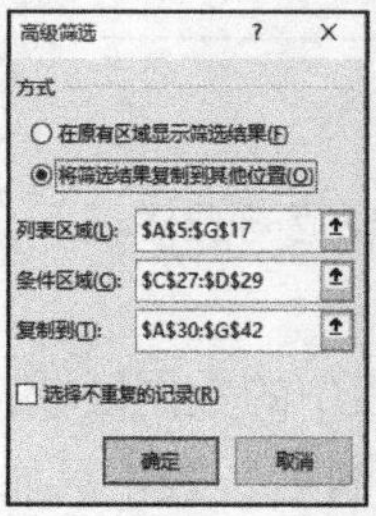

图4-48 高级筛选"或"条件和筛选结果

> **提示**
>
> 高级筛选中条件字段一定要与原表条件字段完全一致，条件表达式中的符号必须是算术运算符。

从自定义日期期间的筛选可以看出，本月上旬、中旬、下旬原料使用频率最高的是下旬。从 3 个时间段的高级筛选结果（图 4-47 和图 4-49）可以看出，金额在 40 万元以上最多的是下旬。

图4-49 不同日期的高级筛选结果

4. 分类汇总数据进行查看

复制"条件格式"工作表中 A5:G17 单元格区域的内容到新工作表中的对应位置，清除本工作表中的条件格式，重命名工作表，文件名为"分类汇总"。

查看各类材料的用量和金额。

> **提示**
>
> 执行"条件格式"下拉菜单中的"清除规则"，选择"清除整个工作表的规则"。

步骤 1：先按工程材料进行排序，升序/降序均可，这样可将同一材料归为一类。

步骤 2：选定数据区域，单击【数据】选项卡的"分级显示"选项组的"分类汇总"按钮，打开"分类汇总"对话框，在"分类字段"下拉列表中选择分类所依据的字段名：工程材料；在"汇总方式"下拉列表中选择汇总的方式：求和；在"选定汇总项"列表框中指定要对哪些字段进行统计汇总：数量、金额，如图 4-50 所示。

图4-50 "分类汇总"对话框及结果

步骤 3：查看汇总结果。折叠展开汇总表中的层次按钮，查看不同级别的数据，如图 4-51 所示；如果想重点查看某材料的汇总信息，可折叠其他材料信息行，如图 4-52 所示。

	A	B	C	D	E	F	G
4							
5	日期	工程材料	数量	单位	单价（元）	金额（元）	备注
8		古道石子 汇总	1083			103 426.50	
11		河床细沙 汇总	1108.9			100 022.78	
14		简牌瓷砖 汇总	900			1 350 000.00	
17		强劲牌水泥 汇总	1250			250 000.00	
20		通达钢管 汇总	2200			1 100 000.00	
23		中宇钢筋 汇总	700			210 000.00	
24		总计	7241.9			3 113 449.28	

图4-51 查看"分类汇总"结果第二层

	A	B	C	D	E	F	G
4							
5	日期	工程材料	数量	单位	单价（元）	金额（元）	备注
8		古道石子 汇总	1083			103 426.50	
11		河床细沙 汇总	1108.9			100 022.78	
14		简牌瓷砖 汇总	900			1 350 000.00	
17		强劲牌水泥 汇总	1250			250 000.00	
18	2021/03/13	通达钢管	1200	根	500	600 000.00	*
19	2021/03/14	通达钢管	1000	根	500	500 000.00	*
20		通达钢管 汇总	2200			1 100 000.00	
23		中宇钢筋 汇总	700			210 000.00	
24		总计	7241.9			3 113 449.28	

图4-52 查看"分类汇总"结果某一类

▶️多学一招

明细数据被折叠后，虽然只显示出各类汇总值，但如果按常规复制操作，明细数据也会被复制。

步骤 4：复制汇总结果。

图 4-51 中显示出各类材料汇总结果，明细数据被隐藏，但如果只想复制这些汇总结果，不能按常规的复制、粘贴操作进行，需要选定 B8:C24 及 F8:F24 两个不连续的单元格区域，先按【Alt+;】组合键（英文标点的分号），然后执行复制操作，在一个新的空白区域中进行粘贴。

▶️多学一招

上述方法同样适用于不复制被隐藏的数据行数据。

从分类汇总结果来分析，3月工程用料中，钢管的用量最大，石子、细沙、水泥用量相对较小。钢管和瓷砖的金额最大。瓷砖虽然用量不大，但金额最大，说明瓷砖的单价很高。

4.3.4　任务评价

对财务结算单中数据进行管理和统计任务，要从对数据的管理和统计方式、改变数据的表现方式、根据统计结果分析数据的能力、根据分析结果进行预测的能力等方面进行综合评价。评价参考标准如表4-7所示。

表 4-7　评价参考标准

技能分类	测试项目	评价等级
基本能力	熟练掌握常用的几种数据管理分析方法	
	熟练掌握条件格式的使用方法	
职业能力	能够根据不同要求应用不同的条件格式标识数据变化	
	能够对数据分析方法得出的结果进行分析	
	具备一定的信息数据综合分析及处理技巧	
通用能力	分析能力、应用能力、综合能力、动手能力	
素质能力	通过对财务结算单的数据进行统计与管理，了解财务分析对行业预算和运行的重要作用，建立正确的职业观	
综合评价		

任务 4 ❯ 图形化财务结算数据

4.4.1　任务引入

有了数据，还不能很直观地看出数据的大小和变化特点，领导要求晓峰再对2021年3月的财务结算单数据进行图表化，并把一些特殊的数据突出显示，这样即使不看数据，也能了解到各种工程材料的结算情况。本案例生成图表最终实现的结果如图4-53所示。

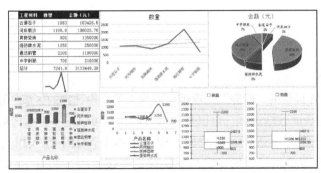

图4-53 财务结算单数据图表化

4.4.2 知识与技能

图表是以一种特殊的图形形式将工作表内的数据表示出来，它能直观形象地表示数据间的复杂关系，如数量关系、趋势关系、比例关系等，具有很强的说服力和吸引力。有两种图形可以使用——迷你图和图表，迷你图简单些，图表复杂些。

1. 迷你图

迷你图是工作表格中的一个微型图表，可提供数据的直观表示。使用迷你图可以显示某系列数值的趋势，或突出最大值、最小值，在数据旁边放置迷你图可达到最佳效果。

（1）插入迷你图

迷你图不是 Excel 2016 中的一个对象，而是单元格背景中的一种微型图表。迷你图的类型有 3 种，分别为折线图、柱形图、盈亏图。

选择要插入迷你图的数据区域，从【插入】选项卡的"迷你图"选项组中单击一种迷你图类型，在弹出的"创建迷你图"对话框中，指定迷你图放置位置的单元格，确定后就在表中指定位置插入了一个迷你图。

（2）编辑迷你图

选定迷你图所在单元格，切换到【迷你图工具】选项卡，可针对迷你图的类型、显示元素、样式、组合等进行设置。

① 改变迷你图中的数据源或迷你图的位置。单击"迷你图"选项组中"编辑数据"下拉按钮，可选择"编辑组位置和数据"，或"编辑单个迷你图数据"，重新指定数据源和迷你图的位置。

② 更改迷你图类型。在"类型"选项组中重新选择一种迷你图类型。

③ 显示特殊的数据点。在"显示"选项组中重新选择一种数据点，其中"高点"是指显示源数据中的最高值，"低点"是指显示源数据中的最低值，"负点"是显示源数据中小于 0 的数据点，"首点"是选择源数据中的第一个数据点，"尾点"是选择源数据中的最后一个数据点，"标记"是显示源数据中的每一个数据点。共有 6 种标记点。

④ 美化迷你图。从"样式"选项组中选择系统提供的迷你图样式直接套用，或自行修改迷你图的颜色，改变各种标记点的颜色。

⑤ 清除迷你图。选择"组合"选项组中的"清除"，可以删除选定的迷你图或迷你

图组。

2. 图表

（1）插入图表

利用 Excel 2016 提供的"图表"选项组可以为工作表中选定的区域创建图表，方法如下。

选定要创建图表的数据区域，可以是连续区域，也可以是不连续区域，从【插入】选项卡的"图表"选项组中选择一种类型，即可在本工作表中插入相应的图表，同时出现的还有图表工具菜单、设置格式窗格、快速设置按钮等，如图 4-54 所示。

图4-54　插入图表后窗口组成

图表的主要组成元素如图 4-55 所示，包括图表区、绘图区、图表标题、数据系列、数据标记、坐标轴、图例、刻度线、网格线等。这些元素的显示与否、布局情况、样式格式等都可以根据需要进行设置。

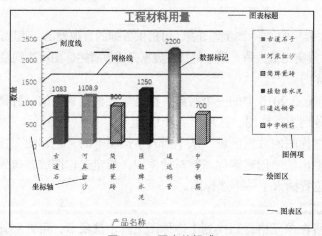

图4-55　图表的组成

（2）图表类型

Excel 2016 提供了多种图表类型，可以用不同的图表类型表示数据，如柱形图、条形图、折线图、饼图、散点图、面积图、圆环图、旭日图、箱形图、雷达图、曲面图、树状图、气泡图、股价图等，有些图表类型又有二维和三维之分，数值图和百分比图之别。选择一个最能表现数据的图表类型，有助于更清楚地反映数据的差异和变化，从而更有效地反映数据。

① 柱形图。它用于显示不同时间内数据的变化情况，或者用于对各项数据进行对比分析并表现，得出对比结果，它是最普通的商用图表类型。柱形图中的分类位于横轴，数值位于纵轴。

② 条形图。它是一种横向的柱形图，用于比较不连续的无关对象的差别情况，它淡化数值项随时间的变化，突出数值项之间的比较。条形图中的分类位于纵轴，数值位于横轴。

③ 折线图。它用于显示某个时期内各项在相等时间间隔内的变化趋势，它与面积图相似，但更强调变化率，而不是变化量，折线图的分类位于横轴，数值位于纵轴。

④ 饼图。它用于显示数据系列中每项占该系列数值总和的比例关系，通常只包含一个数据系列。

⑤ 散点图。它用于显示数据点的精确值，并进行数值比较，水平轴和垂直轴上都是数值数据。

⑥ 面积图。它通过曲线（每一个数据系列所建立的曲线）下面区域的面积来显示数据的总和，说明各部分相对于整体的变化，它强调的是变化量，而不是变化的时间和变化率。

⑦ 圆环图。它类似于饼图，也用来反映部分与整体的关系，但它能表示多个数据系列，其中一个圆环代表一个数据系列。

⑧ 旭日图。它多用于展示多层级数据之间的占比及对比关系，图形中每一个圆环代表同一级别的比例数据，离原点越近的圆环级别越高，最内层的圆表示层次结构的顶级。旭日图层级中的项目可以缺失，以便突出某一局部的数据。

⑨ 箱形图。通过箱形图，我们可以方便地一次看到一批数据的四分值、平均值和离散值等数据分布的中心位置和散布范围，可以粗略地看出数据是否具有对称性，将多组数据的箱形图放在同一坐标上，能清晰地观察到各组数据的分布差异。

⑩ 雷达图。它的每个分类都有自己的数值坐标轴，这些坐标轴中的点向外辐射，并由折线将同一系列的数据连接起来，用于比较若干个数据系列的聚合值。

⑪ 曲面图。它使用不同的颜色和图案指示在同一取值范围的区域，适合在寻找两组数据之间的最佳组合时使用。

⑫ 树状图。它非常适合展示数据的比例和数据的层次关系，直观且易读，数据大小用不同大小的色块表示。

⑬ 气泡图。它是一种特殊类型的 XY 散点图，可用于展示 3 个变量之间的关系。数据标记的大小标示出数据组中第 3 个变量的值，在组织数据时，可将 X 值放置于一行或一列中，在相邻的行或列中输入相关的 Y 值和气泡大小。

⑭ 股价图。它用来描述股票的价格走势，也可用于科学数据，如随温度变化的数据。生成股价图时必须以正确的顺序组织数据，其中计算成交量的股价图有两个数值标轴，一个代表成交量，另一个代表股票价格，在股价图中可以包含成交量。

有时在一个图表中需要同时使用两种图表类型，即为组合图表，这时至少要选定两组数据。

（3）设置图表

图表创建好后，一般要根据实际情况进行编辑和修改。编辑图表包括增加、删除、改变图表的内容，缩放或移动图表，更改图表类型，格式化图表内容及图表本身等。

① 对图表及图表中各对象的移动、缩放、删除如同对图片的操作一样，单击选定图表后可利用控制句柄改变大小、移动位置或按 Delete 键将其删除。

② 要重新设置或格式化图表中的任何一个对象，有两种方法：一是双击该对象，弹出关于该对象的设置格式窗格，从中选择各项进行设置，对象不同，窗格中的内容也不相同；二是选定图表对象，在【图表工具】选项卡下分别进入【图表设计】和【格式】中进行设置，而"图表布局"选项组中的"快速布局"可以快速改变图表中各对象的位

置和样式。另外，选定图表时右侧会出现"图表元素""图表样式""图表筛选器"3个快捷按钮，如图4-56所示，当鼠标光标移至某项时，会在图表中显示出应用该项后的效果，可以非常方便地添加、删除、更改图表元素，设置图表样式和配色方案，编辑图表上要显示的数据点和名称。

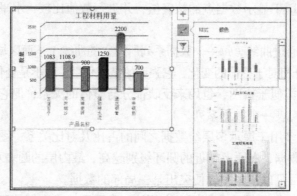

图4-56　图表的设置

③ 为图表添加新的数据系列或更改数据源时，可单击选定图表，在【图表设计】选项卡中单击"数据"选项组的"选择数据"命令，打开如图4-57所示的对话框。如果要更改数据源，则单击对话框中的"编辑"按钮，重新选择"系列名称"和"系列值"的单元格区域；如果要增加数据源，则单击"添加"按钮，选择新的"系列名称"和"系列值"的单元格区域。图4-58所示为添加数据源设置。

图4-57　"选择数据源"对话框

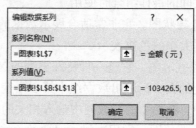

图4-58　添加数据源

④ 要修改图表的类型，选定图表中的数据标记后，在【图表设计】选项卡中（或从快捷菜单中）的"类型"选项组中单击"更改图表类型"，从弹出的对话框中重新选择图表类型。

⑤ 图表的趋势线，用于描述现有数据的趋势或对未来数据的预测，也称回归线。要添加趋势线，可选定图表，在"图表布局"选项组"添加图表元素"命令中的"趋势线"下选择一种线型。图4-59所示是将柱形图更改为折线图并添加"线性趋势线"的效果。双击趋势线，从弹出的窗格中设置趋势线的格式。

▶○ 微说明

　　不能在三维图表、堆积图表、雷达图、饼图、曲面图、圆环图、旭日图、箱形图、树状图等图表中添加趋势线。

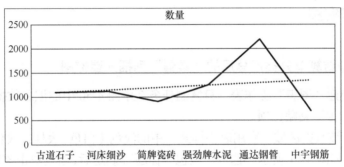

图4-59 更改为折线图并添加趋势线

▶ **微说明**

当修改或删除生成图表的工作表中的数据时，图表中的相应数据会自动更新。

各类图表的用途和用法不尽相同，可参看图 4-60 的总结。

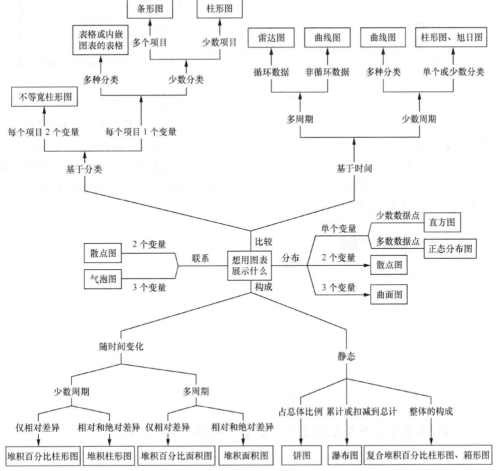

图4-60 图表的使用向导

4.4.3 任务实施

1. 为财务结算单分类汇总后的"数量"列插入迷你图

步骤1：新建"图表"工作表，只复制任务3中图4-50中的汇总数据到"图表"工作表中，选择"值"粘贴选项。

步骤2：为该数据区域"套用表格样式"中的浅色（白色，表样式浅色8），弹出"创建表"对话框，如图4-61所示。选定"表包含标题"，确定后，右键单击该区域，选择"表格→转换为区域"，去除列名右侧的三角形按钮，成为普通表格。选定"工程材料"所在单元格区域，进入"编辑"选项组中的"查找和替换"对话框，在"查找内容"框中输入汇总，将"替换为"框中设为空，单击"全部替换"后，区域中的汇总两字被空值替换掉。图4-62所示的是对话框和替换结果。

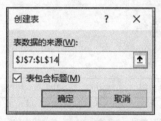

工程材料	数量	金额（元）
古道石子	1083	103 426.5
河床细沙	1108.9	100 022.78
简牌瓷砖	900	1 350 000
强劲牌水泥	1250	250 000
通达钢管	2200	1 100 000
中宇钢筋	700	210 000
总计	7241.9	3 113 449.28

图4-61　套用表格样式　　　　图4-62　"查找和替换"对话框和替换结果

步骤3：为"数量"列插入折线迷你图。选择包含该列数据的单元格区域，从【插入】选项卡的"迷你图"选项组中单击"折线图"按钮，弹出"创建迷你图"对话框，指定迷你图的放置位置，一般在列下方的空白单元格中单击"确定"按钮后，就在表中指定位置插入了一条折线迷你图。为迷你图应用样式：橙色，迷你图样式着色6，深色50%；显示出迷你图中的高点和低点标记，并修改高点颜色为红色，低点颜色为黑色；迷你图粗细2.25磅。效果如图4-63所示。

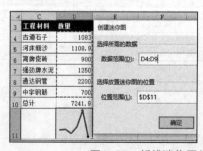
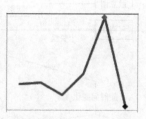

图4-63　折线迷你图的插入及美化

从迷你图可以看出，使用的材料数量差距很大。

2. 为财务结算单分类汇总后的"数量"列插入柱形图表

步骤1：选定工程材料和数量两个区域（C3:D9）；插入"柱形图"下的"三维簇状柱形图"。

步骤2：删除图表标题，添加图例项，移到图表区右上角。

步骤3：双击水平轴，在"设置坐标轴格式"对话框的"对齐方式"中，选择"文字方向"为"堆积"，设置垂直对齐方式为"中部居中"。调整图表区和绘图区大小，使水平轴上内容能竖排堆积显示。

步骤4：为绘图区设置填充效果为"纹理"下的"羊皮纸"。

步骤5：从"图表布局"选项组的"添加图表元素"下拉列表中选择"坐标轴标题"（或选定图表后，从"添加图表元素"按钮中选择），为两个坐标添加标题内容（同对应列名）。双击"数量"轴，在"设置坐标轴标题格式"中将文本框中的文字方向设置为竖排。添加"数据标签"，只显示值，设置填充和边框均为"无"。

步骤6：突出显示数量最大的值。单击数量最大的柱形，再单击一次，这样只选定该数据标记，在"设置数据点格式"窗格中将其填充色改为"渐变填充"，设置"渐变光圈"中的颜色，在"效果"中选择"三维格式→棱台顶部→圆形"，效果如图4-64所示。

▶ **提示**

（1）我们可以为图表添加其他元素。

（2）选择单个数据点的快捷操作方法是两次不连续的单击鼠标。

（3）图表中的其他对象格式可根据需要自行设置，如字体格式、边框底纹格式、更改图表颜色和样式等。

步骤7：复制图表，将复制后的图表类型修改为"XY散点"图中的"带平滑线和数据标记的散点图"。双击数据标记点，打开"设置数据系列格式"窗格，在"填充"项选择"依数据点着色"项。将图例位置放在图表下方，效果如图4-65所示。

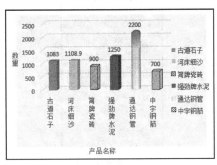

图4-64　插入/编辑后的柱形图表

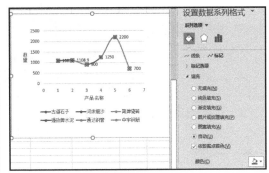

图4-65　散点图

从图表上可以直观地看出通达钢管的用量远超过其他材料。

3. 为财务结算单分类汇总后的"金额"列创建饼图，观察占比情况

步骤1：选定"工程材料"和"数量"两列，创建一个"三维饼图"。在"设置数据

系列格式"中选择"饼图分离"5%,将占比最大的饼图单独抽离出来。

步骤2:套用"图表布局"中"快速布局"下拉列表中的"布局1",在图表中显示工程材料和数量的值,再在"设置数据标签格式"窗格中选定标签包括"百分比",取消"值"选项,可重新选择标签的位置。修改标签的字体为楷体,效果如图4-66所示。

我们通过饼图可以看出,瓷砖的金额值最大。

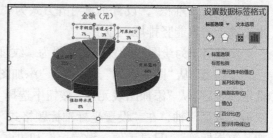

图4-66 饼图效果

▶ 提示

插入图表后,可在【图表工具】中选择"图表样式""图表布局""数据""类型"等对图表进行相应的设置;也可选定或双击某对象,在窗口右侧出现的对应窗格中设置相关内容。

4. 为财务结算单分类汇总后的"数量"列创建单个箱形图,观察数量分散情况

步骤1:选定"数量"列所在区域,插入一个"箱形图"。

步骤2:应用"快速布局"中的"布局5",添加"主轴次要水平网格线",以便准确观察数据值,删除水平数值轴。

步骤3:设置数据系列格式,填充为黄色;显示内部值点;添加数据标签于右侧。最终效果如图4-67所示。

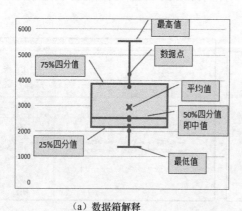

（a）数据箱解释

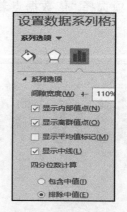

（b）设置数据系列格式

图4-67 箱形图

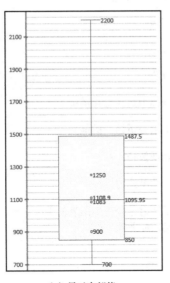 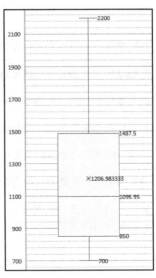

（c）显示内部值　　　　　　　　（d）显示平均值标记

图4-67　箱形图（续）

从图表中可以看出，这些数量中没有异常值，平均值高于中值，中位数偏低，说明总体用量偏高，呈右偏分布。

> **提示**
>
> 箱形图的构成如图4-67（a）所示，一个数据箱，从上至下包括最高值、3/4四分值（75%四分值）、平均值、1/2四分值（50%四分值）、1/4四分值（25%四分值）、最低值、异常值，是将数据排序后进行计算的；还可以设置数据系列格式，显示其他值。

> **提示**
>
> 本例中下四分值：0.25*700+0.75*900；中四分值：0.5*1083+0.5*1108.9；
> 上四分值：0.75*1250+0.25*2200

4.4.4　任务评价

对由财务结算单中数据生成分析图表任务，要从对数据生成何种类型图表、图表表现方式、根据图表分析数据的能力、综合能力、对行业的影响分析的能力等方面进行综合评价。评价参考标准如表4-8所示。

表 4-8 评价参考标准

技能分类	测试项目	评价等级
基本能力	熟练掌握生成图表和迷你图的方法	
	熟练掌握对图表进行编辑处理的方法	
职业能力	具有根据不同要求应用不同的图表标识数据变化的能力	
	具有根据图表对数据进行分析并得出分析结论的能力	
	具备一定的信息数据综合分析及处理技巧	
通用能力	分析能力、判断能力、综合能力、动手能力	
素质能力	通过对财务结算单的图表制作，了解财务分析中图表的生成对行业数据分析的重要作用，建立正确的职业观	
综合评价		

任务 5 动态交互财务结算数据

4.5.1 任务引入

图表虽然能将财务结算单数据图形化，能把一些特殊的数据突出显示，但如果要查看不同材料、不同日期的数据信息，需要反复生成不同的图表，或反复进行筛选和分类汇总。为了更加方便灵活地查看不同条件下的财务数据，晓峰还需要制作数据透视表和透视图。本案例最终实现的财务结算单数据透视表及透视图如图 4-68 所示。

	A	B	C	D	E	F	G
1	日期	(全部)					
2							
3		列标签					
4		现金		转账		占总计百分比汇总	求和项:数量汇总
5	行标签	占总计百分比	求和项:数量	占总计百分比	求和项:数量		
6	强劲牌水泥	7.54%	1350	2.79%	500	10.33%	1850
7	中宇钢筋	1.26%	150	11.73%	1400	12.98%	1550
8	通达钢管	0.00%		30.72%	2200	30.72%	2200
9	古道石子	3.62%	1356.7	0.60%	226.3	4.22%	1583
10	河床细沙	2.79%	1108.9	1.26%	500	4.05%	1608.9
11	简牌瓷砖	12.57%	300	25.13%	600	37.70%	900
12	总计	27.77%	4265.6	#####	5426.3	100.00%	9691.9

图4-68 财务结算单数据透视表及透视图

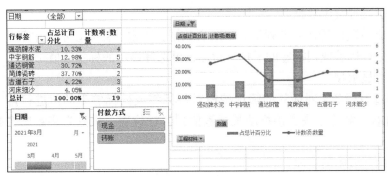

图4-68 财务结算单数据透视表及透视图（续）

4.5.2 知识与技能

数据透视表是一种对大量数据快速汇总和建立交叉列表的交互式表格，可以任意转换行列来查看数据的不同汇总结果，还可以根据需要显示区域中的明细数据，相当于综合了排序、筛选、分类汇总等数据分析的优点，具有"透视"表格的能力，从大量看似无关的数据中寻找背后的联系，将繁杂的数据转化为有价值的信息，为决策提供有力的依据，所以它是功能较全的 Excel 数据分析工具之一。

1. 建立数据透视表

建立数据透视表，可以以不同的视角显示数据并对数据进行比较和分析。

选定数据区域，执行【插入】选项卡的"表格"选项组中的"数据透视表"，在"创建数据透视表"对话框中选择要建立透视表的数据区域，指定透视表的放置位置，单击"确定"按钮后就创建了一个数据透视表的基本框架，同时出现"数据透视表字段"窗格，字段列表窗格中列出当前表中的字段，选择字段时，Excel 会根据字段特性自动放置于下方不同区域，"筛选"中的字段显示在报表页面顶端，级别最高；"列"中的字段作为报表中的各列；"行"中的字段在报表左侧；"值"中用于放置需要统计的字段。

> **微说明**
>
> 可在4个区域间拖动字段，以改变各标签的内容（值区域中只能放置数值型字段），可在各个区域中插入多个字段，通过拖动字段上下改变字段级别（字段级别不同，透视表表现形式不同）。

2. 数据透视表的交互

创建数据透视表时，除出现"数据透视表字段"窗格外，还出现【数据透视表工具】选项卡的【数据透视表分析】和【设计】两个子选项卡，利用这些选项卡下的工具可以对透视表进行修改、设计和分析。

（1）显示透视表中数据

默认生成的数据透视表会列出表中所有数据，可根据需要显示其中某些数据。单击数据透视表中行标签或列标签的下拉三角形，可选择显示的标签或值。

（2）调整显示顺序

可以通过行标签/列标签的筛选按钮对行标签或列标签下的值进行排序，也可使用类似移动单元格的方法直接拖动某标签值到目标位置，最好先将数据折叠后再进行此操作。

（3）删除区域中的字段

在筛选、行、列、值4个区域中，单击字段右侧筛选按钮，从展开的菜单中选择"删除字段"，可将该字段从该区域删除。

（4）更改汇总方式

数据透视表默认的汇总方式是求和，也可以选择其他的计算类型。选定透视表中某字段列的单元格，单击"活动字段"组中的"字段设置"，打开图4-69所示的对话框，在"值汇总方式"选项卡中选择需要的"计算类型"，还可单击左下角的"数字格式"按钮，进入"设置单元格格式"对话框，可选择一种要呈现的数据类型，或设置小数位数等。在"值显示方式"中可选择各种显示方式。

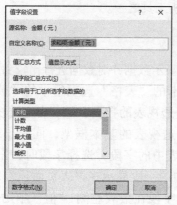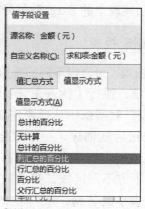

图4-69　值字段设置

3. 切片器

Excel 2016为快速筛选透视表中的数据增加了切片器功能，它包含一组按钮，是一个简单的筛选组件。在【数据透视表工具】→【数据透视表分析】选项卡中执行"插入切片器"，打开相应对话框，选择想要交互筛选数据的字段，这样在窗口中出现一个切片器，切片器中显示该字段的值，选择任一值，即可在数据透视表中只显示符合该值的数据行，效果如图4-70所示。单击"切片器"右上角的"清除筛选器"按钮，可以显示出全部数据。用户可根据需要从【切片器工具】选项卡中设置切片器的属性、样式、大小、按钮等项，切片器的快捷菜单中有同样的命令可执行。选择快捷菜单中的"删除"命令可删除切片器。

图4-70　切片器

4. 设计数据透视表布局

数据透视表的布局不同，表现的方式就不同。在【数据透视表工具】→【设计】子选项卡中，能对已生成的数据透视表进行如下布局设置。

① 分类汇总：在透视表中是否显示各分类的汇总内容，显示在什么位置。

② 总计：是否显示行或列的总计内容。

③ 报表布局：可以是压缩形式、大纲形式和表格形式。

④ 空行：是否在每个项目间留出空行。

⑤ 样式选项：表的第一行、第一列显示特殊格式，或奇偶行列的格式不同，使表格更具可读性。我们也可以为数据透视表套用系统提供的样式。

5. 由数据透视表生成数据透视图

选定数据透视表，单击【数据透视表工具】→【数据透视表分析】子选项卡下的"工具"选项组中的"数据透视图"命令，从弹出的"插入图表"中选择一种可用的图表类型，就可生成一幅数据透视图。该图具有一般图表的特点，可以进行与图表一样的操作和设置，但其中的数据可以根据用户的选择动态地显示不同内容。

4.5.3 任务实施

复制条件格式工作表中的部分数据到一张新工作表，为了使数据透视表看起来更加直观形象，表中再插入一些行数据，增加一列"付款方式"，效果如图4-71所示。

日期	工程材料	数量	单位	单价（元）	金额（元）	备注	付款方式
2021/03/01	强劲牌水泥	1000	袋	200	200,000.00	*	现金
2021/03/01	河床细沙	500	方	90.2	45,100.00		转账
2021/03/05	中宇钢筋	500	吨	300	150,000.00	*	转账
2021/03/13	通达钢管	1200	根	500	600,000.00	*	转账
2021/03/14	古道石子	500	方	95.5	47,750.00		现金
2021/03/14	中宇钢筋	200	吨	300	60,000.00		现金
2021/03/18	古道石子	856.7	方	95.5	81,814.85		现金
2021/03/18	中宇钢筋	150	吨	300	45,000.00		现金
2021/03/21	简牌瓷砖	600	箱	1500	900,000.00	*	转账
2021/03/24	河床细沙	795.8	方	90.2	71,781.16		转账
2021/03/24	强劲牌水泥	500	袋	200	100,000.00		转账
2021/03/26	中宇钢筋	300	吨	300	90,000.00		转账
2021/03/26	强劲牌水泥	250	袋	200	50,000.00		现金
2021/03/27	简牌瓷砖	300	箱	1500	450,000.00	*	现金
2021/03/28	中宇钢筋	400	吨	300	120,000.00	*	转账
2021/03/28	通达钢管	1000	根	500	500,000.00	*	转账
2021/03/29	古道石子	226.3	方	95.5	21,611.65		转账
2021/03/31	强劲牌水泥	100	袋	200	20,000.00		现金
2021/03/31	河床细沙	313.1	方	90.2	28,241.62		现金

图4-71 修改后的数据表

1. 为上述表格生成一个数据透视表

要求筛选区域：日期；行区域：工程材料；列区域：付款方式；值区域：金额。为所选数据区域插入"数据透视表"并进行数据的查看。

步骤1：选定上述数据区域，插入"数据透视表"，并将其放置在一张新工作表中。按照题意要求，透视表中各区域字段及结果如图4-72所示。

图4-72　数据透视表字段的设置及结果

步骤2：在透视表中筛选区域选择一个日期，透视表中会筛选出符合该日期的数据，这样可查看不同日期的材料原料结算方式和金额，取消日期筛选，如图4-73所示。

图4-73　数据透视表筛选区域筛选

步骤3：在透视表中行区域选择工程材料，透视表中会筛选出符合这些工程材料的数据，可查看不同材料原料所有付款方式，取消工程材料筛选，如图4-74所示。

图4-74　数据透视表行区域筛选

步骤4：在透视表中列区域选择某种付款方式，透视表中会筛选出这种付款方式的数据，可查看所有日期中不同付款方式的材料，取消付款方式筛选，如图4-75所示。

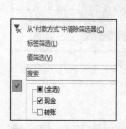

图4-75　数据透视表列区域筛选

2. 交互查看数据透视表

步骤1：在"值"区域中增加一个字段：数量。将字段列表中的"数量"拖到值区域中，可查看不同材料、不同付款方式下用量和金额情况，如图4-76所示。

日期	(全部)					
	列标签					
	现金		转账		求和项:金额(元)汇总	求和项:数量汇总
行标签	求和项:金额(元)	求和项:数量	求和项:金额(元)	求和项:数量		
强劲牌水泥	270,000	1,350	100,000	500	370,000	1,850
中宇钢筋	45,000	150	420,000	1,400	465,000	1,550
通达钢管			1,100,000	2,200	1 100,000	2,200
简牌瓷砖	450,000	300	900,000	600	1 350,000	900
古道石子	129,564. 85	1,356. 7	21,611. 65	226. 3	151,176. 5	1,583
河床细沙	100,022. 78	1,108. 9	45,100	500	145,122. 78	1,608. 9
总计	994 587. 63	4 265. 6	2 586 711. 65	5 426. 3	3 581 299. 28	9 691. 9

图4-76 值区域增加字段“数量”

步骤 2：改变“值”区域中“数量”字段的汇总方式为计数。单击数据透视表窗格的值区域中“数量”字段下拉三角形，选择“值字段设置”，选择“计算类型”为计数，单击“确定”按钮后，此时可以看出当月结算时购进材料次数及金额，如图 4-77 所示。

日期	(全部)					
	列标签					
	现金		转账		求和项:金额(元)汇总	计数项:数量汇总
行标签	求和项:金额(元)	计数项:数量	求和项:金额(元)	计数项:数量		
强劲牌水泥	270,000	3	100,000	1	370,000	4
中宇钢筋	45,000	1	420,000	4	465,000	5
通达钢管			1,100,000	2	1,100,000	2
简牌瓷砖	450,000	1	900,000	1	1,350,000	2
古道石子	129,564. 85	2	21,611. 65	1	151,176. 5	3
河床细沙	100,022. 78	2	45,100	1	145,122. 78	3
总计	994 587. 63	9	2 586 711. 65	10	3 581 299. 28	19

图4-77 改变数量的汇总方式

步骤 3：改变“值”区域中“金额”字段的值显示方式为：总计的百分比。打开金额的“值字段设置”，切换到“值显示方式”选项卡，选择所需的显示方式，单击“确定”按钮，此时可以看出每笔金额的占比，如图 4-78 所示，可以将表中系统自动生成的字段名“求和项：金额（元）”修改为“占总计百分比”。

	A	B	C	D	E	F	G
1	日期	(全部)					
2							
3		列标签					
4		现金		转账		占总计百分比汇总	求和项:数量汇总
5	行标签	占总计百分比	求和项:数量	占总计百分比	求和项:数量		
6	强劲牌水泥	7. 54%	1350	2. 79%	500	10. 33%	1850
7	中宇钢筋	1. 26%	150	11. 73%	1400	12. 98%	1550
8	通达钢管	0. 00%		30. 72%	2200	30. 72%	2200
9	古道石子	3. 62%	1356. 7	0. 60%	226. 3	4. 22%	1583
10	河床细沙	2. 79%	1108. 9	1. 26%	500	4. 05%	1608. 9
11	简牌瓷砖	12. 57%	300	25. 13%	600	37. 70%	900
12	总计	27. 77%	4265. 6	72. 23%	5426. 3	100. 00%	9691. 9

图4-78 改变金额的显示方式

提示

（1）可以任意拖动每个区域的字段到其他区域，观察透视表的变化；可以删除某个区域的字段（如删除数量字段），观察变化。

（2）当数据表中的内容发生变化时，可以在【数据透视表工具】选项卡下的【数据透视表分析】子选项卡中“数据”选项组中单击“刷新”，就能将源工作表与透视表中的数据同步。

3. 格式数据透视表

步骤 1：为该透视表区域添加所有框线，根据需要对其进行类似于普通工作表的格式设置，将工作表重命名为"数据透视表"。

步骤2：也可以套用"数据透视表样式"，并在样式选项中选择"镶边行"或"镶边列"等，可以更加清晰地查看各行或各列的数据。

4. 应用分析工具

步骤1：为透视表插入"切片器"，切片依据的字段为"付款方式"。先复制一个数据透视表，在该表中删除"列"区域中的字段"付款方式"。

步骤2：单击【数据透视表分析】选项卡下的"筛选"选项组中"插入切片器"命令，从中选择"付款方式"，单击"确定"按钮后，可以从切片器中选择不同方式，透视表中显示对应数据，如图4-79所示。这种查看方式与前面值区域筛选方式的结果一样。单击筛选器右上角红叉按钮，可清除筛选结果。右键单击切片器，在快捷菜单中可以删除切片器工具。

图4-79　切片器选择效果

步骤3：为透视表插入"日程表"。插入方法与"切片器"相同。从日期时间线上选择一个日期，透视表中显示的就是该日期下的数据，本任务中只有3月的数据，当选择其他月份时，透视表中会有出错提示，如图4-80所示。

图4-80　日程表效果

> **提示**
>
> 可以拖动日期框边界，选定相邻的几个日期同时显示。

5. 生成数据透视图

步骤：选定透视表中某单元格后，从"工具"选项组中插入"数据透视图"，设置类型为"组合图"中的"簇状柱形图 - 次坐标轴上的折线图"，如图4-81所示。在图表中对不同字段进行筛选，可利用切片器、日程表等方式筛选，动态地观察图表显示的内容。试一试能否通过数据透视表生成旭日图和树状图等。

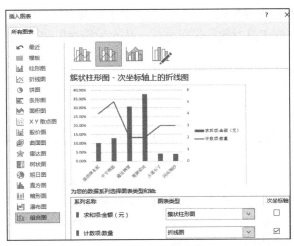

图4-81 数据透视图

从图中可以看出，钢筋、钢管和瓷砖用量次数和占用金额不是成正比例增加的。这可能是因为它们价格高或者用量大。

数据透视图与一般的图表一样，可以进行显示设置和格式化处理。

4.5.4 任务评价

对将财务结算单中数据生成不同透视效果任务，要从对数据生成的透视表结构、根据透视表分析数据的能力、综合处理能力、对行业的影响分析的素质能力等方面进行综合评价。评价参考标准如表4-9所示。

表4-9 评价参考标准

技能分类	测试项目	评价等级
基本能力	熟练掌握生成数据透视表和透视图的方法	
	熟练掌握对数据透视表的查看方法	
职业能力	具有根据不同要求调整数据透视表中的字段并标识数据的能力	
	具有根据数据透视表对数据进行分析并得出结论的能力	
	具备一定的信息数据综合分析及处理技巧	
通用能力	分析能力、判断能力、综合能力、动手能力	
素质能力	通过制作财务结算单数据透视表，了解数据透视表对财务结算的重要作用，建立正确的职业观	
综合评价		

本章小结

本章以"任务驱动"模式介绍了电子表格的创建、表格个性化修饰、数据的计算、数据的分析、数据图表化等知识。通过学习，学生应重点掌握个性化表格的制作、公式和函数的用法、用不同工具对数据进行分析，从而为管理层和决策层提供数据依据。

思考与练习

一、选择题

1. 在输入的数字前面添加一个（　　　），Excel 就会把工作表中输入的数字当作文本处理。

    A. '　　　　　　B. ;　　　　　　C. .　　　　　　D. =

2. 在 Excel 中，公式的定义必须以（　　　）符号开头。

    A. ?　　　　　　B. =　　　　　　C. \　　　　　　D. ~

3. 绝对地址前面应使用（　　）符号。

    A. @　　　　　　B. #　　　　　　C. \$　　　　　　D. %

4. 选定一片单元格区域后，按住（　　　）键，还可以选定另一片单元格区域。

    A. Ctrl　　　　　B. Alt　　　　　C. Shift　　　　D. Delete

5. 在 Excel 2016 工作表单元格中输入公式时，F\$2 的单元格引用方式称为（　　　）。

    A. 交叉地址引用　　　　　　　B. 混合地址引用

    C. 对地址引用　　　　　　　　D. 绝对地址引用

6. 在 Excel 中，最适合反映某个数据在所有数据总和中占比的一种图表类型是（　　　）。

    A. 散点图　　　　B. 折线图　　　　C. 柱形图　　　　D. 饼图

7. 如果想从不同角度分析表格中的数据，下面哪种工具最方便？（　　　）

    A. 筛选　　　　　B. 排序　　　　　C. 分类汇总　　　D. 数据透视表

8. 如果想将数据按一定条件显示，可进行（　　　）操作。

    A. 突出显示　　　B. 改变字体　　　C. 条件格式　　　D. 填充单元格颜色

9. 合并单元格后，显示的内容是（　　　）。

    A. 第一个单元格的内容　　　　B. 所有单元格的内容

    C. 最后一个单元格的内容　　　D. 第二个单元格的内容

10. 格式刷复制（　　　）。

    A. 内容　　　　　B. 格式　　　　　C. 内容和格式　　D. 批注

二、简答并操作题

1. 如何生成模板文件？

2. 合并单元格有几种方式？分别是什么？

3. 公式计算时出现"#NAME?"的原因是什么？

4. 如何取消冻结窗格？

5. 如何设置高级筛选的条件区域？

6. 如何将日期格式设置为 yyyy/mm/dd？

7. 分析归纳各种条件格式的适用情况。

三、应用题

收费停车场要调整收费标准，从原来“不足 15 分钟按 15 分钟收费”调整为“不足 15 分钟部分不收费”的收费政策。现通过抽取的 5 月 26 日 ~ 6 月 1 日的停车收费记录进行数据分析，从而掌握该项政策调整后营业额的变化情况，具体要求如下。

（1）数据存于文件“停车场收费政策调整情况分析 .xlsx”，如图 4-82 所示，有三张表：停车收费记录、收费标准、拟采用的收费标准。

（2）在“停车收费记录”表中，所有金额的单元格均设置为保留 1 位的数值类型。依据“收费标准”表，利用公式将收费标准对应的金额填入“停车收费记录”表中的“收费标准”列；利用出场日期、时间与进场日期、时间的关系，计算“停放时间”，单元格格式为时间类型的“×× 时 ×× 分”。

（3）依据停放时间和收费标准，计算当前收费金额并填入“收费金额”列；计算拟采用的收费政策的预计收费金额并填入“拟收费金额”列；计算拟调整后的收费与当前收费之间的差值并填入“差值”列。

（4）将“停车收费记录”表中的内容套用表格格式“表样式中等深浅 12”，并添加汇总行，最后三列“收费金额”“拟收费金额”和“差值”汇总值均为求和。

（5）在“收费金额”列中，将单次停车收费达到 100 元的单元格突出显示为黄底红字的货币类型。

（6）分别创建 3 个数据透视表，第一个透视表的行标签为“车型”，列标签为“进场日期”，求和项为“收费金额”，可以提供当前每天的收费情况；第二个透视表的行标签为“车型”，列标签为“进场日期”，求和项为“拟收费金额”，可以提供调整收费政策后每天的收费情况；第三个透视表行标签为“车型”，列标签为“进场日期”，求和项为“差值”，可以提供收费政策调整后每天的收费变化情况。

	A	B	C	D	E	F	G	H	I	J	K	L	M
1	序号	车牌号码	车型	车颜色	收费标准	进场日期	进场时间	出场日期	出场时间	停放时间	收费金额	拟收费金额	差值
2	1	京N95905	小型车	深蓝色		2020年5月26日	0:06:00	2020年5月26日	14:27:04				
3	2	京H86761	大型车	银灰色		2020年5月26日	0:15:00	2020年5月26日	5:29:02				
4	3	京QR7261	中型车	白色		2020年5月26日	0:28:00	2020年5月26日	1:02:00				
5	4	京U35931	大型车	黑色		2020年5月26日	0:37:00	2020年5月26日	4:46:01				
6	5	京Q3F127	大型车	深蓝色		2020年5月26日	0:44:00	2020年5月26日	12:42:04				
7	6	京S8J403	大型车	白色		2020年5月26日	1:01:00	2020年5月26日	2:43:01				
8	7	京DI7294	中型车	黑色		2020年5月26日	1:19:00	2020年5月26日	6:35:02				
9	8	京J03T05	中型车	深蓝色		2020年5月26日	1:23:00	2020年5月26日	11:02:03				
10	9	京W34039	大型车	黑色		2020年5月26日	1:25:00	2020年5月26日	9:58:03				
11	10	京L31P52	小型车	深蓝色		2020年5月26日	1:26:00	2020年5月26日	15:44:05				
12	11	京F91R59	大型车	深蓝色		2020年5月26日	1:31:00	2020年5月26日	10:05:03				
13	12	京MH2510	小型车	深蓝色		2020年5月26日	1:35:00	2020年5月26日	13:43:04				
14	13	京K47364	中型车	黑色		2020年5月26日	1:37:00	2020年5月26日	18:04:05				

（a）停车收费记录

	A	B
1	收费标准	
2	车型	元/15分钟
3	小型车	1.5
4	中型车	2.0
5	大型车	2.5
6	说明：不足15分钟的部分不收费	

（b）收费标准

	A	B
1	收费标准	
2	车型	元/15分钟
3	小型车	1.5
4	中型车	2.0
5	大型车	2.5
6	说明：不足15分钟按15分钟收费	

（c）拟采用的收费标准

图4–82 应用题数据图

演示文稿制作

任务目标

1. 职业素质：培养道德素质、科学文化素质和审美素质；提升专业素质、社会交往和适应素质、增强学习和创新意识。

2. 熟悉 PowerPoint 2016 的基础知识。

3. 掌握在幻灯片中添加动画、动作按钮、超链接和切换动画效果的操作。

4. 掌握编辑与应用幻灯片主题的相关操作。

5. 掌握幻灯片母版的设置方法。

6. 熟悉放映与打包演示文稿的方法。

思维导图

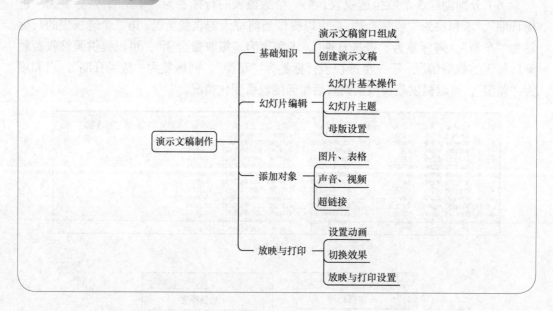

本章导读

PowerPoint 是一款专业的演示文稿制作软件，用户可以将演示文稿在投影仪或者计算机上进行演示，也可以将演示文稿打印出来，用于汇报工作、宣传产品、培训教学等。PowerPoint 2016 制作的演示文稿能够把用户表达的信息组织在一组图文并茂的画面中，在演讲、教学等领域应用非常广泛。

制作专业演示文稿的软件 PowerPoint 的使用范围十分广泛，能够应用于各种展示领域，如产品制造厂（制作产品宣传片）、广告公司（制作广告宣传片）、公共场合（制作电子公告片）、文化传播公司（制作方案策划片）、培训机构（制作电子教案）等。在日常工作中，经常要与 PowerPoint 打交道的职业主要有公司文秘、行政管理人员、财务人员、市场调研人员、销售人员及学校教师与专业培训师等。

任务 1 〉 新员工培训报告

5.1.1 任务引入

在某公司人力资源部就职的小张需要制作一份供新员工培训时使用的 PowerPoint 演示文稿。参照示例图 5-1 的效果，完成演示文稿的制作。

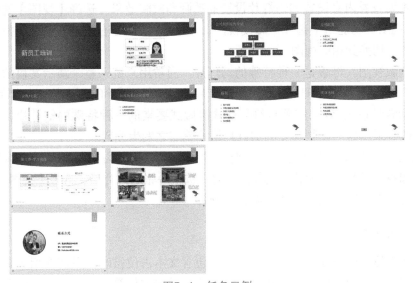

图5-1 任务示例

5.1.2 知识与技能

1. 幻灯片的视图模式

PowerPoint 2016 提供了普通视图、幻灯片浏览视图、幻灯片放映视图、大纲视图、备注页视图、阅读视图、母版视图等显示文稿的方式，前 3 种为主要视图。各种视图提供不同观察角度和功能来管理演示文稿，各种视图模式间可以切换。

（1）普通视图。它是 PowerPoint 2016 的默认视图，窗口通常包含 3 个窗格，即左侧的"幻灯片 / 大纲浏览"窗格，右侧上方的"幻灯片编辑"窗格和右侧下方的"备注"窗格。

（2）幻灯片浏览视图。它以缩略图形式展示当前演示文稿的所有幻灯片，便于以全局方式浏览。该视图方式可快速调整演示文稿显示效果和背景、幻灯片排列顺序、添加或删除幻灯片，但不能对幻灯片中的内容进行编辑，双击任意幻灯片可切换到普通视图。

（3）幻灯片放映视图。它是用于放映演示文稿的视图。任何时候都可以将幻灯片以全屏方式、窗口形式或无人控制的展台形式放映出来。

（4）大纲视图。大纲视图只显示幻灯片的文本部分，不显示图形对象和色彩。在此可以看到每张幻灯片中的标题和文字内容，它们依照文字的层次缩排，产生整个演示文稿的纲要、大标题和小标题等。选择【视图】选项卡，在"演示文稿视图"功能组中选择"大纲视图"，可进入大纲视图。

（5）备注页视图。每张备注页上方以图片形式显示幻灯片，不能编辑，可在下方备注窗格中编辑备注文本内容，也可以对文本进行格式设置。选择【视图】选项卡，在"演示文稿视图"功能组中选择"备注页"，可进入备注页视图。

（6）阅读视图。它可将演示文稿作为适应窗口大小的幻灯片放映查看，视图只保留幻灯片窗格、标题栏和状态栏，其他编辑功能被屏蔽，用于幻灯片制作完成后的简单放映浏览，主要查看内容设置和幻灯片设置的动画和放映效果。选择【视图】选项卡，在"演示文稿视图"功能组中选择"阅读视图"，或单击状态栏右侧的其他视图按钮，可退出阅读视图并切换到相应视图。

（7）母版视图。母版是一种特殊的幻灯片，通常用来统一整个演示文稿的幻灯片格式，包含了文本、页脚（如日期、时间和幻灯片编号）等占位符，用于控制幻灯片的字体、颜色（包括背景色）、效果和项目符号样式等版式要素的一种特殊的幻灯片。一旦修改了母版，所有采用这一母版建立的幻灯片格式就随之发生改变。

每个相应的幻灯片视图都有与其对应的母版，母版分为幻灯片母版（标题母版）、讲义母版和备注母版3种形式。具体用法是，选中一张幻灯片后，选择【视图】选项卡，在"演示文稿视图"功能组中选择需要的母版。

2. 输入文本

（1）在占位符中添加文本。当幻灯片中包含文本占位符时，只需在相应文本占位符中单击，即可进入编辑状态。输入文本完毕后，单击占位符框外的任意空白区域即可结束输入。

（2）在文本框中添加文本。如需在幻灯片的空白处输入文本，则先在空白处添加文本框。添加文本框的方法如下。

① 选择【插入】选项卡，在"文本"功能组中选择"文本框"，在下拉选项中选择文本框样式；或选择【开始】选项卡，在"绘图"功能组中选择"文本框"。

② 移动鼠标光标到幻灯片编辑窗格，当光标呈"＋"形状时按住鼠标左键拖曳，即可插入文本框。

③ 在文本框中输入文本后，单击文本框外的任意空白区域即可结束输入。

（3）在大纲窗格中添加文本。在大纲视图的大纲窗格中可以对文本内容进行输入和编辑。

（4）移动和复制幻灯片中的文本。如要移动或复制整个文本框，则需单击文本框的边框，选中整个文本框；或者在文本框内选择文本，然后对选中的文本进行复制、剪切、粘贴等操作。

3. 格式化幻灯片

（1）文本的格式化，包括字号、字体、加粗、倾斜、下划线和颜色等的设置。先在幻灯片中选中要设置格式的文本，再选择以下两种方法进行设置。

① 选择【开始】选项卡，在"字体"功能组中单击相应的功能按钮。

② 单击"字体"对话框启动器按钮，在弹出的"字体"对话框中设置。

（2）段落格式化，包括项目符号、对齐、段落缩进、字间距和行间距等的设置。设置段落格式的方法有以下两种。

① 选择【开始】选项卡，在"段落"功能组中单击相应的功能按钮。

② 单击"段落"对话框启动器按钮，在弹出的"段落"对话框中设置。

4. 职业技能——入职培训目的

入职培训的目的，通常包括以下几方面内容。

（1）减少新员工的压力和焦虑。

（2）减少启动成本。

（3）减少员工流动。

（4）缩短新员工达到熟练精通程度的时间。

（5）帮助新员工学习组织的价值观、文化和期望。

（6）协助新员工获得适当的角色行为。

（7）帮助新员工适应工作群体和规范。

（8）鼓励新员工形成积极的态度。

5.1.3 任务实施

1. 新建空白演示文稿

步骤1：打开 PowerPoint 2016，新建空白的演示文稿，新建 11 张幻灯片。

步骤2：在第 1 张幻灯片中，单击标题占位符并输入标题文本"新员工培训"，将该文字格式化为"黑体、48、黑色、加粗、文字阴影"；单击副标题占位符并输入"×××公司"，将该文字格式化为"华文楷体、24"。

2. 应用主题

为演示文稿应用"新员工培训 .thmx"主题，并在第 2 张、第 3 张幻灯片中分别插入演讲人的个人介绍和议程 / 主题。

步骤1：在【设计】选项卡下"主题"功能组中选择"浏览主题"，在素材文件夹中选择"新员工培训主题 .thmx";右键单击第 2 张幻灯片,设置版式为"标题和内容",然后在该幻灯片中添加标题为"个人介绍",单击内容框中的表格占位符,插入一个 5 行 4 列的表格,在功能组可以为表格应用一种样式。利用"表格工具"的"布局"选项调整表格尺寸为合适大小,将素材中的"免冠图片 .jpg"插入表格,并裁剪图片为合适大小,表格内容布局如图 5-2 所示。

▶▶ 多学一招

　　在表格中可以进行的操作有合并某些单元格、调整列宽、将内容中部居中、插入 Office剪贴画等。如需对插入的对象位置进行精准调整,则可在选定该对象后,按住 Ctrl键不放,再使用方向键进行移动。

图5-2　演讲人的个人介绍

　　步骤 2:在第 3 张幻灯片中,选择"标题和内容"版式,在标题占位符中输入"议程/主题"。

▶▶ 多学一招

　　若在大纲窗格中的"目录"文字后面按下Enter键,就会产生一张新幻灯片,可右键单击图标,执行快捷菜单中的"降级"命令,可使其级别降为文本。

3. 插入 SmartArt 图形

在第 3、5 张幻灯片中,分别插入图 5-3 中的 SmartArt 图形。

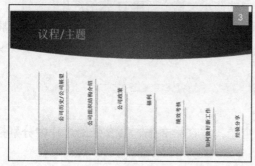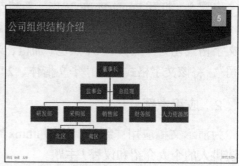

图5-3　主题及组织图

步骤 1：在内容占位符中插入 SmartArt 图形，在"列表"组中选择"降序基本块列表"，样式选择"强烈效果"，更改颜色为"个性色 5- 彩色轮廓"，然后向图形中输入图 5-3 左图所示的内容，可在图形中对应位置直接输入，也可在 SmartArt 工具的"文本窗格"中输入。

> **多学一招**
>
> 当 SmartArt 工具列出来的元件不够时，可以通过单击【SmartArt 工具/设计】选项卡下"创建图形"功能组中的"添加形状"按钮，选择要添加形状的位置。

步骤 2：单击选中第 5 张幻灯片，添加主标题内容为"公司组织结构介绍"，在内容占位符中插入 SmartArt 图形，在"层次结构"组中选择"组织结构图"。

步骤 3：在第一层第一个形状中输入"董事长"，然后选中"董事长"形状，单击【SmartArt 工具 | 设计】选项卡下的"创建图形"功能组中的"添加形状"按钮，在下拉列表中选择"添加助理"，此时在"董事长"下方新增加一个形状，分别在两个形状中输入文本"监事会""总经理"。

步骤 4：单击第三层第一个形状，单击【SmartArt 工具 | 设计】选项卡下的"创建图形"功能组中的"添加形状"按钮，在下拉列表中选择"在后面添加形状"，依次添加两个形状，分别输入"研发部""采购部""销售部""财务部""人力资源部"。选中下方的"采购部"形状，单击【SmartArt 工具 | 设计】选项卡下的"创建图形"功能组中的"布局"按钮，在下拉列表中选择"标准"，继续单击右侧的"添加形状"按钮，在下拉列表中选择"在下方添加形状"，再单击"添加形状"按钮，在下拉列表中选择"在后面添加形状"，在两个新添加的形状中分别输入文本"北区"和"南区"。设置组织结构图颜色为"主题颜色 - 深色 2，填充"。

4. 插入图表

在第 9 张幻灯片中，利用文件"学习曲线 .xlsx"的数据，参考样图，创建图表。

步骤：将第 9 张幻灯片设置为"两栏内容"版式，添加主标题内容为"新工作 - 学习曲线"，单击左栏中的表格占位符，插入一个 5 行 2 列的表格，将"学习曲线 .xlsx"中的数据复制、粘贴至此表格中，样式套用"中度样式 1- 强调 5"，表格中文字为"水平居中、宋体、18"。单击右栏中的图表占位符，插入一个"折线图"，在打开的 Excel 环境中将已有数据用左栏表中内容替换，适当调整数据区域。在图表数据系列的右上方插入正五角星形状，并应用"强烈效果 - 浅青绿，强调颜色 5"的形状样式（注意：正五角星形状为图表的一部分，无法拖曳到图表区以外），并将所有数据系列颜色修改为浅绿色，如图 5-4 左图所示。

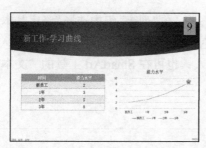

图5-4 "学习曲线和公司一角"示例

5. 插入图片

在第 10 张幻灯片中插入公司图片。

步骤： 修改第 10 张幻灯片版式为"标题和内容"，输入标题"公司一角"，然后插入 4 张公司图片，适当调整图片大小，并将图片样式设置为"透视阴影 - 白色"，并分别用"艺术字"添加相应文字（艺术字格式可以不同），效果如图 5-4 右图所示。

6. 插入符号

在第 11 张幻灯片中插入联系方式。

步骤： 将最后一张幻灯片修改版式为"空白"，在左边插入图片"联系方式 .jpg"，并应用"棱台形椭圆，黑色"的图片样式，适当调整图片大小。在右边插入文本框，输入相关内容，包括住址、电话、电子邮箱、联系方式及相应符号，符号的插入可利用【插入】选项卡下的"符号"中的"Wingdings"，插入其中的相应符号。其中"联系方式"字体为"宋体、32、加粗"，地址字体为"宋体、18、加粗"，电话和电子邮箱字体为"Century Gothic、18、加粗"，如图 5-5 左图所示。

图5-5 "联系方式和母版"示例

7. 设置节

步骤： 在第 3 张、第 7 张幻灯片前分别新增节。将第 3 ~ 6 张幻灯片设置为"公司概况"节，将第 7 ~ 10 张幻灯片设置为"公司福利"节。

8. 修改母版并插入页眉页脚和编号

步骤 1 : 进入"幻灯片母版"，修改每种版式母版中标题及线条的位置、各级文字的格式（包括字号、颜色、字体、项目符号等）。选择"标题和内容"版式，并在右下角插入一个公司 Logo 图片，关闭母版视图。

步骤 2：插入页眉和页脚，此处页脚中分别插入了日期、幻灯片编号、页脚"团结、奋进、友爱"等内容，标题幻灯片不显示编号，单击"全部应用"按钮。

步骤 3：按照图 5-6 将其余幻灯片内容补充完整，并将自己的文件名修改为"新员工培训"。

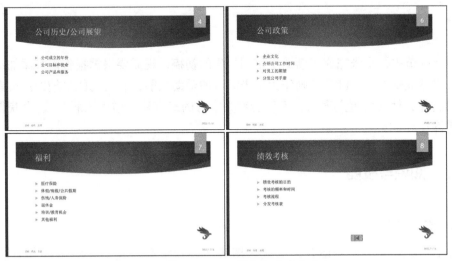

图5-6　第4、6、7、8张幻灯片文字内容

5.1.4　任务评价

制作新员工培训报告的 PowerPoint 演示文稿初稿，完成此任务需要从幻灯片的编辑情况、是否有对象插入、PPT 整体效果、团队协作、内容所含的隐性素养等方面进行综合评价，评价参考标准如表 5-1 所示。

表 5-1　评价参考标准

技能分类	测试项目	评价等级
基本能力	熟练编辑幻灯片	
	熟练在幻灯片中插入对象	
职业能力	全面掌握 PowerPoint 的操作技能与技巧	
	将熟练的演示文稿操作能力应用于日常生活和专业领域中	
	通过设计新员工培训报告演示文稿，提升职业本科的知识素养和技能素养	
通用能力	自学能力、总结能力、协作能力、动手能力	
素质能力	通过设计《新员工培训》演示文稿，培养职业道德、职业态度、职业作风等方面的隐性素养	
综合评价		

任务2 〉 新员工培训报告的动画与放映

5.2.1 任务引入

在上一节中，小张完成了新员工培训报告的初稿，现需要根据报告内容添加动画效果，并设置放映方式。PPT 动画作为报告演讲的辅助技能，它的功能是辅助演讲者实现逻辑的转化，使报告重点突出，不仅能够为本身的幻灯片"增光添彩"，还会获得新员工的赞许！

5.2.2 知识与技能

1. 插入对象

在 PowerPoint 中使用图片、公式、图表、艺术字和表格等对象的操作方法与在 Word、Excel 中使用这些对象一样，在此不再赘述。

（1）插入声音文件

① 在幻灯片窗格中选择要添加声音或音乐的幻灯片。

② 选择【插入】选项卡，在"媒体"功能组中选择"音频→联机音频"，在弹出的对话框中选择所需的声音或音频文件；在此也可选择"PC 上的音频"命令，在弹出的"插入音频"对话框中选择所需的声音文件；若要现场录制声音，可以使用"录制音频"命令。插入音频后，幻灯片编辑区中将出现声音图标。

③ 选中声音图标或将光标悬浮于声音图标，下方会出现播放控制条，其可调整播放进度和音量等。

④ 选中声音图标，功能区右侧会出现【音频工具】选项卡，其下又有【格式】和【播放】两个选项卡。在【格式】选项卡中可以对声音图标的外观进行编辑处理。

（2）插入影像文件

① 在幻灯片窗格中选择要添加视频的幻灯片。

② 选择【插入】选项卡，在"媒体"功能组中选择"视频"，在下拉选项中选择相应的命令即可插入视频。

（3）创建 SmartArt 图形

SmartArt 图形提供了许多列表、流程图、组织结构图和关系图等模板，简化了复杂图形的创建过程，可以非常直观地表达层级、附属、并列和循环等常见关系。SmartArt 图形漂亮精美，且具有很强的立体感。选择【插入】选项卡，在"插图"功能组中选择"SmartArt"，可在弹出的"选择 SmartArt 图形"对话框中选择图形样式。

（4）用"节"管理幻灯片

在处理规模较大的演示文稿时，可以利用 PowerPoint 2016 提供的"节"功能来管理幻灯片，达到快速定位、分类和导航的目的。为幻灯片分节就像使用文件夹组织文件一样，可以通过划分并命名"节"将幻灯片按逻辑类别分组管理。每个节可以包含同类型的内容，不同节可以拥有不同的主题、切换方式等。

方法：选择【开始】选项卡，在"幻灯片"功能组中选择"节"，在下拉列表中选择相应的命令，可对节进行操作。对已分节的幻灯片，可以在普通视图、幻灯片浏览视图中查看。

2. 幻灯片的修饰

PowerPoint 控制幻灯片外观的方法有多种，可以使用系统提供的预设格式，也可以让用户自定义格式。

（1）背景设置

PowerPoint 2016 中可以更改幻灯片、备注页及讲义的背景设置。

① 设置单一颜色。选择一张或多张幻灯片，选择【设计】选项卡，在"自定义"功能组中选择"设置背景格式"，在幻灯片编辑区右侧出现"设置背景格式"窗格，选择"纯色填充"。

② 设置填充效果或图片。在"设置背景格式"对话框中也可选择"渐变填充""图片或纹理填充""图案填充"等填充方式。设置完成后，若单击对话框右上角的"关闭"按钮，则只对当前选中的幻灯片有效；若单击左下角的"全部应用"按钮，则所有幻灯片均采用此背景设置。

③ 设置备注页背景。打开演示文稿，选择一张幻灯片，选择【视图】选项卡，在"演示文稿视图"功能组中选择"备注页"，窗口变成备注页视图；然后选择【设计】选项卡，在"自定义"功能组中选择"设置背景格式"。

④ 设置讲义背景。打开演示文稿，选择【视图】选项卡，在"母版视图"功能组中选择"讲义母版"，窗口变成讲义母版视图；然后在【讲义母版】选项卡下单击"背景"对话框启动器按钮，在打开的"设置背景格式"窗格中设置背景。

（2）使用主题

主题是一组格式，是主题颜色、主题字体和主题效果三者的组合。应用主题可以简化演示文稿的创建过程，快速达到专业水准。

① 应用预置的主题样式。PowerPoint 2016 为用户提供了一套内置的主题样式，同一主题可以应用于整个演示文稿、演示文稿中的某一节或某张指定的幻灯片。

打开演示文稿，在【设计】选项卡"主题"功能组中显示了部分主题。单击"其他"按钮，单击下拉选项中的样式，即可将其应用到当前演示文稿中。

如果用户已知保存主题的位置，则可以选择"主题"下拉选项的"浏览主题"命令，在弹出的"选择主题或主题文档"对话框中选择所需的主题样式文件。

默认情况下，PowerPoint 2016 会将主题应用于整个演示文稿，若要将不同的主题应用于演示文稿中不同的幻灯片，可先选定幻灯片，然后在【设计】选项卡"主题"功能组中的某个主题上单击鼠标右键，在弹出的快捷菜单中选择"应用于选定幻灯片"。

② 设置主题颜色。主题颜色是指文件中使用的颜色集合。用户可以从【设计】选项

卡"变体"功能组的下拉选项中选择系统预设的主题颜色，也可以自定义主题颜色，以达到快速更改演示文稿主题颜色的目的。

③ 设置主题字体。应用了一种主题样式后，如果对所套用样式中的字体不满意，可以更改主题的字体样式。方法是：选择【设计】选项卡"变体"功能组中的"字体"。

④ 设置主题效果。主题效果是指应用于幻灯片中元素的视觉属性集合，是线条和填充效果的图形显示效果。通过使用主题效果库中的主题效果，可快速更改幻灯片中不同对象的外观，使其看起来更加专业、美观。方法是：选择【设计】选项卡"变体"功能组中的"效果"。

⑤ 设置背景样式。选择【设计】选项卡"变体"功能组中的"背景样式"，可以快速更改幻灯片背景格式。

⑥ 保存自定义主题。用户在自定义主题颜色、主题字体或主题效果后，若想将当前演示文稿中的主题用于其他文档，则可将其另存为主题，方法：选择【设计】选项卡，在"主题"功能组中选择"保存当前主题"，在弹出的"保存当前主题"对话框中设置好要保存文件的名称和文件存放位置。

3. 母版

母版主要分以下三类。

（1）幻灯片母版：用来控制幻灯片上输入的标题和文本的格式与类型。

（2）讲义母版：用于控制幻灯片以讲义形式打印的格式，如每页讲义中出现的页眉和页脚信息。

（3）备注母版：用于设置供演讲者使用的备注页版式及备注文字格式，进入母版视图后，可以编辑和修改母版。

使用母版的方法：打开演示文稿，选择【视图】选项卡，在"母版视图"功能组中选择"幻灯片母版"，或"讲义母版"和"备注母版"。

关闭母版的方法：单击功能组右侧的"关闭母版视图"按钮，或单击状态栏右侧的其他视图按钮，将退出母版视图并切换到其他视图方式。

4. 添加页眉和页脚

在幻灯片中，页眉和页脚信息包括幻灯片编号、演示日期、演示时间及其他相关信息。添加页眉和页脚的步骤如下。

（1）打开演示文稿，选择【插入】选项卡，在"文本"功能组中选择"页眉和页脚"。

（2）在弹出的"页眉和页脚"对话框中设置，完成后，单击"应用"按钮，应用于当前幻灯片；单击"全部应用"按钮，将页眉和页脚应用于所有幻灯片。

5. 职场优秀 PPT 特点

（1）内容精简

制作 PPT 时，在文本内容方面要选择好，必须要精简。切记文字不要烦琐、堆积。

（2）内容清晰

内容顺序清晰，如果我们在看 PPT 时完全不知道哪里是头、哪里是尾，那么这样的PPT 是失败的。

（3）禁止花里胡哨

要将动画完美地运用到PPT演讲中，比如，片头动画、逻辑动画、强调动画等。动画的作用是突出某个重要点和承接多个幻灯片，但切勿太多。

（4）图表很重要

图表可以直接将数据呈现出来，它能帮你实现数据的可视化效果。

（5）模板素材

好的PPT模板能够使一张幻灯片呈现出更好的效果，对制作过程来讲，也能够节省很多时间。在办公资源中可对多种PPT模板进行挑选，它们的风格场景颇多。

5.2.3 任务实施

1. 添加超链接

打开任务1中做好的"新员工培训"PPT文件，为幻灯片3中的SmartArt图形中每个形状添加超链接，链接到相应的幻灯片4、5、6、7、8、9、10。

步骤：选中左侧的第一个列表项形状对象，单击鼠标右键，在弹出的快捷菜单中选择"超链接"，弹出"插入超链接"对话框，选择左侧"链接到"列表框中的"本文档中的位置"，在右侧"请选择文档中的位置"中选择"4.公司历史/公司展望"，单击"确定"按钮。其他的超链接添加方法同上。

2. 为SmartArt图形添加动画效果

在幻灯片5中，参考样例效果，为SmartArt图形添加"淡出"的进入动画效果，效果选项为"一次级别"。

步骤：选中第5张幻灯片中SmartArt对象，单击【动画】选项卡下的"动画"功能组中的"淡出"进入动画效果，为SmartArt对象添加动画效果；然后单击右侧的"效果选项"按钮，在下拉列表中选择"一次级别"。

3. 为图表添加动画效果

在幻灯片9中为图表添加"擦除"的进入动画效果，方向为"自左侧"，序列为"按系列"，并删除图表背景部分的动画。

步骤1：选中第9张幻灯片中的图表对象，单击【动画】选项卡下的"动画"功能组中的"擦除"进入动画效果，单击右侧的"效果选项"按钮，在下拉列表中选择"方向/自左侧"，继续单击"效果选项"按钮，在下拉列表中选择"序列/按系列"。

步骤2：单击右侧"高级动画"功能组中的"动画窗格"按钮，弹出"动画窗格"窗口，展开所有项，选中第一项"1内容占位符"右侧的下拉按钮，在下拉列表中选择"删除"，设置完成后关闭"动画窗格"窗口。

4. 为每张幻灯片的对象添加动画效果

步骤1：为第1张幻灯片标题添加动画为"强调"中的"加粗闪烁"，"持续时间"

设置为03.00s，在"动画窗格"中将"开始动作"选择为"从上一项之后开始"。为副标题添加动画"进入"中的"淡出"，并设置动画开始于"从上一项之后开始"。

步骤2：为第4张幻灯片的文本框内容添加进入动画"缩放"，"效果选项"中选择"幻灯片中心"按"段落"，动画开始于"上一动画之后"，"持续时间"为00.50 s。

步骤3：为第9张幻灯片的表格添加"进入"中的"形状"，在"效果选项"中方向选择"切入"，形状选择"方框"；为标题对象添加进入时的"擦除"动画，在"效果选项"中方向选择"自右侧"，均为"单击时"触发动画。

步骤4：在第10张幻灯片中，为每一张图片及其对应的文字描述分别添加"动作路径"中的某种路线让每张图片移动到某一位置，文字的动作设置为"从上一项之后开始"。设置后的效果如图5-7所示（效果图中的动作路径在"其他动作路径"选项中）。

图5-7　动画添加示例

步骤5：为第11张幻灯片的图片添加"强调"动画中的"彩色脉冲"，在效果选项中选择一种颜色；为文本框对象添加"强调"动画中的"画笔颜色"，选择合适的画笔颜色，在"序列"中选择"按段落"。

▶▷ **多学一招**

如果要删除某动画效果，在动画列表中选定该动作后单击"删除"按钮即可。我们可以用预设的动作路径或绘制自定义路径，然后修改路径的起始位置及方向。

5. 添加动作按钮

在第8张幻灯片中插入一个返回"议程/主题"的动作按钮，并链接到第3张幻灯片。依照自己的喜好适当修改该按钮的大小、位置、颜色等。

步骤：选中第8张幻灯片，单击【插入】选项卡中"插图"功能组的"形状"按钮，在下拉框中选择"动作按钮：后退或前一项"，在幻灯片中画出按钮，在弹出的"操作设置"对话框中选择"超链接到"下拉列表中的"幻灯片"，在弹出的"超链接到幻灯片"对话框中单击"幻灯片标题"列表中的"3.议程/主题"，如图5-8所示，单击"确定"按钮，返回"操作设置"对话框，再单击"确定"按钮。

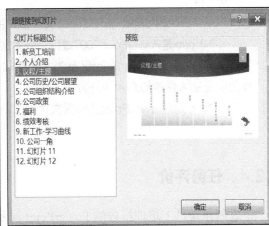

图5-8　动作按钮示例

6. 对幻灯片设置切换效果

步骤：先在【切换】选项卡中"切换到此幻灯片"功能组中选择"揭开"换片方式，并设置为"全部应用"。再选定第1张幻灯片，选择"闪光"换片方式，持续时间为2s。选定最后一张幻灯片，并选择切换的方式。

7. 放映设置与排练计时

步骤1：如果演讲者的陈述时间有限，则需为演示文稿设置排练计时。根据每张幻灯片内容的多少和讲解所用时间真实地演示整个过程以决定总体放映时间。

步骤2：根据自己的需要，自定义幻灯片放映的分组情况及放映顺序和时间长短。

步骤3：执行【幻灯片放映】选项卡下的"设置"功能组中的"设置幻灯片放映"，从中选择"观众自行浏览"，换片方式选择"如果存在排练时间，则使用它"。

步骤4：执行【幻灯片放映】选项卡下的"开始放映幻灯片"功能组中的"从头开始"或者"从当前幻灯片开始"命令，可观看幻灯片放映。如需修改，则可再回到幻灯片视图中进行修改。

步骤5：执行【幻灯片放映】选项卡下的"设置"功能组中的"录制幻灯片演示"命令，可以录制幻灯片演示过程。

8. 保存并打包文件

步骤1：单击【文件】，选择"另存为"，在弹出的对话框中先选择文件的保存位置，再在"保存类型"下拉列表中选择"PDF（*.pdf）"，可以将文件另存为PDF格式的文件。

步骤2：单击【文件】，选择"导出"，选择"创建视频"，可以将该文件导出为视频形式保存。

步骤3：单击【文件】，选择"另存为"，在弹出的对话框中先选择文件的保存位置，再在"保存类型"下拉列表中选择"PowerPoint放映（*.ppsx）"，可以将文件另存为放映文件。

PowerPoint中pptx、ppsx和pot文件格式的区别如下。

（1）pptx是PowerPoint 2007或以上版本文件保存格式，打开后可对文件直接编辑。

（2）ppsx是PowerPoint另存为文件格式，打开后直接全屏显示，不可编辑（即可作为防止别人修改幻灯片的好方法）。

（3）pot是PowerPoint的模板文件格式。

5.2.4 任务评价

完成制作新员工培训报告的 PowerPoint 演示文稿终稿任务需要从幻灯片中是否添加了动画及超链接等元素、幻灯片是否美化、PPT 布局整体效果、团队协作、内容所含的职业道德素质培养等方面进行综合评价，评价参考标准如表 5-2 所示。

表 5-2 评价参考标准

技能分类	测试项目	评价等级
基本能力	熟练掌握在演示文稿中添加动画、超链接的操作方法	
	熟练掌握幻灯片的美化方法	
职业能力	熟悉演示文稿的布局	
	能够将熟练的演示文稿操作能力应用于各种展示领域	
通用能力	自学能力、总结能力、协作能力、动手能力	
素质能力	通过新员工培训报告的演示文稿制作，培养职业协作行为、职业奉献行为、对工作积极认真，有责任感，具有基本的职业道德	
综合评价		

本章小结

本章以"任务驱动"教学模式介绍了演示文稿的编辑操作、插入对象、动画制作、布局等知识。通过学习，学生应重点掌握演示文稿的基本操作、布局美化的方法和技巧，将收集的资料按照设计思路制作成宣传片。演示文稿的制作要按照先制作后设置的原则进行，这样能够保持演示文稿风格的一致性。

思考与练习

一、选择题

1. 在 PowerPoint 中，下列关于幻灯片的占位符中插入文本的叙述正确的有（   ）。

A. 插入的文本一般不加限制

B. 插入的文本文件有很多条件

C. 标题文本插入在状态栏

D. 标题文本插入在备注区

2. 关于幻灯片母版操作，在标题区域或文本区添加每张幻灯片都能够共有文本的方法是（　　）。

A. 选择带有文本占位符的幻灯片版式

B. 单击直接输入

C. 使用文本框

D. 使用模板

3. 如果要弹出"插入声音"对话框，应选择（　　）。

A."媒体"组"视频"列表中的"文件中的视频（PC上的视频）"

B."媒体"组"音频"列表中的"文件中的音频（PC上的音频）"

C."媒体"组"音频"列表中的"剪贴画音频"

D. 以上答案均不对

4. 在 PowerPoint 中，可以改变单张幻灯片背景的（　　）。

A. 图案和字体　　　　　　　　B. 灰度、纹理和字体

C. 颜色、图案和纹理　　　　　D. 颜色和底纹

5. 在幻灯片的"动作设置"对话框中设置的超链接对象可以是（　　）。

A. 其他幻灯片　　　　　　　　B. 该幻灯片中的声音对象

C. 该幻灯片中的图形对象　　　D. 该幻灯片中的影片对象

6. 自定义动画时，以下不正确的说法是（　　）。

A. 各种对象均可设置动画

B. 动画设置后，先后顺序不可改变

C. 同时还可配置声音

D. 可将对象设置成播放后隐藏

7. 设置一个指向某一张幻灯片的动作按钮，选择"动作设置"对话框中的（　　）。

A."无动作"　　　　　　　　　B."播放声音"

C."超链接到"　　　　　　　　D."运行程序"

8. 在 PowerPoint 中可以为一个对象设置多个动画效果，使用（　　）。

A."动画"组的"效果选项"

B."动画"组的"动画样式"

C."高级动画"组的"添加动画"

D."高级动画"组的"动画窗格"

9. 如果要将当前幻灯片的切换效果应用于全部幻灯片，则可执行切换选项卡中的（　　）命令。

A. 剪切　　　　　　　　　　　B. 复制

C. 全部应用　　　　　　　　　D. 粘贴

10. 在一张幻灯片中，要将一张图及文本框设置成一致的动画显示效果，则（　　）是正确的。

A. 图片有动画效果，文本框没有动画效果

B. 图片没有动画效果，文本框有动画效果

C. 图片有动画效果，文本框也有动画效果

D. 图片没有动画效果，文本框也没有动画效果

二、操作题

某学校摄影社团在今年的摄影比赛结束后，希望可以借助 PowerPoint 将优秀作品在社团活动中进行展示。这些优秀的摄影作品保存在素材文件夹中，并以 Photo（1）.jpg ~ Photo（12）.jpg 命名。请按照如下需求，在 PowerPoint 中完成制作工作。

（1）利用 PowerPoint 应用程序创建一个相册，并包含 Photo（1）.jpg ~ Photo（12）.jpg 共 12 幅摄影作品。在每张幻灯片中包含 4 张图片，并将每幅图片设置为 "居中矩形阴影" 相框形状。

（2）设置相册主题为素材文件夹中的 "相册主题 .pptx" 样式。

（3）为相册中每张幻灯片设置不同的切换效果。

（4）在标题幻灯片后插入一张新的幻灯片，将该幻灯片设置为 "标题和内容" 版式。在该幻灯片的标题位置输入 "摄影社团优秀作品赏析"，并在该幻灯片的内容文本框中输入 3 行文字，分别为 "湖光春色""冰消雪融" 和 "田园风光"。

（5）将 "湖光春色""冰消雪融" 和 "田园风光" 3 行文字转换为 "蛇形图片重点列表" 的 SmartArt 对象，并将 Photo（1）.jpg、Photo（6）.jpg 和 Photo（9）.jpg 定义为该 SmartArt 对象的显示图片。

（6）为 SmartArt 对象添加自左至右的 "擦除" 进入动画效果，并要求在幻灯片放映时该 SmartArt 对象元素可以逐个显示。

（7）在 SmartArt 对象元素中添加幻灯片跳转链接，使得单击 "湖光春色" 标注形状可跳转至第 3 张幻灯片，单击 "冰消雪融" 标注形状可跳转至第 4 张幻灯片，单击 "田园风光" 标注形状可跳转至第 5 张幻灯片。

（8）将素材文件夹中的 "ELPHRGO1.wav" 声音文件作为该相册的背景音乐，并在幻灯片放映时即开始播放。

（9）将该相册保存为 "PowerPoint.pptx" 文件。

计算机网络应用技术

任务目标

1. 职业素质：团结协作，爱岗敬业，无私奉献，服务热情。
2. 掌握计算机网络、局域网、无线局域网的基本概念。
3. 熟悉 IP 地址的设置。
4. 掌握局域网中的基本组成及网络配置。
5. 掌握家庭宽带的接入方式及网络配置。
6. 掌握无线局域网的网络配置。

思维导图

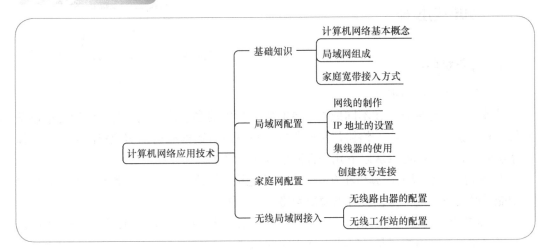

本章导读

　　本章主要介绍了目前流行的几种宽带接入技术，从应用角度讲述了典型宽带接入技术设计组网、设备安装配置等方面的内容。

　　通过宿舍局域网的网络配置、家庭局域网的网络配置、无线网络的网络配置 3 个具体的任务，介绍了局域网的基础知识、局域网中的硬件设备、局域网和互联网的连接、局域网的组建等内容。通过 3 个基础任务的训练，学生不仅能熟悉局域网组建相关的操作，还能学以致用，配置宿舍、家庭、办公室等环境的局域网。

局域网中计算机的网络配置

6.1.1 任务引入

在大学校园里的宿舍内，许多学生都有自己的计算机，随着应用需求的不断增加，如资源共享、共线上网、学习交流等，大家不再满足于单机的使用方式，组建宿舍局域网成为必然的选择。本次任务将完成宿舍局域网的组建。

宿舍多机局域网的结构大体如图 6-1 所示，各计算机之间用集线器或交换机连接。如果需要上网，可以用一台安装了双网卡的计算机作为代理服务器共线上网，也可使用路由器共享上网。

6.1.2 知识与技能

1. 计算机网络

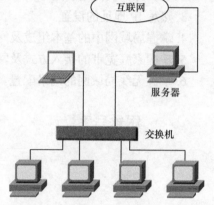

图6-1 宿舍多机局域网的结构

（1）计算机网络的定义

计算机网络是将分散在不同地点且具有独立功能的多个计算机系统，利用通信设备和线路相互连接起来，在网络协议和软件的支持下进行数据通信，实现资源共享的计算机系统的集合。具体可以从以下几个方面理解这个定义。

① 两台或两台以上计算机相互连接起来才能构成网络。网络中的各台计算机具有独立功能，既可以联网工作，又可以脱离网络独立工作。

② 如果计算机之间要通信、交换信息，就需要有某些约定和规则，这些约定和规则就是网络协议。网络协议是计算机网络工作的基础。

③ 网络中的各个计算机进行相互通信需要有一条通道及必要的通信设备。通道指网络传输介质，它可以是有线的（如双绞线、同轴电缆等），也可以是无线的（如激光、微波等）。通信设备是在计算机与通信线路之间按照一定通信协议传输数据的设备。

④ 计算机网络的主要目的是实现资源共享，使用户能够共享网络中的所有硬件、软件和数据资源。

（2）计算机网络的分类

计算机网络的种类很多，按照不同的分类标准，可把计算机网络分成不同的类型。

① 根据网络覆盖范围分类。

● 局域网（Local Area Network，LAN），地理覆盖范围通常在一千米至几千米，如一座办公楼、一所学校范围内的网络就属于局域网。

● 城域网（Metropolitan Area Network，MAN），地理覆盖范围为几千米至几十千米，是介于广域网和局域网之间的网络系统。

● 广域网（Wide Area Network，WAN），地理覆盖范围为几十千米到几千千米，又称远程网，可以遍布一个国家或一个洲。

● 因特网（Internet），是一个跨越全球的计算机互联网络，它将分布在世界每个角落的局域网、城域网和广域网连接起来，组成目前全球最大的计算机网络，实现全球资源共享。

② 根据网络通信介质的不同分类。

● 有线网：采用同轴电缆、双绞线、光纤等物理介质来传输数据的网络。

● 无线网：采用卫星、微波、激光等无线介质传输数据的网络。

③ 根据网络的拓扑结构分类。

拓扑结构是指网络的通信线路与各站点（计算机或网络通信设备）之间的几何排列形式。按网络拓扑结构分类，网络可划分为总线型网、星形网、环形网、树形网等。

2. 局域网的组成

局域网由网络硬件和网络软件两大部分组成。网络硬件主要包括服务器、网卡、调制解调器（Modem）、传输介质、连接部件、中继器、集线器、交换机、路由器等。网络软件是指网络操作系统。

（1）服务器

服务器是计算机的一种，它是网络上一种为客户端计算机提供各种服务的高性能计算机，它在网络操作系统的控制下，将与其相连的硬盘、打印机、调制解调器及昂贵的专用通信设备提供给网络上的客户站点，也能为网络用户提供集中计算、信息发表及数据管理等服务。

由于许多重要的数据都保存在服务器中，因此，网络服务都需要在服务器上运行，并且需要连续不断地长时间进行工作，因此需要服务器具有较高的稳定性和可靠性，一旦服务器发生了故障，将会丢失数据、停止服务，严重时甚至会造成网络的瘫痪。

（2）网卡

网卡又叫网络适配器或 NIC（Network Interface Card）。网卡是物理上连接计算机与网络的硬件设备，是计算机与局域网通信介质间的直接接口。如果一台计算机没有网卡，那么这台计算机将不能和其他计算机通信。

按网卡所支持带宽的不同，网卡可分为 10Mbit/s 网卡、100Mbit/s 网卡、10/100Mbit/s 自适应网卡、1000Mbit/s 网卡、10/100/1000Mbit/s 自适应网卡和 10000Mbit/s 网卡。

（3）集线器

集线器（Hub），也叫集中器，是以星形拓扑结构连接网络节点（如工作站、服务器等）的一种中枢网络设备，具有同时活动的多个输入和输出端口。局域网上所有网络设备通过网线与集线器连接，如图 6-2 所示。

人们购买集线器的时候通常会说是几口的集线器，这里的"口"指的就是集线器的

输入／输出端口数量。常见的有 4 口、8 口，16 口、24 口等（均是偶数个端口），如图 6-3
所示。

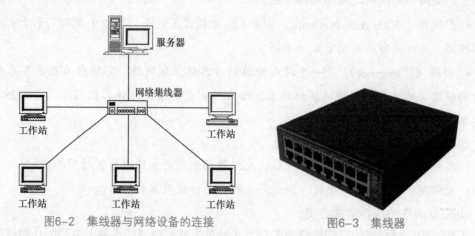

图6-2 集线器与网络设备的连接　　　　　　图6-3 集线器

按集线器所支持带宽的不同，可分为 10Mbit/s 集线器、100Mbit/s 集线器、10/
100Mbit/s 自适应集线器、10000Mbit/s 集线器等。需要注意的是，集线器的带宽必须与
网卡的带宽匹配。网络实际带宽取决于网络设备中带宽较小的部分，即所谓的瓶颈效应。
因此选择设备时一定要注意设备间的匹配与兼容。

传统集线器的通信效率不高，目前已逐步被另类特殊的集线器——交换式集线器（交
换机）所取代。但集线器价格便宜，在 8 台主机以下的小型网络中，交换机的优势并不
明显，使用集线器具有更高的性价比。

（4）交换机

交换机同样属于局域网内的集线设备，如图 6-4 所示。交换机是在传统集线器的基
础上发展而来的，但性能比集线器要好。集线
器的带宽是一定的，所连接的设备越多，每个
设备所分得的带宽就越少，而交换机的每个设
备都是独享带宽的。

图6-4 交换机

（5）传输介质

传输介质用来在网络中传输数据，连接各网络节点。目前共有 4 种基本的介质类型：
同轴电缆、双绞线、光纤电缆和无线电波。局域网内直接的连接一般采用双绞线连接，
网间远距离采用光纤连接。

（6）调制解调器

调制解调器，即俗称的猫，如图 6-5 所示，用于网络间不同介质的网络信号转接，
比如把 ADSL（非对称数字用户线路）、光纤、有线通等的网络信号转成标准的计算机网
络信号，即通过调制解调器可以实现网络信号与计算机之间的数据通信。

（7）路由器

典型情况下，路由器（如图 6-6 所示）用于网络信号的再分配，简单地说就是让一
根网络线连接更多的计算机。把调制解调器传出的连接计算机的那根网线插在路由器上，
路由器上有多个口，再分别连接不同的计算机。用路由器连接的几台计算机就组成了小
型"局域网"。

图6-5 调制解调器　　　　　　　　　　图6-6 路由器

3. IP 地址

IP 地址是 Internet 上的计算机的一个编号，每台联网的计算机上都需要有 IP 地址才能正常通信。接入 Internet 的计算机如同接入电话网的电话，每台计算机应有一个由授权机构分配的唯一号码标识，这个标识就是 IP 地址。IP 地址由 32 位二进制数组成。

（1）IP 地址的格式

IP 地址可表达为二进制格式或十进制格式，分为 4 段。二进制的 IP 地址格式为 ×.×.×.×，每个 × 为 8 位二进制数。例如：10000111.01101111.00000101.00011011。十进制的 IP 地址格式是将每 8 位二进制数用一个十进制数表示，并以小数点分隔，这种表示法叫作"点分十进制表示法"，显然这比全是 1、0 容易记忆。例如，上例用十进制格式可表示为 134.111.5.27。

（2）IP 地址的等级与分类

Internet 管理委员会将 IP 地址划分为 A、B、C、D、E 五类地址。其中 A、B、C 是基本类，D、E 类作为多播和保留使用，常用的是 B 和 C 两类。

IP 地址由网络号和主机号两部分组成。A、B、C 三类 IP 地址的网络号、主机号划分方式如表 6-1 所示。

表 6-1　A、B、C 三类 IP 地址的网络号、主机号划分方式

类别	网络号	主机号	地址范围（二进制）	地址范围（十进制）
A	IP 地址第一段最高位为 0	IP 地址后三段	00000001.00000000. 00000000.00000000 ~ 01111110.11111111. 11111111.11111110	1.0.0.0 ~ 126.255.255.254
B	IP 地址前两段最高位为 10	IP 地址后二段	10000000.00000000. 00000000.00000000 ~ 10111111.11111111. 11111111.11111110	128.0.0.0 ~ 191.255.255.254
C	IP 地址前三段最高位为 110	IP 地址后一段	11000000.00000000. 00000000.00000000 ~ 11011111.11111111. 11111111.11111110	192.0.0.0 ~ 223.255.255.254

（3）子网掩码

子网掩码是一个 32 位的数字，其作用是声明 IP 地址的哪些位为网络地址，哪些位为主机地址。TCP/IP 利用子网掩码判断目标主机地址是位于本地网络还是位于远程网络。

表 6-2 列出了 A、B、C 三类网络的子网掩码。从中可以看出，掩码中为 1 的位表示 IP 地址中相应的位为网络标识号，为 0 的位则表示 IP 地址中相应的位为主机标识号。

表6-2　A、B、C 三类网络的子网掩码

类别	二进制	十进制
A	11111111.00000000.00000000.00000000	255.0.0.0
B	11111111.11111111.00000000.00000000	255.255.0.0
C	11111111.11111111.11111111.00000000	255.255.255.0

6.1.3 任务实施

1. 设计方案

将宿舍内的 8 台计算机通过集线器组成一个小型局域网，实现资源共享，如图 6-7 所示。如果需要上网，集线器需要和路由器相连，再连接校园网，如图 6-8 所示。

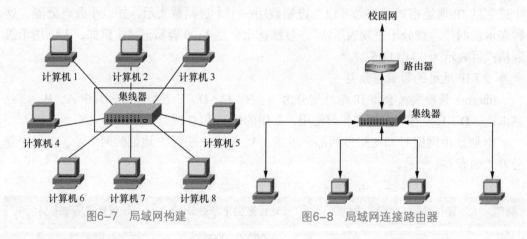

图6-7　局域网构建　　　　　　图6-8　局域网连接路由器

2. 网线的制作

制作网线指的是将 RJ-45 接头（水晶头）安装在双绞线上，具体方法如下。

材料准备：双绞线、RJ-45 接头（水晶头）、压线钳、双绞线测试仪。

步骤 1：用压线钳将双绞线一端的外皮剥去 3cm，然后将线芯按照橙白、橙、白绿、蓝、白蓝、绿、白棕、棕标准顺序将线芯捋直并拢，如图 6-9 所示。

步骤 2：将芯线放到压线钳切刀处，8 根线芯要在同一平面上并拢，在一定的线芯长度（约 1.5cm）处剪齐，如图 6-10 所示。

图6-9　线芯排列

图6-10　剪线

步骤 3：将双绞线插入 RJ-45 水晶头中，插入过程力度均衡直到插到尽头，并且检查 8 根线芯是否已经全部充分、整齐地排列在水晶头里面，如图 6-11 所示。

步骤 4：用压线钳用力压紧水晶头，抽出即可，如图 6-12 所示。用同样方法制作另一端网线。

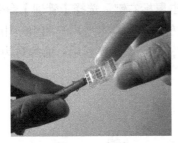
图6-11　插线

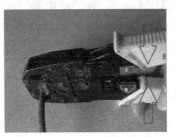
图6-12　压紧水晶头

步骤 5：把网线的两头分别插到双绞线测试仪上，如果网线正常，两排的指示灯都是同步亮的，如果有灯没有亮，则证明该线芯连接有问题，应重新制作。

3. IP 设置

为宿舍内的 8 台计算机设置不同的 IP 地址，同时确保其在相同的网段内。

步骤 1：在计算机 A 中打开"网络连接"窗口，右键单击"本地连接"图标，在弹出的快捷菜单中选择"属性"命令。

步骤 2：在弹出的对话框中选择"Internet 协议版本 4（TCP/IPv4）"，并单击"属性"按钮，如图 6-13 所示。

步骤 3：在弹出的对话框中手动设置 IP 地址，如图 6-14 所示。其中 IP 地址的最后一部分可以在 0 ～ 255 任意选择。

图6-13　网络设置

图6-14　IP设置

> **提示**
>
> 如果仅仅是设置局域网，不需要上网，则可以不设置"默认网关"和"DNS服务器"。如果需要上网，则"默认网关"和"DNS服务器"都设置成路由器的IP地址。

步骤 4：用同样的方法设置其他计算机的 IP 地址，注意 IP 地址最后一部分不能相同。

步骤 5：用网线将 8 台计算机与集线器相连，局域网设置完毕。

步骤 6：为实现文件共享，需要将 8 台计算机设置在相同的工作组。在"此电脑"上单击鼠标右键，在弹出的快捷菜单中选择"属性"命令，在弹出的对话框中设置"工作组"名称，并把 8 台计算机改为相同的工作组名称，如图 6-15 所示。

步骤 7：启用 Guest。在"此电脑"上单击鼠标右键，选择【管理】命令，出现"计算机管理"界面，如图 6-16 所示。在该界面左侧选择"本地用户和组→用户"，在右侧的"Guest"上双击，弹出图 6-17 所示的界面，将"账户已禁用"前的对钩去掉。

图6-15　工作组名设置

图6-16　计算机管理

步骤 8：启用文件共享。在"控制面板"中选择"网络和 Internet"，在界面右侧选择"网络和共享中心"，在界面左侧选择"高级共享设置"，出现图 6-18 所示界面。在界面中选择"启用文件和打印机共享"。

图6-17　启用 Guset

图6-18　启用文件和打印共享

步骤 9：设置文件夹共享。找到所需要共享的文件夹，单击右键选择"属性"，在属性对话框中选择"共享"选项卡，然后单击"高级共享"，在该界面中选择"共享此文件夹"并设置"权限"。

步骤 10：访问共享文件夹。打开网上邻居，双击需要访问的计算机，即可看到共享文件夹。

6.1.4　任务评价

完成组建宿舍小型局域网任务需要从网线制作、IP 设置、处理故障、团队协作、素质能力等方面进行综合评价，评价参考标准如表 6-3 所示。

表 6–3　评价参考标准

技能分类	测试项目	评价等级
基本能力	认识局域网硬件设备	
	熟练进行网线的制作	
职业能力	熟悉 IP 地址的设置	
	根据工作需要，组建小型局域网	
	具备一定的故障处理能力	
通用能力	自学能力、总结能力、协作能力、动手能力	
素质能力	小组协同进行网线制作，培养学生解决问题、团结协作的能力	
综合评价		

任务 2　》　家庭宽带计算机的网络配置

6.2.1　任务引入

在家上网已经成为各个家庭普遍的需求，近几年来，随着信息家庭宽带计算机的网络配置业务的快速增长，特别是 Internet 的迅猛发展，人们对传输速率提出了越来越高的要求，家庭宽带接入技术也因此得到了迅速的发展，并呈现出多样化的特征。本任务主要实现 ADSL 接入方式。

6.2.2　知识与技能

1. Modem 方式

Modem 是一种将计算机连接到公共交换电话网络上的数据通信方式。采用该方式上网的优点是原始投入小，只要有一台计算机、一个 Modem，一部电话即可，其缺点是上网速率低。最高速率为 56kbit/s。

2. ADSL 接入

ADSL（Asymmetric Digital Subscriber Line，非对称数字用户线路）利用现有的电话线网络，在线路两端加装该设备，就可为用户提供高宽带服务。另外，ADSL 方式使上网和打电话可同时进行，互不影响，也为用户生活带来了便利。

3. Cable Mode 方式

Cable Mode 方式利用有线电视网进行数据传输，Cable Mode 是连接有线电视同轴电缆与用户计算机之间的中间设备。其优点是可利用已有的有线电视网，只需要对同轴电缆网进行双向改造；缺点是系统调试较为复杂，不可预见因素多。

4. 电力"猫"方式

目前，此项技术尚处在试用阶段，不久后或许会成为家庭上网的新选择。该方式把传输电流的电线作为通信载体，只要在房间任何有电源插座的地方，不用拨号，就可立即享受 4.5 ~ 45Mbit/s 的高速网络接入，从而浏览网页、拨打电话或观看在线电影。另外，这种方式可将房屋内的电话、电视、音响、冰箱等家电通过 PLC 连接起来，进行集中控制，实现"智能家庭"的梦想。

6.2.3　任务实施

步骤 1：电信运营商开通宽带服务。目前国内的两大电信运营商是中国电信、中国网通（后并入中国联通），用户开通宽带服务后，电信运营商会给予宽带的账号和密码。

步骤 2：准备网线、Modem（电信运营商提供）、电话线（电信运营商提供）、计算机主机。

步骤 3：将电话线接入"猫"的电话线接口处，网线的一端接入"猫"的网线接口处，另一端接入计算机主机。

步骤 4：为计算机创建拨号连接。

右键单击"网上邻居"，选择"属性"，在弹出的窗口中选择"创建一个新的连接"，打开网络连接向导，如图 6-19 所示。依次单击"下一步"按钮，选择"连接到 Internet"，如图 6-20 所示，单击"下一步"按钮。

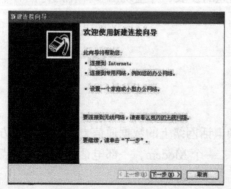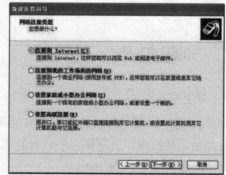

图6-19　连接向导（1）　　　　　　图6-20　连接向导（2）

在图 6-21 中选择"手动设置我的连接"，在弹出的窗口中选择"用要求用户名和密码的宽带连接来连接"。单击"下一步"按钮。

在图 6-22 中输入 ISP 名称，该名称为任意名称，继续单击"下一步"按钮。

在图 6-23 中输入电信运营商提供的宽带账号和密码，单击"下一步"按钮。

在图 6-24 中添加此连接的桌面快捷方式，完成新建连接。

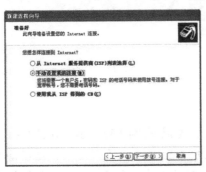
图6-21 连接向导（3）

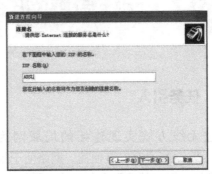
图6-22 连接向导（4）

图6-23 连接向导（5）

图6-24 连接向导（6）

6.2.4 任务评价

完成家庭宽带计算机的网络配置任务需要从接入设置、处理故障、团队协作、素质能力等方面进行综合评价，评价参考标准如表 6-4 所示。

表 6-4 评价参考标准

技能分类	测试项目	评价等级
基本能力	熟悉家庭宽带接入方式	
	熟悉家庭宽带接入的设置方法	
职业能力	能够进行家庭宽带的网络设置	
	具备一定的故障处理能力	
通用能力	自学能力、总结能力、协作能力、动手能力	
素质能力	通过设置家庭宽带网络，培养学生解决问题、团结协作的能力	
综合评价		

任务 3 ❱ 无线局域网的接入

6.3.1 任务引入

通过无线方式实现连接的局域网为无线局域网（Wireless Local Area Network，WLAN）。WLAN 具有安装便捷、网络便于规划调整、故障定位容易、网络设备不受位置限制等优势，因此其发展十分迅速。虽然 WLAN 也存在一些不足，比如其依靠无线电波进行传输，建筑物、车辆、树木和其他障碍物都有可能阻碍电磁波的传输，会影响网络的性能，同时无线信道的传输速率与有线信道相比要低得多。但目前无线局域网已经成为企业、医院、商店、工厂和学校等的首选网络接入方式。下面将以集中式无线局域网的组建为例来介绍接入无线局域网的操作步骤。

6.3.2 知识与技能

1. 无线局域网硬件

无线局域网与有线网络所使用的传输介质和设备不同，组建局域网一般需要以下硬件。

（1）无线网卡

无线网卡相当于有线网络中的以太网。对于台式计算机，可以选择 PCI 或 USB 接口的无线网卡；对于笔记本电脑，则可以选择内置的 MiniPCI，以及外置的 PCMCIA 和 USB 接口的无线网卡。

（2）无线 AP

AP 是 WLAN 的核心设备，是 WLAN 用户设备进入有线网络的接入点，它也称无线网桥、无线网关等。每个 AP 基本都有一个以太网口，用于实现无线与有线的对接。

（3）无线路由器

无线路由器是无线 AP 与路由器的结合，除了集线功能，还能管理用户网络、分配 IP 地址和实现共享上网。

2. 无线局域网结构

（1）对等式无线网络

对等式无线网络结构简单，组建方便，但功能较弱，容纳计算机数量少。网络信息由无线网卡直接传给另一台计算机的无线网卡。覆盖范围受网卡功率限制。组建无线对等网络只需要无线网卡就够了，不需要其他无线设备，一般用于两三台计算机间的无线连接，其结构原理如图 6-25 所示。

（2）集中式无线网络

集中式无线网络由一个无线路由器和若干个装备了
无线网卡的计算机组成。所有网络信息由计算机网卡发
送给无线路由器，再由路由器转发到其他计算机上。但

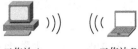

工作站 A　　　　工作站 B

图6-25　对等式无线网络结构原理

信息不能直接由计算机发送给计算机。所有的计算机无线网卡都必须位于无线路由器覆盖
范围内，传输距离受路由器功率限制，其结构原理如图 6-26 所示。

（3）漫游式无线网络

漫游式无线网络是集中式无线网络的扩展，类似于移动电话网络，拥有多个无线 AP
或路由器，组成无缝连接的大覆盖范围网络。用户工作站在任一部分都可以接入网络，并
且可以自由地在网络覆盖范围内移动，无线网卡会根据信号的强弱自动在无线 AP 间切换，
而不需要用户手动配置，也不会引起网络中断。漫游式无线网络弥补了无线局域网的最大
缺陷——覆盖范围小。在 IP 地址足够的情况下，可以接入任意多的无线 AP，将网络覆盖
范围扩大到所需的大小，其结构原理如图 6-27 所示。

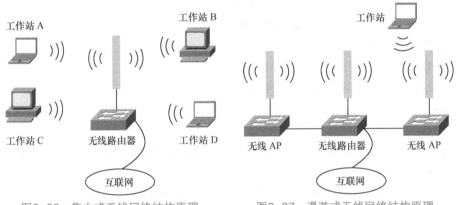

图6-26　集中式无线网络结构原理　　　图6-27　漫游式无线网络结构原理

6.3.3　任务实施

集中式无线局域网是宿舍、办公室、家庭等小范围内首选的无线局域网，下面将以
集中式无线局网的组建为例介绍接入无线局域网的操作步骤。

组建集中式无线局域网的主要工作是无线路由器配置和无线客户机配置。

1. 无线路由器的配置

无线路由器的内部已经被厂商设定好，一般不需要另外加驱动，但一些基本的配置
还是需要手动设定的。

步骤 1 : 关闭网络中的所有无线设备以避免干扰，很多时候因为用户没有关闭未使
用的设备会产生 IP 地址冲突，造成一些莫名其妙的故障。

步骤 2 : 将一台安装了有线网卡的计算机作为管理机，通过直通双绞线与无线路由
器上的以太网口相连，打开无线路由器的电源开关。

步骤3：根据无线路由器的说明书，将管理机的 IP 地址设置为与无线路由器在同一网段中，例如 192.168.1.××（×× 范围是 2 ~ 254），子网掩码为 255.255.255.0，默认网关为 192.168.1.1（路由器地址）。

> **提示**
>
> 若无线路由器具有DHCP（动态主机配置协议）功能，并已经打开，管理机的IP地址可设置为"自动获得IP地址"，这样，路由器内置的DHCP服务器会自动为管理机分配IP地址，这个地址一定与无线路由器在同一网段中。

步骤4：在管理机上打开一个 IE 浏览器窗口，在地址栏中输入 "http://192.168.1.1" 就会进入路由器管理登录界面，如图 6-28 所示。输入默认密码（在无线路由器的说明书上或是路由器的背面都可以找到）。密码一般默认是 admin 或 123456。

步骤5：登录成功后，将在浏览器中出现管理界面。为了方便用户，网站会自动启动"设置向导"功能来完成无线路由器配置，单击"下一步"按钮。

步骤6：选择上网方式，这里选中"让路由器自动选择上网方式（推荐）"单选按钮，让路由器自动选择最合适的上网方式，再单击"下一步"按钮。

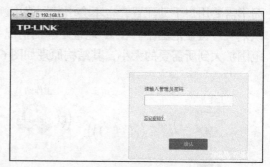

图6-28　路由器管理登录界面

步骤7：进入环境检测，检测完成后，填写网络服务商提供的 ADSL 上网账号和上网口令，再单击"下一步"按钮。

步骤8：在进入的网页中设置无线路由器无线网络的基本信息及无线路由器安全，设置完毕后，单击"保存"按钮。完成无线路由器的基本配置。

2. 无线工作站的配置

步骤1：在计算机 A 中打开"网络连接"窗口，右键单击"本地连接"图标，在弹出的快捷菜单中选择"属性"命令。

步骤2：在弹出的对话框中选择"Internet 协议版本 4（ TCP/IPv4 ）"，并单击"属性"按钮，如图 6-29 所示。

步骤3：在"常规"选项卡设置无线网卡的 IP 地址，如果无线路由器开启了 DHCP 功能，只需要选中"自动获得 IP 地址"和"自动获得 DNS 服务器地址"，从无线路由器上获取配置信息即可，如图 6-30 所示。如果无线路由器没有开启 DHCP 功能，需要为网卡设置一个与路由器同一网段的 IP 地址。

步骤4：如果路由器的连接信号没有问题，新设置的网络会显示在可用网络中。下面就使用该网络进行联网，方法是在任务栏通知区单击"网络"图标，接着在打开的列表中单击网络名称，并从打开的列表中单击"连接"按钮，如图 6-31 所示。

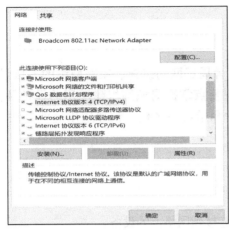

图6-29 网络设置

图6-30 IP设置

图6-31 连接无线网络

步骤5：开始连接到互联网，联网成功后，通知区中的"网络"图标将由"未连接"状态变成"连接可用"状态。

步骤6：如果是其他用户通过该无线网络进行上网，在单击"连接"按钮后，则会弹出输入密码的对话框，输入正确的密码，即可联网。

6.3.4 任务评价

完成无线局域网接入任务需从接入设置、无线路由设置、团队协作、素质能力等方面进行综合评价，评价参考标准如表6-5所示。

表6-5 评价参考标准

技能分类	测试项目	评价等级
基本能力	熟悉无线局域网的相关硬件	
	熟悉无线局域网的接入设置方法	
职业能力	能够进行无线路由、工作站的设置	
	具备一定的故障处理能力	
通用能力	自学能力、总结能力、协作能力、动手能力	
素质能力	通过学习无线局域网的接入，培养学生解决实际问题的能力	
综合评价		

本章小结

本章以"任务驱动"教学模式介绍了宿舍局域网的组建、家庭网络的连接设置、无线局域网的接入设置。通过学习,学生应重点掌握局域网组建所用的设备及其设置方法,网线的制作方法,从而在日常生活和学习中轻松、快速应用这些方法。

思考与练习

一、选择题

1. 下列选项中,(　　　)是将单个计算机连接到网络上的设备。
    A. 显卡　　　　　B. 网卡　　　　　C. 路由器　　　　　　D. 网关

2. 为了将服务器、工作站连接到网络中,需要在网络通信介质和智能设备间用网络接口设备进行物理连接,局域网中多由(　　　)来实现这一功能。
    A. 网卡　　　　　　　　　　B. 调制解调器
    C. 网关　　　　　　　　　　D. 网桥

3. 计算机网络通信中传输的是(　　　)。
    A. 数字信号　　　　　　　　B. 模拟信号
    C. 数字或模拟信号　　　　　D. 数字脉冲

4. Hub 是(　　　)。
    A. 网卡　　　　　B. 交换机　　　　C. 集线器　　　　　D. 路由器

5. 下列关于计算机网络的叙述中,错误的是(　　　)。
    A. 构成计算机网络的计算机系统在地理上是分散的
    B. 构成计算机网络的计算机系统是能够独立运行的
    C. 计算机网络中的计算机系统利用通信线路和通信设备连接
    D. 计算机网络是一个硬件系统,无须安装软件

6. 下列关于 DNS 的叙述错误的是(　　　)。
    A. 子节点能识别父节点的 IP 地址
    B. DNS 采用客户服务器工作模式
    C. 域名的命名原则是采用层次结构的命名树
    D. 域名不能反映计算机所在的物理地址

7. 计算机网络可以(　　　)。
    A. 提高计算机运行速度　　　B. 连接多台计算机
    C. 共享软、硬件和数据资源　D. 实现分布处理

8. 下列 IP 地址中,(　　　)是 B 类地址。
    A. 10.10.10.1　　　　　　　B. 191.168.0.1
    C. 192.168.0.1　　　　　　 D. 202.113.0.1

9. 局域网与广域网、广域网与广域网的互联是通过(　　　)设备实现的。
    A. 服务器　　　B. 网桥　　　　C. 路由器　　　　　D. 交换机

10. 常用的数据传输单位有 kbit/s、Mbit/s、Gbit/s，1Gbit/s=(　　　)。

　　A. 10^3Mbit/s　　　B. 10^3kbit/s　　　C. 10^6Mbit/s　　　　　D. 10^9Mbit/s

二、操作题

　　1. 如何查看本机的 IP 地址？

　　2. 如何设置 TCP/IP？

　　3. 在局域网中，在 IP 地址为 192.168.1.2 的主机上，如何测试其是否与 IP 地址为 192.168.1.1 的主机连通？

　　4. 如何将桌面上的计算机网络文件夹复制到 D 盘的根目录下，将 D:\计算机网络\图片\风景 1.jpg 文件设为共享？

三、应用题

　　1. 简述网线的制作过程。

　　2. 比较路由器和交换机的区别与联系？

　　3. 什么是子网掩码，它有什么作用？

任务目标

1. 职业素质：坚持正确的理论立场，遵守职业规范；具有正确的舆论导向，实事求是，诚实守信；具有敏锐的热点捕捉能力，具备较高的审美能力；团结协作，爱岗敬业，尊重知识产权。

2. 熟悉多媒体图像处理基本技术——Photoshop 软件的启动和退出；熟悉 Photoshop CC 窗口界面的组成；熟悉 Photoshop CC 文档的建立、打开及保存等基本操作。

3. 掌握各种常用工具的使用方法、选区创建与处理、图层应用等技巧。

4. 掌握多媒体音 / 视频编辑与处理技术——Premiere Pro 软件的启动和退出；熟悉 Premiere Pro 2020 窗口界面的组成；熟悉 Premiere Pro 2020 文档的建立、打开及保存等基本操作。

5. 掌握软件的项目创建管理与发布、素材导入和剪辑、时间线关键帧创建、视频转场与效果、字幕创建与编辑、音频处理等技能。

思维导图

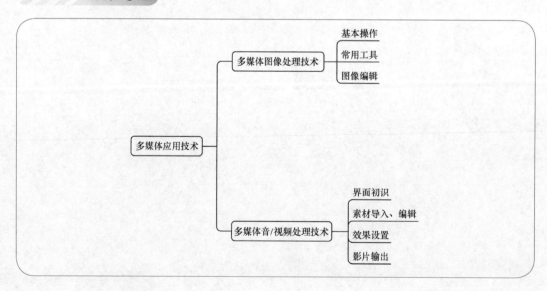

本章导读

媒体是我们用来传递和获取信息的媒介（工具、渠道、载体、中介物等）。随着互联网的高速发展，较之以前从书籍、报纸、杂志等媒体上获取信息，现在人们更为习惯借助互联网形成的新兴多媒体（微信、微博、抖音、今日头条等）来传递和获取信息。

多媒体技术主要针对各类信息（图形、图像、影音、声讯、动画等）进行相关的技术处理，以最直观的方式呈现在人们面前，从而给人们带来直观的体验。其应用主要表现在图文设计、视频编辑、动画设计，以及音频编辑等方面。多媒体技术的发展和应用，正在对信息社会及人们的工作、学习和生活产生着重大影响。

企业不同的宣传形式贯穿本章内容，通过任务1、任务2这两个基础任务的训练，学生可以熟悉 Photoshop CC、Premiere Pro 2020 软件的基本环境，了解常见的图像、音频、视频等媒体信息的构成，掌握多媒体处理技术，能够制作与编辑数字图像和数字音/视频，从而最终建立与网络数字传播实践要求相适应的数字媒体应用能力体系。

任务 1 》 制作企业宣传卡

7.1.1 任务引入

晓晗是某旅行社宣传策划部工作人员，现需要为企业设计宣传名片，本任务最终实现的宣传卡如图 7-1 所示。

7.1.2 知识与技能

1. 区分图形与图像

（1）基本概念

图形是指由外部轮廓线条构成的矢量图，即由计算机绘制的直线、圆、矩形、曲线、图表等；而图像是由扫描仪、摄像机等输入设备捕捉实际的画面，从而产生的数字图像，是由像素点阵构成的位图。

（2）数据描述

图形：用一组指令集合来描述图形的内容，如描述构

图7-1 企业宣传卡制作示意

成该图的各种图元位置维数、形状等。描述对象可任意缩放不会失真。

图像：用数字任意描述像素点、强度和颜色。描述信息文件存储量较大，所描述对象在缩放过程中会损失细节或产生锯齿。

（3）屏幕显示

图形：使用专门软件将描述图形的指令转换成屏幕上显示的形状和颜色。

图像：将对象以一定的分辨率分辨后将每个点的色彩信息以数字化方式呈现，可直接快速在屏幕上显示。

（4）适用场合

图形：描述轮廓简洁，色彩不是很丰富的对象，如几何图形、工程图纸、CAD 等。

图像：表现含有大量细节（如明暗变化、场景复杂、轮廓色彩丰富）的对象，如照片、绘图等，通过图像软件可进行复杂图像的处理以得到更清晰的图像或产生特殊效果。

（5）编辑处理

图形：通常用 Draw 程序编辑，产生矢量图形，可对矢量图形及图元独立进行移动、缩放、旋转和扭曲等变换，主要参数是用来描述图元的位置、维数和形状的指令。

图像：用图像处理软件（Paint、Brush、Photoshop 等）对输入的图像进行编辑处理，主要是对位图文件及相应的调色板文件进行常规性的加工和编辑。但不能对某一部分控制变换。由于位图占用存储空间较大，一般要进行数据压缩。

2. 常用的图像文件存储格式

（1）PSD、PDD

Photoshop 格式是针对 PS 软件的专有格式，支持图层对图像进行特殊处理，但由于一些图形处理软件不支持该格式，因而无法浏览，通用性不强。

（2）JPEG（*.jpg）

JPEG 格式是 Photoshop 支持的一种文件格式，是一种压缩方案。不支持图层，如果将拼接的照片存储为 JPEG 格式，则所有图层合并为背景，不能再用 Photoshop 继续编辑。

（3）PNG

在 Web 上显示图像的文件格式。常用于镂空效果、不同程度的半透明效果存储格式。

（4）GIF

网络用的图片轮播动画格式，常将视频改为该动画格式方便浏览，存储时选择"Web 所有格式"中的 GIF 格式。

（5）TIF

标签图像格式，支持图层，可以制作质量非常高的图像，因而经常用于出版印刷。

3. 图像的基本属性

（1）图像的分辨率

分辨率表示图像中像素点的密度，单位是 dpi（Dot Per Inch），表示每英寸像素点的数量。图像分辨率越高，包含的像素越多，表现细节就越清楚。但分辨率高的图像占用磁盘空间大，传送和显示速度慢，所以应该根据实际情况选择合适的图像分辨率。

（2）图像的颜色深度

表示一个像素需要的二进制数的位数叫作颜色深度。颜色深度越高，可以描述的颜色数量就越多，图像的质量越好。但颜色深度高的图像占用磁盘空间大，传送和显示速度慢，所以应该根据实际情况选择合适的颜色深度。

4. 工作界面

Photoshop CC 的工作界面主要由菜单栏、工具箱、属性栏、状态栏和控制面板组成，如图 7-2 所示。

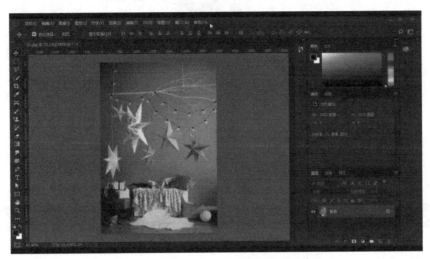

图7-2　Photoshop CC工作界面示意

（1）菜单栏

菜单栏包含 11 种菜单项（文件、编辑、图像、图层、文字、选择、滤镜、3D、视图、窗口、帮助），如图 7-3 所示。利用菜单命令可以完成图像的编辑、色带调整、添加滤镜效果等操作。

图7-3　Photoshop CC菜单栏示意

（2）工具箱

工具箱位于界面左侧，包含 Photoshop 的各种图形绘制和图像处理工具，如图 7-4 所示，如对图像进行编辑、选择移动绘制查看的工具、在图像中输入文字的工具等。大部分工具右下侧都有一个黑色的小三角，右键单击该工具图标即可将与这个工具类似且隐藏的工具显示出来。

（3）属性栏

属性栏位于菜单栏的下方，显示工具箱中当前选择工具按钮的参数和选项设置，可以通过属性栏对工具进行进一步的设置。选择不同的按钮，属性栏中显示的选项与参数也各不相同。Photoshop CC 属性栏示意如图 7-5 所示。

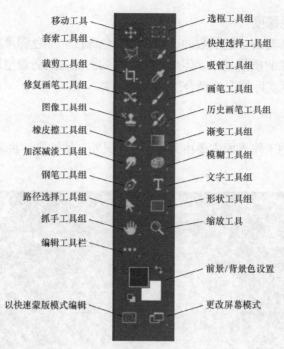

图7-4　Photoshop CC工具箱示意

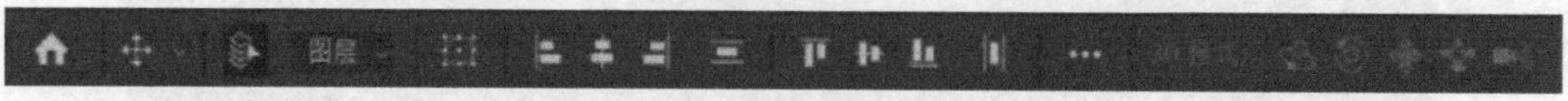

移动工具
套索工具组
裁剪工具组
修复画笔工具组
图像工具组
橡皮擦工具组
加深减淡工具组
钢笔工具组
路径选择工具组
抓手工具组
编辑工具栏
以快速蒙版模式编辑

选框工具组
快速选择工具组
吸管工具组
画笔工具组
历史画笔工具组
渐变工具组
模糊工具组
文字工具组
形状工具组
缩放工具
前景/背景色设置
更改屏幕模式

图7-5　Photoshop CC属性栏示意

（4）控制面板

控制面板位于界面右侧，包括图层、通道、路径面板、历史记录、动作、字符等。Photoshop CC 控制面板示意如图 7-6 所示。

5. 图像的选取

图像处理经常要操作图像的某一部分，从原始图像上选取要操作的一部分，即操作区域，特别是在复杂背景下，快速、精确地选取图像也就变得十分重要。

（1）选择工具组

选取工具包括区域选择工具、套索工具、魔术棒工具。

矩形和椭圆选取工具：单击选取按钮▓或◯，鼠标光标在图层上变为"+"字形，拖动鼠标光标可在图像中画出一个矩形区域或椭圆形区域。所选区域中的线变为高亮虚线。

图7-6　Photoshop CC控制面板示意

套索工具：用于选取不规则图形区域，它以徒手画的方式描绘出不规则形状的选取区域。

多边形套索工具▓：可以在图像中选取出不规则的多边图形。将鼠标光标移到选取区域起点处单击，然后在每一结点处单击以确定每一条直线。当回到起点时，光标下出现一个小圆圈，表示选择区域已封闭，再单击鼠标键完成操作。

磁性套索▨：可识别边缘的套索工具。可在图像中选出形状不规则，但颜色和背景颜色反差较大的区域。选中▨按钮，单击选取区域起点，然后沿图像边缘移动鼠标光标（无须按住鼠标），回到起点时鼠标光标的右下角出现小圆圈，表示区域已封闭，再次单击鼠标键即可。

魔术棒▨：可以用来选取图像中颜色相似的区域。当用魔术棒单击图像上某点时，与该点颜色相似的区域将被选中。通过设定魔术棒任务面板中的容差值，可以控制其颜色的相似程度。

注意：在处理选取区域时，只能编辑选区内部分（画布上唯一被激活的内容）。若要编辑其他区域，必须先取消该选取区域。取消选取区域只需要用任何一种选取框工具单击选取区域以外的任何地方，或者按【Ctrl+D】组合键来取消。

（2）选区操作

① 单击菜单栏的【选择】，打开选择菜单。要选择整张图片，就选"全部"，或用快捷组合键【Ctrl+A】。要取消当前的选择，按快捷组合键【Ctrl+D】。取消后要重新选择该选区，可使用快捷组合键【Shift+Ctrl+D】。

② 移动选区：选择移动工具▸₊，将选区内的图像移动到其他位置。

③ 反选：选择被选取区域外的区域，可使用快捷组合键【Shift+Ctrl+I】。

④ 色彩范围：执行菜单栏的"选择→色彩范围"可以选择整个图形中的相近颜色。

⑤ 修改：包含扩展、收缩、边界、平滑4个选项。扩展：选区扩展开；收缩：选区收缩；边界：选区形成一个双线的框；平滑：原来直角的选区形成圆角。

⑥ 扩大选取和选取相似：用魔术棒工具选择一个区域，用扩大选取，可以选取相邻的相近颜色。用选取相似，可以选择整张图片上颜色相近的区域。

⑦ 变换选区：可以对选区进行放大、缩小和旋转操作。

⑧ 羽化：柔化选择区域的边缘，产生一个渐变过渡。

⑨ 填充和描边：打开菜单栏的【编辑】菜单，可以看到填充和描边功能。建立一个选区，选择"填充"。填充内容可以使用前景色、背景色、自己选择的颜色，还可以进行图案填充。描边则是对选区的边缘进行描绘。

⑩ 自定义图案：可以把一张图片定义为图案，在填充的时候用这个图案填充选区。

6. 图像的绘制

（1）画笔工具组

画笔工具组包含画笔工具、铅笔工具、颜色替换工具、混合器画笔工具4种。其中默认的"画笔工具"可以使用前景色绘制出各种线条。

使用画笔前，首先要设置前景色，然后单击工具箱中"画笔工具"图标（快捷键B），单击"选项栏"中的"画笔预设"的下拉箭头，在打开的"画笔预设选取器"中进行设置，如图7-7所示。用画笔在图像区域画出自己想要的线条。

画笔预设选取器的参数如下。

① 大小：调节画笔笔尖的大小。

② 硬度：调节画笔笔触的羽化程度，数值越小，笔触越柔和；数值越大，笔触越清晰。

③ 预设选项：提供了多组画笔笔尖效果。

④ 新建画笔按钮：将设置好的画笔选项建立成一个新的画笔预设，以后可直接调用。

（2）渐变色的设置

渐变工具用来创建渐变颜色，包含5个模式，分别是线性渐变、径向渐变、角度渐变、对称渐变、菱形渐变。使用不同的渐变方式，会产生不同的渐变效果。

① 线性渐变：创建直线从起点到终点的颜色渐变。

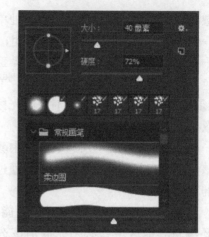

图7-7　Photoshop CC画笔预设选取器示意

② 径向渐变：创建圆形图案从起点到终点的颜色渐变。

③ 角度渐变：创建围绕起点以逆时针扫描的颜色渐变。

④ 对称渐变：使用对称均衡的线性渐变在起点任意一侧创建颜色渐变。

⑤ 菱形渐变：创建以菱形方式从起点向外的颜色渐变。

选择"渐变工具"，单击渐变颜色条，打开渐变编辑器，如图7-8所示。在渐变条上单击添加颜色，并在"位置"框中输入数字或用鼠标直接拖曳颜色色标来调制颜色位置。

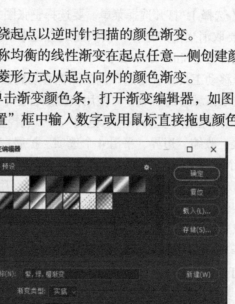

图7-8　Photoshop CC渐变编辑器示意

7. 图层样式

图层是Photoshop最基本的元素，图层的相关操作可以在图层面板（如图7-9所示）上实现，也可以在菜单栏的图层菜单找到相关命令。在图层面板中，图层是按照创建的先后顺序堆叠排列的，可以通过调整图层的堆叠顺序来达到修改图像显示效果的目的。

图层顺序可以通过在图层面板中拖曳来进行调整，也可以通过执行【图层】菜单下的"排列"命令来调整。

图层混合模式在图像处理及效果制作中被广泛应用，特别是多图像合成方面。混合模式可以将选择的图层与下面图层的颜色进行色彩混合，制作特殊的图像效果。若只有一个图层，那么混合效果不起作用。通过【Ctrl+J】组合键复制一个图层，激活混合模式。

图层样式也叫图层效果，可以为图层中的图像添加诸如投影、发光、浮雕和描边等效果，创建具有真实质感的水晶、玻璃、金属和纹理特效。

图7-9 Photoshop CC图层面板示意

选定要添加效果的图层，单击【图层】菜单下的"图层样式"，选择效果命令，或单击"图层"面板中的添加图层样式按钮，在下拉菜单中选择一个效果命令，即可打开"图层样式"对话框，如图7-10所示。

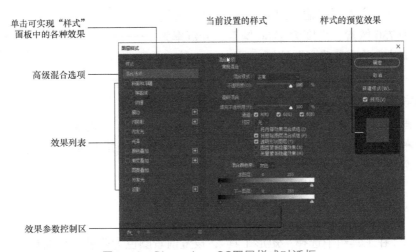

图7-10 Photoshop CC图层样式对话框

注意：图层样式不能用于"背景"图层，如果一定要启用，可以按住 Alt 键双击"背景"图层，将它转换为普通图层，然后为其添加效果。

8. 企业宣传卡设计要求

企业宣传卡是商业贸易活动中的重要媒介体，通过邮寄或发放向消费者传达商业信息。宣传卡具有针对性、独立性和整体性的特点，被广泛应用于工商界。

宣传卡是针对销售季节或流行期、有关企业和人员、展销会或洽谈会、购买货物的消费者等而设计的，通过邮寄、分发、赠送等方式进行推销，加强购买者对商品的了解，扩大企业和商品的知名度，从而起到了广告的效用。

我国的宣传卡有 3 类：用于提示商品、活动介绍和企业宣传等的宣传卡片（包括传单、折页、明信片、贺年片、企业介绍卡、推销信等）；用于树立一个企业的整体形象、系统展现产品、介绍服务等的样本（包括各种册子、产品目录、企业刊物、画册）；用于让消费者了解商品的性能、结构、成分、质量和使用方法的说明书。

企业宣传卡内容

旅行社企业宣传卡内容要突出主题、简约大方，对企业文化和具体业务进行介绍，起到企业宣传推广的作用。

（1）旅行社企业文化。

（2）旅行社开展的主要业务。

（3）旅行社联系方式。

（4）体现旅行社特点的背景图案。

7.1.3 任务实施

1. 新建文件"企业名片"

步骤 1：选择【文件】菜单下的"新建"命令，或按【Ctrl+N】组合键，弹出"新建"对话框，如图 7-11 所示。在"名称"文本框中输入图像名称"企业名片"，设置宽度为 750 像素、高度为 1180 像素、分辨率为 72 像素/英寸，单击"确定"按钮。

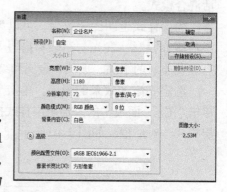

图7-11 "新建"对话框

> **提示**
>
> 画布大小的单位有像素、英寸、厘米、毫米等，根据实际需求进行设置。若需要调整画布尺寸，选择【图像】菜单下的"画布大小"命令，或按【Alt+Ctrl+C】组合键，打开画布大小对话框进行调整。

2. 绘制形状

步骤 1：在工具箱中选择"矩形工具"，设置前景颜色为蓝色，在画布上部拖动鼠标光标绘制一个矩形。

步骤 2：在【编辑】菜单下的"变换路径"组中，单击"扭曲"命令，调整多边形的形状。

步骤 3：在工具箱中选择"矩形工具"，设置前景颜色为蓝色，绘制直线，效果如图 7-12 所示。

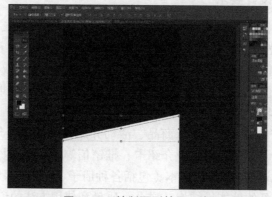

图7-12 绘制图形效果示意

3. 插入图片

步骤1：单击【文件】菜单下"打开"命令，或按【Ctrl+O】组合键，弹出"打开"对话框，选择"背景"素材图片，单击"打开"按钮。

步骤2：选中"背景"图像标签，在工具箱中选择"矩形选框工具"，将图中最上面的一辆动车部分选中，并执行剪切操作。

▶ 提示

当图片中被选的内容为规则形状时，可使用"矩形选框工具"；当被选的内容为不规则形状时，可以选择"多边形套索工具"创建转角比较强烈的选区，或选择"磁性套索工具"通过颜色上的差异自动识别对象的边界。

步骤3：单击"企业名片"标签，执行粘贴操作，并使用工具箱中的"移动工具"将该图片移动到画布底部位置。

▶ 提示

如果要在图片中插入整幅图，可以先打开要插入的一幅或多幅素材图片，然后通过将素材图片拖动到相应标签的方式进行插入。插入后再完成位置、大小、形状等属性的设置。对于图像大小的等比例调整，可通过【图像】菜单下的"图像大小"命令，或按【Alt+Ctrl+I】组合键，打开图像大小对话框进行调整。另外，也可以使用裁剪工具调整图像大小。

步骤4：在【编辑】菜单下的"变换路径"组中单击"扭曲"命令，调整图片的形状，效果如图 7-13 所示。

图7-13 插入图片效果示意

4. 添加文字内容

步骤1：在工具箱中选择"横排文字工具"，分别在适当位置插入相关文字内容："乐游开眼界 伴你行天下""经营各类旅行活动，包括车辆出租、带团旅行等活动""联系电话：0356-9668***"和"LY"。

步骤2：选中插入的文字，选择【窗口】菜单下的"字符"命令，或按【Ctrl+T】组合键，打开"字符"面板，进行字体、字号、颜色等相关属性的设置，效果如图7-14所示。

图7-14　添加文字效果示意

注意：设置完成后，按 Enter 键以确认设置生效。

▶ 多学一招

　　当需要多个对象进行对齐操作时，通过在图层面板中利用Ctrl键选中多个图层，属性栏中会出现对齐按钮，在所需的对齐方式按钮上单击即可。

▶ 多学一招

　　如果出现操作错误或希望退回到之前某个状态，可以打开"历史记录"面板进行操作的撤销。

　　步骤3：对"LY"设置完字体属性后，还可以进行图层样式的设置。选中图层"LY"，单击添加图层样式按钮f_x，在"图层样式"对话框里完成图层样式的设置，如图7-15所示。

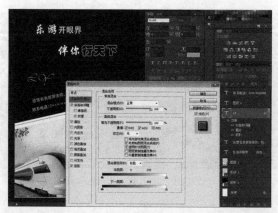

图7-15　图层样式设置效果示意

5. 保存图像文件

　　单击【文件】菜单下"存储"命令，或按【Ctrl+S】组合键，弹出"另存为"对话框，选择要保存的位置，设置文件名称和保存类型等，单击"保存"按钮，如图7-16所示。

图7-16 "另存为"对话框

▶◯ **微说明**

　　保存时注意选择合适的图像文件存储格式：用于印刷的图像可选择TIF、EPS格式；用于网络的图像可选择GIF、JPEG、PNG格式；用于Photoshop软件编辑的图像可选择PSD、PDD、TIF格式。

▶◯ **提示**

　　在保存时需要注意，如要保存为PSD格式文件，若后续继续编辑，一定要选中存储选项中的图层复选项。

7.1.4 任务评价

　　通过本任务的学习和实施，学生能够对Photoshop CC的基本功能有一个大体的、全方位的了解，掌握常用工具的使用方法，能应用相应的知识和图像处理工具完成图像的制作任务。任务完成情况从基本能力、职业能力、通用能力、素质能力这4个方面进行评价，评价参考标准如表7-1所示。

表7-1 评价参考标准

技能分类	测试项目	评价等级
基本能力	熟练掌握绘图工具的参数设置	
	熟练掌握图层的属性和样式	
职业能力	根据特定环境、人群需求，定制赏心悦目的排版风格	
	根据工作的要求，严格保证信息的匹配程度和准确性	
	结合环境形势的不断变化，捕捉热点、应用流行元素	

续表

技能分类	测试项目	评价等级
通用能力	自学能力、总结能力、协作能力、动手能力	
素质能力	通过制作企业宣传卡，了解我国企业宣传相关法律法规和行业规范，树立规则意识	
综合评价		

 视频剪辑企业宣传片

7.2.1 任务引入

晓晗现需要为企业设计宣传视频，本案例最终实现的宣传片效果如图 7-17 所示。

图7-17 宣传片效果示意

7.2.2 知识与技能

1. 动画和视频的区别

动画的每一帧图像都是由人工绘制的或是用计算机加工处理形成的。根据人眼的特性，用每秒十五帧至二十帧的速度顺序地播放静止图像，就会产生运动的感觉。视频的每一帧图像都是通过实时摄取自然景象或者活动对象获得的。视频信号可以通过摄像机、录像机等连续图像信号输入设备来产生。

在实际的电影、电视和录像节目中，动态视频并不单独出现，常常是在录制动态视频的同期录制声音，或在后期配音。多媒体应用软件中的视频与音频也常常是同步实时播放的。把这种动态视频与音频制作在一起的可以音 / 像同步实时播放的信息称为影视信息。

2. 影视制作的步骤

一般来说，计算机进行的后期制作，包括把原始素材镜头编织成影视节目所必需的全部工作过程，包括以下几个步骤。

（1）整理素材。素材指的是用户通过各种手段得到的未经过编辑（或者称剪接）的视频和音频文件，它们都是数字化文件。制作影片时，需要将拍摄到的胶片中包含声音和画面图像的数据信息输入计算机，转换成数字化文件后再进行加工处理。

（2）确定编辑点（切入点和切出点）和镜头切换的方式。编辑时，选择自己所要编辑的视频和音频文件，对它设置合适的编辑点，就可达到改变素材的时间长度和删除不必要素材的目的。镜头的切换是指把两个镜头衔接在一起，使一个镜头突然结束，下一个镜头立即开始。

（3）制作编辑点记录表（EDL）。传统的影片编辑工作离不开对磁带或胶片上的镜头进行搜索和挑选。编辑点实际上就是指与磁带上的某一特定的帧画面相对应的显示数码。操作录像机寻找帧画面时，数码计数器上都会显示出一个相应变化的数字，一旦把该数字确定下来，它所对应的帧画面也就确定了，就可以认为确定了一个编辑点。编辑点分两个，分别是切入点和切出点。用 Adobe Premiere 编辑素材后，编制一个编辑点记录表，记录对素材进行的所有编辑，这一方面有利于在合成视频和音频时使两种素材的片段对上号，使片段的声音和画面同步播放；另一方面有助于识别和编排视频和音频的每个片段。

（4）把素材综合编辑成节目。剪辑师将实拍到的分镜头按照导演和影片的剧情需要组接剪辑，他要选准编辑点，才能使影片在播放时不出现闪烁。在 Premiere 的时间线视窗中，可按照指定的播放次序将不同的素材组接成整个片段。素材精准的衔接，可以通过在 Premiere 中精确到帧的操作来实现。

（5）在节目中叠加标题字幕和图形。Adobe Premiere 的标题字幕视窗工具为制作者提供展示自己艺术创作与想象能力的空间。利用这些工具，用户能为自己的影片创建和增加各种有特色的文字标题（仅限于两维）或几何图像，并对它实现各种效果，如滚动、产生阴影和产生渐变等。

（6）添加声音效果。这个步骤可以说是步骤（3）的后续工作。在步骤（3）中，不仅进行视频的编辑，还要进行音频的编辑。一般来说先把视频剪接好，最后才进行音频的剪接。添加声音效果是影视制作不可缺少的工作。使用 Premiere 可以为影片增加更多的音乐效果，而且能同时编辑视频和音频。

3. 视频尺寸

常用视频尺寸有标清（SD）、高清（HD）、2K 和 4K 这 4 种。

（1）标清：视频尺寸为 720 像素 ×576 像素。

（2）高清：1280 像素 ×720 像素（小高清）、1920 像素 ×1080 像素（全高清）。

（3）2K：指屏幕或内容的水平分辨率达到约 2000 像素的分辨率等级，2048 像素 ×

1080 像素。

（4）4K：指屏幕的物理分辨率达到 3840 像素 ×2160 像素。

4. 工作界面

Premiere Pro 2020 的初始界面主要由菜单栏、项目面板、时间线面板、监视器面板、效果面板、特效控制台面板、工具面板等组成。Premiere Pro 工作界面示意如图 7-18 所示。

图7-18　Premiere Pro工作界面示意

（1）项目面板

项目面板主要用于对素材文件进行导入和管理，如图 7-19 所示。项目面板有列表视图和图标视图两种显示方式。在列表视图下，可查看素材的基本属性，图标视图下，可以查看不同时间点的视频内容。

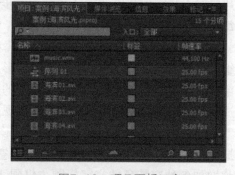

图7-19　项目面板示意

（2）时间线面板

时间线面板是 Premiere Pro 的核心部分，大部分影片编辑工作都在此面板中完成。通过时间线面板，可以完成对图像、视频和音频素材的有序组织，并实现素材的剪辑、插入、复制、粘贴和修整等操作。时间线面板示意如图 7-20 所示。

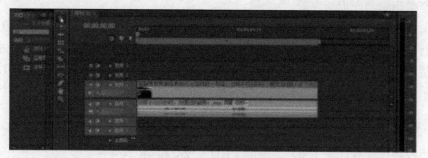

图7-20　时间线面板示意

（3）监视器面板

监视器面板的功能是实时预览和编辑影片，分为源面板和节目面板，如图 7-21 所示。

前者用于对素材的浏览和粗略编辑，后者用于预览时间线面板上正在编辑或已经完成编辑的节目效果。

图7-21 监视器面板示意

（4）工具面板

工具面板提供了时间线上影片剪辑和动画关键帧编辑所需要的工具，如图 7-22 所示。单击某一工具按钮，移动鼠标光标到时间线序列上，鼠标光标会变成该工具的形状。

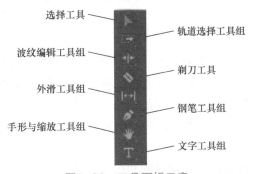
图7-22 工具面板示意

（5）效果面板

效果面板为素材提供自带的预设、音频效果和音频过渡、视频效果和视频过渡等特效，可供快速应用，如图 7-23 所示。默认设置下，效果面板和信息面板、历史记录面板会合并为一个面板组，可通过单击相应标签进行切换。

图7-23 效果面板示意

> **微说明**
>
> 　　当多个面板合并为一个面板组时，可能无法显示所有面板的名称标签，此时就会在标签右侧出现一个合并箭头，单击箭头可以显示面板中的所有选项卡。

进行编辑时，历史记录面板会记录作品的制作步骤，并可以根据需要无限制地执行撤销操作。

（6）特效控制台面板

在为素材添加效果后，效果编辑属性会显示在特效控制台面板中，如图 7-24 所示。

该面板主要用于控制对象的运动、不透明度、切换及特效等。默认设置下，特效控制台面板会和源监视器面板、音频剪辑混合器面板合并为一个面板组。

图7-24　特效控制台面板示意

5. 企业宣传片设计要求

企业宣传片是企业自主投资制作，主要介绍企业的主营业务、产品、规模及人文历史的专题片。企业宣传片主要是企业一种阶段性总结动态艺术化的展播方式。

企业宣传片不仅能很好地展示企业的形象、经营理念、新产品，还可以增加客户对企业的信任感，提升企业的知名度，促进产品销售。

企业宣传片内容

企业宣传片的制作首先需要明确目的和用途，然后结合需求确定内容，并整合企业资源，统一企业形象，传递企业信息。

（1）根据企业宣传需求确定宣传片的目的和用途。

（2）结合宣传片目的和用途确定并获取所需素材。

（3）对各类素材进行分类整理。

7.2.3　任务实施

1. 创建项目文件

步骤1： 启动 Premiere Pro 应用程序时，单击欢迎界面中的"新建项目"按钮，或选择【文件】菜单下的"新建"子菜单下的"项目"命令，或按【Ctrl+Alt+N】组合键，弹出"新建项目"对话框，如图 7-25 所示。单击"浏览"按钮，在弹出的"请选择新项目的目标路径"对话框中设置项目的保存路径。

步骤2： 选择【编辑】菜单下的"首选项"子菜单下的"时间轴"命令，打开"首选项"对话框，设置"视频过渡默认持续时间"为 25 帧，"静止图像默认持续时间"为

4 秒，其余选项都采用系统默认值，效果如图 7-26 所示。

图7-25　"新建项目"对话框　　　图7-26　"首选项"对话框

步骤3：选择【文件】菜单下的"新建"子菜单下的"序列"命令，或按【Ctrl+N】组合键，打开"新建序列"对话框，预设类型选择"标准 32kHz"，如图 7-27 所示。

▶ 提示

在首选项中可以进行"自动保存"设置，避免因没有及时保存文件而造成文件的丢失。

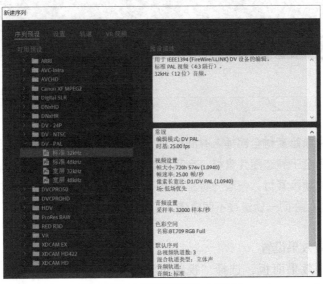

图7-27　"新建序列"对话框

2. 添加素材

步骤：选择【文件】菜单下的"导入"命令，或按【Ctrl +I】组合键，打开"导入"对话框，选择本项目中需要的所有素材进行导入。

>▶ **微说明**

　　素材夹中存放的仅仅是对原始素材文件的一个引用，将不需要的素材在这里删除不会影响原始文件，此处删除的是一个类似于快捷方式的指针，用户还可以将选中的素材文件拖曳到任意一个素材夹进行位置的移动，这样做便于管理素材和查找素材。

3. 编辑素材

（1）在时间线上插入素材

步骤 1：把静态图片 01.jpg ~ 020.jpg 依次拖曳到视频 1 轨道上，起始位置从 00:00:00:00 开始，持续时间全部为 4 秒。

步骤 2：将"清晨 .mp3"拖曳到时间线窗口的音频 1 轨道，起始位置为 00:00:00:00。并利用剃刀工具截取适当长度的音频作为背景音乐。素材插入时间线效果如图 7-28 所示。

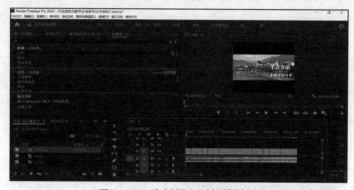

图7-28　素材插入时间线效果

>▶ **提示**

　　如果要将原始素材全部插入时间线上，可以将素材文件直接拖曳到指定轨道，这种插入方式适合于静态图片素材、字幕素材和不需要剪辑的其他素材；而如果是需要剪辑的视频或动画素材，一般先将素材拖入"监视器"窗口。用鼠标左键拖曳选中的素材可以将素材在同一轨道或不同轨道之间移动。

（2）素材过渡效果设置

步骤 1：打开效果面板，选择"视频过渡"文件夹下的"溶解"文件夹中的"交叉溶解"过渡效果，并将该效果拖动到时间轴面板的视频 1 轨道中第一个素材点的出点处。

步骤 2：将各种不同的过渡效果依次添加到其他素材的出点处，效果如图 7-29 所示。

步骤 3：在时间线窗口的视频 1 轨道上单击 01.jpg 静态图片，选择【窗口】菜单项下的"效果控件"命令，在效果控件面板中选择"运动"项目下的"缩放"层，在图片 01.jpg 的第 1 帧处单击"固定动画"按钮，添加关键帧，设置其缩放值为 50；在其他需要添加关键帧的位置添加其他关键帧，设置其缩放值为 100，如图 7-30 所示。同样，可设置位置、旋转、锚点等运动效果。

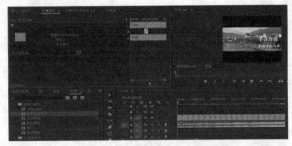

图7-29 过渡效果设置示意

图7-30 运动效果设置示意

（3）字幕的创建

步骤： 将时间线窗口的编辑线定位到要添加字幕的素材位置，然后选择【文件】菜单项下的"新建"子菜单中的"旧版标题"命令，打开"新建字幕"对话框，选择文字工具"T"，在屏幕上单击定位好文字的位置，输入相应文本，调整文字的位置和大小等属性，字幕设置与效果如图 7-31 所示。

图7-31 字幕设置与效果

4. 输出影片文件

步骤： 执行【文件】菜单项中的"导出"子菜单下的"媒体"命令，打开图 7-32 所示的"导出设置"对话框，选择一种影片格式，如 avi；单击"输出名称"，设置好存储位置和文件名，单击"保存"按钮，返回"导出设置"对话框，设置好所有参数后，单击"导出"按钮即开始渲染输出，最终把视频合成渲染输出为 avi 格式的视频文件。

图7-32　"导出设置"对话框

> **提示**
>
> 　　如果输入的是汉字，必须先在"对象风格"部分的"字体"中选择中文字体，然后才能正确显示出来。设置好文字的样式以后，关闭字幕将被保存为prtl文件，出现在项目面板的素材列表中。
>
> 　　在字母设计器中，单击"显示背景视频"按钮可以显示背景视频内容，以便于进行文字的大小、定位等属性设置。

7.2.4　任务评价

　　通过本任务的学习和实施，学生对 Premiere Pro 2020 的基本功能有一个大体的、全方位的了解，掌握基本操作、剪辑、特效、字幕等基本操作方法及核心处理技巧，能应用相应的知识点完成视频的编辑与制作任务。任务完成情况从基本能力、职业能力、通用能力、素质能力 4 个方面进行评价，评价参考标准如表 7-2 所示。

表7-2　评价参考标准

技能分类	测试项目	评价等级
基本能力	熟练掌握素材的获取	
	熟练掌握非线性编辑各组成部分的功能	
职业能力	根据任务需求选取素材，进行素材处理和整合	
	紧扣任务要求，主题突出、创意新颖	
	具备一定的素材编辑、处理技巧	
通用能力	自学能力、创新能力、协作能力、动手能力	
素质能力	通过规划、设计、制作宣传片，了解新媒体行业发展动态，培养精益求精的职业精神	
综合评价		

本章小结

本章紧紧围绕"项目教学法"教学的应用问题，通过图像处理技术和视频处理技术在企业宣传的应用层面来完成项目，通过项目引导的方式开展实验实训，探索新的技术环境下教育教学的新模式和方法，特别在培养学生职业技能上下足工夫，融"教、学、做"为一体，促进教学过程整体优化，提高学生职业能力，提高教学效率。

思考与练习

一、选择题

1. 常见的图像文件格式有哪些？（　　　）

　A. jpg　　　　　B. png　　　　　C. gif　　　　　D. bmp

2. 下面哪些扩展名是视频文件的扩展名？（　　　）。

　A. avi　　　　　B. mp4　　　　　C. wav　　　　　D. wmv

3. Photoshop 的界面组成位于编辑窗口左侧的是哪一项？（　　　）

　A. 菜单栏　　　B. 工具箱　　　C. 面板　　　　D. 工具选项栏

4. 下列关于矢量图描述不正确的是（　　　）。

　A. 矢量图由像素点组成

　B. 矢量图常被称为图形，又称为向量图形、Postscript 图形。

　C. 矢量图可以非常方便地进行移动、缩放、旋转和扭曲等变换

　D. 矢量图是关于表现阴影和丰富的色彩层次细节的图像

二、操作题

1. 在 Photoshop 中如何对免冠照进行抠图？

2. 给自己的名字做一个特效。

3. 如何修改图像导入时间线后默认的持续时间和画面大小？

4. 完成一张人像发丝抠图，一张动物抠图。（提交 psd 文件，包含原图与完成图）

三、应用题

1. 利用 Photoshop 的基本选择工具、文字工具等制作一个宣传板，用来宣传展示中国的四大名著之一（素材自选）。

2. 新春将至，使用 Premiere Pro 软件制作电子贺卡（素材自选）。

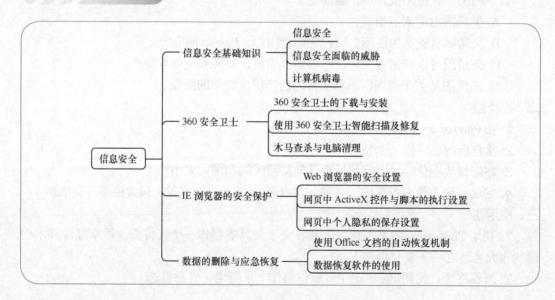

任务目标

1. 职业素质：深刻理解从事信息安全工作必备的职业素养、特殊责任；能够认识到信息安全的重要作用，并具有正确选择和利用信息安全工具及信息安全资源的素质和能力。

2. 了解信息安全发展历程，理解通信保密、网络安全、信息安全、信息安全保障等概念，准确理解信息安全属性。

3. 掌握 360 安全卫士的使用方法。

4. 熟悉 IE 浏览器的安全保护设置。

5. 掌握数据的删除与应急恢复。

思维导图

本章导读

21 世纪以来，伴随着计算机信息技术在全球迅猛发展，人们的工作和生活变得极为便利又丰富多彩。然而信息化在给人们带来种种物质和精神享受的同时，也使人们受到日益严重的来自网络等各个方面的安全威胁，诸如网络的数据窃贼、黑客的侵袭、病毒发布者，甚至系统内部的泄密者。这种威胁至今是全世界任何一个国家、单位和个人所面临的难以破解的巨大难题。本章通过3个基础任务：360安全卫士的使用、IE浏览器的安全保护、数据的删除与应急恢复的学习与训练，提高学生计算机安全防护的意识和能力，为使用计算机创建良好的网络安全环境。

任务 1 ≫ 360 安全卫士的使用

8.1.1 任务引入

小王的计算机已经使用一段时间了，最近小王感觉计算机的运行速度越来越慢，在使用过程中经常会弹出各种游戏推荐和购物窗口等。由于小王从事证券交易工作，计算机中存有大量的用户资料，还经常会使用计算机进行交易，为防止信息泄露，净化计算机工作环境，小王安装了360安全卫士，并定期进行检测和查杀病毒。

8.1.2 知识与技能

自20世纪80年代以来，计算机技术和互联网的发展改变了人们的生活生产方式，然而信息安全问题也在其发展过程中逐渐显现。

1. 信息安全

信息安全是指综合利用各种合理的方法保护信息系统，使其能够正常可靠地运行，而不因偶然或恶意的行为遭受破坏，保证计算机系统中数据的保密性、完整性、可用性、可控性和不可否认性。保密性是指窃听者无法窃听或了解机密信息；完整性是指非法用户无法篡改数据，保证了数据的一致性；可用性是指合法用户可以正常使用信息和资源，不因不正当的理由而遭受拒绝；可控性是指可以控制信息的内容及传播；不可否认性是指通过建立有效的责任机制来防止用户否认其行为。

随着计算机系统功能的日益完善、信息技术的高速发展，信息安全已经与每个人的权益息息相关，任何隐含的缺陷、失误都可能造成巨大的损失。信息安全本身的范围很广，包括防范个人信息、商业及企业的机密泄露、青少年对不良信息的浏览等。

2. 信息安全面临的威胁

信息安全面临的威胁主要有自然灾害、偶然事故和人为破坏三大类。其中，自然灾害主要有地震、火灾、水灾和雷击等，为了应对自然灾害，我们通常采取的措施是将计算机硬件设备放置在具有防震、防火、防水、防雷等基本防护功能且温度、湿度和洁净度等环境合理的机房中；偶然事故主要有电源故障、设备老化和软件设计的潜在缺陷等，对于电源故障和设备老化等问题，我们可以通过定期检查、维护计算机和电源等硬件设备及备份计算机系统数据来预防和减少故障造成的损失，而对于软件设计的潜在缺陷，则应该由管理员对软件进行日常升级和维护；人为破坏是信息安全所面临的最大威胁，也是种类最多、最复杂、损失最严重的，常见的人为安全威胁有计算机病毒、僵尸网络、拒绝服务攻击、网络钓鱼、网页挂马、网页篡改和手机病毒等。

3. 计算机病毒

计算机病毒是一段可以破坏计算机功能或者数据的代码。如同生物病毒具有自我繁殖、相互传染的特性一样，计算机病毒具有可复制、快速蔓延且难以根除的特点。计算机病毒常附着在各种文件上，随着文件的传播而传播。计算机病毒的种类繁多，不同的分类标准会产生不同的分类结果。按照传染方式的不同，计算机病毒可以分为引导区型病毒、文件型病毒、混合型病毒和宏病毒；按照入侵途径不同，计算机病毒可以分为源码型病毒、入侵型病毒、操作系统型病毒和外壳型病毒；按照破坏能力不同，计算机病毒可以分为无害型病毒、无危险型病毒、危险型病毒和非常危险型病毒。

2017 年 5 月，勒索病毒全球爆发，波及 150 多个国家，30 万用户中招，造成将近 80 亿美元的损失，我国的部分 Windows 操作系统用户遭受感染，校园用户受害严重。由此可见计算机病毒对于信息安全具有极大的威胁。

木马病毒是指隐藏在正常程序中的一段具有特殊功能的恶意代码，是具备破坏和删除文件、发送密码、记录键盘和 DoS 攻击等特殊功能的后门程序。木马病毒其实是计算机黑客用于远程控制计算机的程序，将控制程序寄生于被控制的计算机系统中，里应外合，对被感染木马病毒的计算机实施操作。一般的木马病毒程序主要是寻找计算机后门，伺机窃取被控计算机中的密码和重要文件等，可以对被控计算机实施监控、资料修改等非法操作。木马病毒具有很强的隐蔽性，可以根据黑客意图突然发起攻击。

木马病毒具有以下几个特征。

（1）隐蔽性

木马病毒可以长期存在的主要因素是它可以隐匿自己，将自己伪装成合法应用程序，使得用户难以识别，这是木马病毒最重要的特征。与其他病毒一样，这种病毒隐蔽的期限往往比较长，它们经常寄生在合法程序中、修改为合法程序名或图标、不产生任何图标、不在进程中显示出来或伪装成系统进程和与其他合法文件关联起来等。

（2）欺骗性

木马病毒隐蔽的主要手段是欺骗，经常使用伪装的手段将自己合法化。例如，使用合法的文件类型扩展名 dll、sys、ini 等；使用已有的合法系统文件名，然后保存在其他文件目录中；使用容易混淆的字符进行命名，例如字母"o"与数字"0"，数字"1"与字母"l"。

（3）顽固性

木马病毒为了保障自己可以不断蔓延，往往像毒瘤一样驻留在被感染的计算机中，有多份备份文件，一旦主文件被删除，便可以马上恢复，尤其是采用文件的关联技术，只要被关联的程序被执行，木马病毒便被执行，并生成新的木马程序甚至变种，顽固的木马病毒给木马清除带来巨大的困难。

（4）危害性

木马病毒的危害性是毋庸置疑的，只要计算机被木马病毒感染，别有用心的黑客便可以任意操作计算机，就像在本地使用计算机一样，对被控计算机的破坏性极大，可以盗取系统的重要资源，例如：系统密码、股票交易信息、机要数据等。

木马病毒对用户计算机信息安全有极大的危害性，其对计算机的直接破坏方式是改写磁盘，对计算机数据库进行破坏，给用户带来不便。木马病毒破坏程序后，使得程序无法运行，给计算机的整体运行带来严重的影响。另外一些木马病毒具有极强的复制功能，可以通过磁盘的引导区把用户程序传递给外部链接者，还可以更改磁盘引导区，造成数据通道破坏。此外，病毒也通过大量复制抢占系统资源，对系统运行环境产生干扰，影响计算机系统的运行速度。

随着互联网事业的发展，木马病毒开始入侵电子商务，在一些购物网站，木马病毒借助用户无意操作，进入用户系统，在用户使用网络银行时，通过网络窃取银行的密码，盗取用户财务，给计算机用户造成巨大的经济损失。在一些特殊的领域，如政治、军事、金融、交通等，木马病毒被用作攻击的手段，利用木马病毒侵入对方计算机，获取相关信息或者进行破坏。

360安全卫士是奇虎360推出的一款Windows、Linux及Mac OS操作系统下的计算机安全辅助软件，独创了"木马防火墙""360密盘"等功能，还拥有查杀木马病毒、清理插件、修复漏洞、计算机体检等多种功能，可全面、智能地拦截各类木马病毒，保护用户的账号、隐私等重要信息，是目前比较受欢迎的计算机安全软件。

8.1.3 任务实施

1. 360安全卫士的下载与安装

步骤：在浏览器中打开360官网，如图8-1所示，在快速下载栏中找到"安全卫士"并单击下载，即可下载并安装"360安全卫士"。

图8-1　360官网

2. 使用360安全卫士智能扫描及修复

步骤：双击安装文件图标█完成程序安装。360安全卫士安装完成，双击应用程序快捷图标█即可启动程序。运行360安全卫士，对计算机进行一次系统全面检测，包括故障检测、垃圾检测、安全检测、速度提升。通过一键修复，快速提高计算机安全和使用性能，系统扫描界面如图8-2所示。

3. 木马病毒查杀

木马病毒对用户信息安全造成极大危害，其传播方式多样：利用下载文件进行传播，在下载文件的过程中进入程序，当下载完毕打开文件时，病毒已植入计算机中；利用系统漏洞进行

图8-2　360安全卫士系统扫描界面

传播，如果计算机存在漏洞，就成为木马病毒攻击的对象；利用邮件进行传播，很多陌生邮件里面就植入了病毒程序，一旦邮件被打开，病毒即被激活。此外木马病毒还会利用远程连接、网页、蠕虫病毒等进行传播。由于其多样化的伪装方式，一般很难被使用者发现，因此采用查杀工具进行木马病毒的查找、删除是非常重要的防范措施。360安全卫士为用户提供了便捷的木马病毒查杀手段，通过木马病毒查杀，拦截可疑行为，保护系统安全。

木马病毒查杀有三种方式。第一种方式为快速查杀，可对磁盘高危区、启动项、数据与软件、系统综合实现病毒查杀；第二种方式是对整个磁盘进行全面查杀；第三种方式为指定磁盘位置进行病毒查杀。木马病毒查杀如图 8-3 所示，查杀完毕后，用户即可对危险项进行安全处理。

360 安全卫士针对常规查杀无法清除的顽固病毒，可采用 360 急救箱进行处理，如图 8-4 所示。

图8-3　360安全卫士木马病毒查杀界面

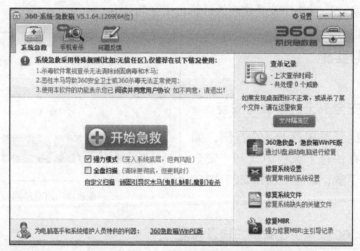

图8-4　360系统急救箱

4. 电脑清理

Windows 系统在运行的时时刻刻都会产生垃圾文件，这些文件包括浏览网页的临时文件、系统日志、更新补丁备份、使用痕迹、软件使用缓存等，不仅占用磁盘空间，长期下去还会影响计算机运行速度。对于这些垃圾文件，如果手动删除几乎是不可能的，360 安全卫士提供了清理工具，通过清理计算机中的垃圾，消除插件痕迹，让计算机保持最轻松的状态，为用户提供更好的服务。

（1）恶意软件

恶意软件是对破坏系统正常运行的软件的统称，一般来说有如下几个表现形式。

① 强行安装，无法卸载。

② 安装以后修改主页且锁定。

③ 安装以后随时自动弹出恶意广告。

④ 自我复制代码，类似病毒程序，将影响系统运行速度。

（2）插件

插件是指会随着 IE 浏览器的启动自动执行的程序，根据插件在浏览器中的加载位置，可以分为工具条（Toolbar）、浏览器辅助（BHO）、搜索挂接（URL SearchHook）、下载 ActiveX。有些插件程序能够帮助用户更方便浏览因特网或调用上网辅助功能，但也有部分程序被称为广告软件（Adware）或间谍软件（Spyware）。恶意插件程序将监视用户的上网行为，并把所记录的数据报告给插件程序的创建者，以达到投放广告、盗取游戏或银行账号及密码等非法目的。

因为插件程序由不同的发行商发行，其技术水平也良莠不齐，插件程序很可能与其他运行中的程序发生冲突，从而导致诸如各种页面错误、运行时间错误等现象出现，阻塞正常浏览。为了让计算机保持良好的工作状态，恶意软件和一些影响系统正常运行的插件需及时清除。电脑清理界面如图 8-5 所示。

图8-5 360电脑清理界面

5. 系统修复

在日常的计算机使用中，随着用户不断安装各种程序、卸载一些不用的程序、更新系统版本等，系统会出现异常，影响计算机性能和安全。系统修复通过及时更新补丁和驱动，修补计算机漏洞、修复系统故障，使计算机处于最佳工作状态。系统修复界面如图 8-6 所示。

图8-6 360系统修复界面

6. 优化加速

360 安全卫士通过优化加速设置，改善计算机性能，加快运行速度，同时优化网络配置，提升磁盘传输效率，全面提升计算机性能，拒绝卡顿。系统优化加速界面如图 8-7 所示。

7. 功能大全和软件管家

360 安全卫士的"功能大全"和"软件管家"作为 360 安全卫士的辅助功能方便用户对常用应用软件的下载安装和管

图8-7 360安全卫士优化加速界面

理，如图 8-8 和图 8-9 所示。

360 安全卫士功能大全为用户提供了安全保护，可以对弹出窗口进行过滤、对系统管理软件设置敏感权限、防止恶意程序篡改浏览器主页、拦截 BadUSB 设备恶意操作、修补系统漏洞等。

在数据保护方面，可以防御勒索病毒，保障文件安全；恢复被病毒加密的文件和误删除文件等。

在网络和系统管理方面，为用户提供了很多实用小工具，为用户安全使用计算机和网络带来良好的工作环境和体验感。

图8-8　360安全卫士功能大全

图8-9　360安全卫士软件管家

8.1.4　任务评价

完成 360 安全卫士的使用任务需从 360 安全卫士使用情况、系统垃圾清理、木马检测查杀、系统修复等操作，职业能力、素质能力等方面进行综合评价，评价参考标准如表 8-1 所示。

表 8–1　评价参考标准

技能分类	测试项目	评价等级
基本能力	理解信息安全对工作和生活的重要影响	
	熟练掌握 360 安全卫士的使用	
职业能力	利用 360 安全卫士对计算机系统进行全面检测和木马查杀	
	学会清理计算机中的垃圾，消除插件痕迹，保持计算机工作状态良好	
	具备一定的系统修复技能	
通用能力	自学能力、总结能力、协作能力、动手能力	
素质能力	通过学习使用 360 安全卫士，改善计算机运行状态，进行系统管理	
综合评价		

任务 2 〉 IE 浏览器的安全保护

8.2.1　任务引入

在因特网中，上网浏览本质上就是用户通过浏览器连接到 Web 服务器，Web 服务器解析 URL，将相应的网页文件发送到客户端，网页文件在浏览器中打开、显示。在互联网环境中，计算机系统的安全性主要来自网络病毒传播和木马、黑客攻击，其中很多情况是通过网页浏览发生的，对浏览器做安全性配置可以在一定程度上提高系统的安全性。

用户在上网过程中经常会遇到一些安全性的问题，比如是否运行网页中的 ActiveX 控件、是否阻止网页在用户的计算机上保存 Cookie、网页内容不能复制、用户输入的个人信息自动保存等，这些问题都涉及客户端的计算机安全。为了保护用户信息安全，上网浏览时需对浏览器进行安全检查和设置。

8.2.2　知识与技能

1. IE 浏览器介绍

Internet Explorer（IE）是微软公司推出的一款网页浏览器，原称 Microsoft Internet Explorer（6 版本以前）和 Windows Internet Explorer（7、8、9、10、11 版本）。在 IE 7 以前，中文直译为"网络探路者"，但在 IE7 以后官方便直接俗称"IE 浏览器"。2015 年 3 月，微软确认放弃 IE 品牌，在 Windows 10 上用 Microsoft Edge 取代 Internet Explorer。2016 年 1 月 12 日，微软公司宣布这一天停止对 Internet Explorer 8/9/10 这 3 个版本的技术支持，用户不会再收到任何来自微软官方的 IE 安全更新，作为替代方案，微软建议用户升级到 IE 11 或者改用 Microsoft Edge 浏览器。2020 年 8 月 18 日消息，微软服务告别其古老的 IE 浏览器，在 2021 年 8 月 17 日停止微软 365 应用程序对 IE 11 的支持。微软也在 2021 年 3 月 9 日结束对其 Legacy Edge 浏览器的支持。2021 年 5 月 20 日，微软正式官宣停止支持 IE 浏览器，IE 11 浏览器桌面程序会于 2022 年 6 月 15 日退役。此后，其被新版 Microsoft Edge 替代。

2. IE 浏览器的功能

（1）保存网页

在 Internet Explorer 中，可以通过【文件】下拉菜单的"另存为"将当前页面的内容保存到硬盘上，既能以 HTML 文档（.HTM/.HTML）或文本文件（.TXT）的格式存盘，又能实现完整网页的保存，在"文件名"框中键入网页的文件名，在"保存类型"下拉列表中选择"Web 网页，全部（*.htm;*.html）"选项，选择该选项可将当前 Web 页面中的图像、框架和样式表均全部保存，并将所有被当前页显示的图像文件一同下载并保存到一个"文件名.file"目录下，而且 Internet Explorer 将自动修改 Web 页中的连接，可以方便地离线浏览，最后单击"保存"按钮即可。

（2）收藏夹浏览

浏览器具有收藏功能，用户可以将常用网页添加至收藏夹，在浏览器收藏栏里显示站点名称或图标，方便用户快速浏览。此外，可通过整理收藏夹对收藏的站点进行分类删除。

（3）自定义栏

用户可以根据使用习惯和需求对工具栏进行设置，操作如下。单击【查看】菜单，选择"工具"，选择"自定义"，弹出"自定义工具栏"对话框，在"可用工具栏"按钮中选择要增加的工具按钮，单击"添加"按钮可以添加到"当前工具栏"按钮中，在"文字选项"下拉列表中可以指定是否在工具栏上显示工具按钮的文字说明及文字显示的位置，"显示文字标签"是在工具栏上的每个按钮下面显示按钮的名称，"无文字标签"是在工具栏上显示图标。在"图标"下拉列表中可以设置图标的大小，再将鼠标光标移到工具栏竖线右侧按住左键，此时鼠标光标变成带箭头的十字光标，就可以将工具栏移到其他位置。

（4）加快搜索速度

许多人使用搜索引擎，都习惯于进入其网站后再输入关键词搜索，这样却大大降低了搜索的效率。IE 支持直接从地址栏中进行快速高效地搜索，也支持通过"转到/搜索"或"编辑/查找"菜单进行搜索，用户只需键入一些简单的文字或在其前面加上"go""find"或"?"，IE 就可直接从默认设置的 9 个搜索引擎中查找关键词并自动找到与要搜索的内容最匹配的结果，同时可列出其他类似的站点供其选择。

（5）文件管理

IE 可以像资源管理器一样快速地完成文件管理，只需在地址输入栏中输入驱动器号或者具体的文件地址后按 Enter 键，IE 显示窗口中即可显示该分驱中的内容，同时工具条变得与资源管理器的工具条极为相似。使用 IE 进行文件管理时，一切操作与在资源管理器中操作一样，如复制、粘贴、双击打开文件夹，等等。使用 IE 还可以在浏览器中直接打开桌面应用程序，操作简便，只需在地址输入栏中输入桌面应用程序的快捷方式名字即可。例如桌面上有 Microsoft Office Word 的快捷方式，用户只需在地址输入栏中输入"Microsoft Office Word"就能在浏览器中打开并启动该应用程序。

（6）无痕迹浏览

Internet Explorer 由于和操作系统紧密结合，在浏览网页过程中，难免会产生垃圾和痕迹，虽然可以使用一些第三方浏览器，但是第三方浏览器本身就自带了很多后门，也会带来安全问题。

8.2.3　任务实施

1. Web 浏览器的安全性设置

所有的 Web 浏览器都包含"Internet 选项"对话框，通过该对话框可以对浏览器的功能进行设置，例如是否运行 ActiveX 控件、是否运行脚本程序等。这些设置除了影响浏览器的功能，还涉及用户计算机系统的安全问题。

操作步骤如下。

（1）打开浏览器，在页面上单击"设置"按钮。

（2）从弹出的对话框中选择"Internet 选项"。如图 8-10 所示。

图8-10　IE浏览器

IE 浏览器"Internet 选项"对话框如图 8-11 所示。通过常规设置创建主页标签，可删除临时文件、历史记录、Cookie、保存的密码和网页表单信息等。

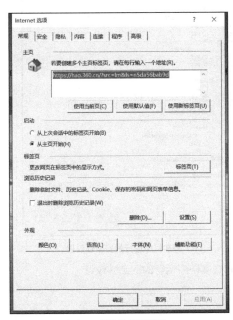

（a）IE 浏览器常规设置

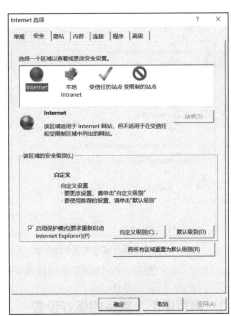

（b）IE 浏览器安全性设置

图8-11　IE浏览器安全性设置

Cookie 在这里并不是它的原意"甜饼",而是一个保存在客户端计算机中的简单的文本文件,这个文件与特定的 Web 文档关联在一起,保存了该客户端计算机访问这个 Web 文档时的信息,当客户机再次访问这个 Web 文档时,这些信息可供该文档使用。由于 Cookie 具有可以保存在客户端计算机上的特性,因此它可以帮助我们实现记录用户个人信息的功能,而这一切都不必使用复杂的 CGI 等程序。例如,一个 Web 站点可能会为每一个访问者产生一个唯一的 ID,然后以 Cookie 文件的形式保存在每个用户的计算机上。如果使用浏览器访问 Web,会看到所有保存在硬盘上的 Cookie。在这个文件夹里每一个文件都是一个由"名/值"对组成的文本文件,另外还有一个文件保存所有对应的 Web 站点的信息。每个 Cookie 文件都是一个简单而又普通的文本文件,透过文件名,用户就可以看到是哪个 Web 站点在计算机上放置了 Cookie(当然站点信息在文件里也有保存)。

2. 网页中 ActiveX 控件与脚本的执行设置

在网页中经常使用 Java、Java Applet、ActiveX 编写的脚本,这些脚本可能会获取用户的用户标识、IP 地址,乃至口令,甚至会在用户计算机上安装某些程序或进行其他操作,因此应对 Java、Java Applet、ActiveX 控件和插件的使用进行限制。

方法:打开"Internet 选项→安全→自定义级别"就可以设置"ActiveX 控件和插件""Java""脚本""下载""用户验证"及其他安全选项。对于一些不太安全的控件或插件及下载操作,应该予以禁止、限制或者至少要进行提示。可以查看浏览器的默认安全性设置项目,以及修改默认项目,如图 8-12 所示。

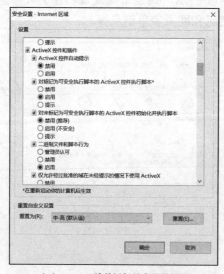

（a）ActiveX 控件运行的安全性设置

（b）脚本程序运行的安全性设置

图8-12　IE浏览器对网页中控件和脚本程序运行的安全性设置

3. 网页中个人隐私的保存设置

用户在上网过程中访问的站点可能在客户端计算机上创建 Cookie,从而带来安全性问题,这可以通过"隐私"选项卡来设置。或者在上网过程中,可能因为在页面表单中输入账户和密码，从而使得个人信息存储在计算机上，要修改这种默认的状态，可以通过"内容"选项卡的"自动完成"设置来完成，如图8-13所示。

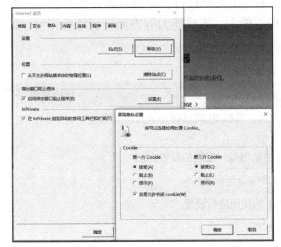
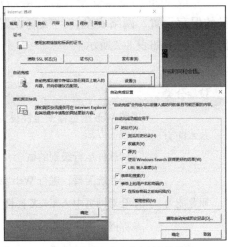

（a）对Cookie阻止的设置   （b）对用户输入个人信息的存储设置

图8-13　IE浏览器对Cookie和网页用户输入个人信息的安全性设置

4. 设置软件安全级别

在 Windows 操作系统中，软件的安全级别有 5 种，分别如下。

（1）不受限的：最高权限，但其也并不是完全不受限，而是"软件访问权由用户的访问权来决定"，即继承父进程的权限。

（2）基本用户：基本用户仅享有"跳过遍历检查"的特权，并拒绝享有管理员的权限。

（3）受限的：比基本用户限制更多，但也享有"跳过遍历检查"的特权。

（4）不信任的：不允许对系统资源、用户资源进行访问。

（5）不允许的：无条件地阻止程序执行或文件被打开。

设置 IE 浏览器的安全级别为基本用户，可以防止网页中的病毒、木马等程序通过浏览器对注册表等系统关键资源的访问，从而提高系统的安全性。设置 IE 浏览器的安全级别为基本用户，具体步骤如下。

步骤1：打开注册表编辑器，定位到以下注册表项：

HKEY_LOCAL_MACHINE\SOFTWARE\Policies\Microsoft\Windows\Safer\CodeIdentifier

步骤2：新建一个名为 Levels 的 DOWRD 键值，其数据数值为 0x20000。

此时，打开命令提示符窗口，运行命令："Runas /ShowTrustLevels"，即可看到系统当前的信任级别，其中有一个"基本用户"，对应新增加的注册表键值（Levels:0x 20000）。

步骤3：设置 IE 浏览器的启动方式为"基本用户"。在命令行窗口，运行下列命令：

```
runas /trustlevel:基本用户"C:\Program Files\Internet Explorer\IEXPLORE.EXE"
```

或者，在桌面的空白处单击鼠标右键，新建一个快捷方式，在"创建快捷方式"对话框中，在"输入项目位置"文本框中输入上述命令，则每次双击该快捷方式，系统将以"基本用户"的身份启动 IE 浏览器。

8.2.4 任务评价

完成 Web 浏览器安全设置任务需从对 Web 浏览器进行安全性设置、网页中个人隐私的保存设置、网络安全访问机制设置，职业能力、素质能力等方面进行综合评价，评价参考标准如表 8-2 所示。

表 8-2 评价参考标准

技能分类	测试项目	评价等级
基本能力	了解 Web 浏览器安全性设置的含义，掌握 IE 浏览器安全性检查和设置的方法	
	了解软件运行级别的概念，掌握浏览器运行级别的设置方法	
职业能力	根据系统需要，进行 Web 浏览器的安全性设置	
	学会对网页中 ActiveX 控件与脚本的使用进行设置	
	掌握网页中个人隐私的保存设置技巧	
通用能力	自学能力、总结能力、协作能力、动手能力	
素质能力	通过对浏览器的设置，提升网络安全访问机制，具备网络系统安全操作的基本技能	
综合评价		

任务 3 〉 **数据的删除与应急恢复**

8.3.1 任务引入

工作中，我们每天都会制作工作所需的各式各样的文件，随着时间推移，办公计算机上的保存文件也就变得越来越多。通常每隔一段时间，我们就会对计算机进行清理。如果不小心将重要的工作文件误删了，该怎么办呢？

8.3.2 知识与技能

1. 文件存储结构

新的硬盘在使用前必须进行分区和格式化。分区就是把一个硬盘分割成若干个小区域（我们在计算机中看到的 C、D、E 盘等，这些区域称为分区），这样便于更好地管理保存在硬盘中的数据文件。分区完成后，还要在硬盘上记录它的各项物理参数，如分区数量、每个分区的大小、分区起始位置等信息，这些信息被称为主引导记录（Master Boot Record，MBR）。对硬盘进行分区就像是把一个大仓库分割成若干个小区域，主引导记录就像是记录这个仓库的面积、小区域的数量及大小等信息的文件。

主引导记录对硬盘来说非常重要，如果主引导记录因为各种原因（如硬盘损坏、计算机病毒、错误操作等）被破坏，则硬盘的部分或全部分区就可能看不见了，若真的发生这样的事情，用户保存在硬盘中的数据将部分或全部丢失。硬盘分区后，还要对每一个分区进行格式化才能真正存储数据。在格式化过程中，格式化程序将分区划分为文件分配表（File Allocation Table，FAT）、目录区（Directory，DIR）和数据区（Data）3 个部分。这就像大仓库中的每个区域在真正开始存放物品前必须放置一些货架（数据区），而且还要建一个货架使用情况登记表（文件分配表）和一个物品存放登记表（目录区），这样才能科学地管理仓库中的货架和存放在其中的物品。

文件分配表记载的是分区中数据区的使用情况，如哪些地方已经存放了数据；哪些地方是空的，可以存放新数据等。该分配表类似于仓库中每个区域的货架使用情况登记表，用来记录哪些货架已存放了物品，哪些货架是空的，可以存放新的物品。

目录区记载的是每个文件（目录）的名称、属性、大小和存储位置等信息，主要用于定位文件。读取文件时系统根据目录区中记载的文件信息，再结合文件分配表就可以知道文件的数据在硬盘中的具体存储位置，这样就可以通过操作文件名来读取它的数据。实际上，目录区就像仓库中记录物品的名称、数量和存放位置的物品存放登记表，通过物品存放登记表，可以快速找到存放在货架上的物品。

数据区就像仓库中每个区域里的货架，是真正保存数据的地方。但如果分区中的文件分配表和目录区被破坏，系统就无法定位具体的文件，此时尽管文件的真实内容依然存放在数据区中，但系统无法找到这些数据，这就意味着数据丢失了。

2. 数据的存储

当我们在计算机中保存一个数据文件时，系统首先在文件分配表中查看数据区是否有存储空间，若有，则为文件安排合适的存储位置，并将文件的实际内容保存在指定的数据区中，然后将文件的名称、大小、位置等信息记录到目录区中。这一过程就像把物品存入仓库一样，先在货架使用情况登记表（文件分配表）中查看是否有空的货架，若有，则将物品放入货架（数据区），并将物品信息记录在物品存放登录表（目录区）中。

对于存储在计算机硬盘中的数据而言，文件分配表、目录区和数据区是一个不可分割的整体。保存在目录区中的文件名必须通过文件分配表才能在数据区中找到它的真实数据，如果文件分配表或目录区中没有这个文件的信息，尽管这个文件的真实内容依然保存在数据区中，但系统认为此文件不存在。反之，如果数据区出现问题，尽管文件分配表和目录区中有此文件的信息，系统也无法打开此文件对应的数据，这就是在计算机操作中有时文件会莫明其妙的丢失或无法打开的原因。

3. 计算机中的重要数据的保护

硬盘是计算机中最重要的存储设备，由于操作不当或受计算机病毒的破坏，保存在硬盘中的数据文件可能无法打开。计算机在使用过程中，硬盘本身也会出现损坏（一般称为物理损坏），如果硬盘出现物理损坏，保存在其中的文件就可能无法打开。当计算机中的文件无法打开时，有可能面临的就是数据的丢失。另外，由于存储在计算机硬盘里的数据文件即使被删除或硬盘分区被格式化，它的数据并没有真正地被清除，文件依然有被恢复的可能，所以，如果不对文件做特殊的技术处理，计算机出售、丢失或被盗后，保存在硬盘中的重要数据或敏感信息就有可能被不怀好意的人获取。对于重要的数据文件，一旦丢失或泄露，其造成的损失有时是无法估量的。所以不要认为数据保存在硬盘中是永久可靠的，也不要认为硬盘中已删除的数据文件是绝对安全的。为此，掌握一些数据安全方面的知识和技能，可以减少数据安全方面的隐患。为了保护好计算机中重要的数据，除了在思想上高度重视，还应掌握一些简单的方法。

（1）数据文件不要保存在计算机 C 盘中。

为使用方便，一般会将计算机中的硬盘分割为多个分区，即在"我的电脑"中看到的 C 盘、D 盘、E 盘等。在实际应用中，C 盘一般用于安装操作系统和各种应用软件，它的主要任务是启动计算机，使计算机进入工作状态。正是由于这种特殊性，所以如果计算机因软件故障或受计算机病毒影响不能正常启动而又无法修复，就不得不重装操作系统；重装操作系统的结果是原来保存在计算机 C 盘中的数据文件将全部丢失。所以，用户在使用计算机时，尽量不要把数据保存在 C 盘中。当然也不要将数据保存在桌面或桌面上的"我的文档"中，因为在桌面或"我的文档"中保存的数据最终还是保存在 C 盘中的，除非做了专门的设置。

（2）重要的数据文件要做好备份。

计算机的运行需要各种计算机软件的支持，简单地说，软件包括程序和数据。程序指安装在计算机中的能执行各种功能的软件，如 Windows 操作系统、Office 办公软件等。在计算机使用过程中，保存在计算机中的数据文件比程序要重要得多，因为程序损坏可以重新安装，而数据损坏或丢失就可能再也无法找回。所以，在计算机应用过程中，对于重要的数据一定要做好备份。

目前，最好的方法是将重要的数据在除硬盘外的其他存储介质中做一个备份，这些存储介质包括移动硬盘、优盘和光盘。移动硬盘和安装在计算机中的硬盘功能相同，被装在一个移动硬盘盒中，平时可以脱离计算机，使用时与计算机连接后即可。优盘由于体积小巧、携带方便，已经成为重要的存储设备之一，只是目前它的存储容量较小。光盘是永久保存数据的重要介质，目前的 DVD 光盘的存储容量足以满足使用要求，但将数据保存在光盘中需要光驱具有刻录功能。目前具有刻录功能的 DVD 光驱越来越普及，刻录光盘的过程也很简单，而且刻录时可为光盘设置打开密码，这样使保存在其中的数据更加安全。

（3）数据被意外删除后不要保存新的内容。

当重要的数据文件被意外删除或分区被意外格式化后，操作系统（如 Windows）自身是无法恢复这些数据的，这时需要使用专门的数据恢复软件。只要不是硬盘出现物理损坏，丢失的数据通过数据恢复软件一般都能找回。数据被意外删除或分区被意外格式化后，最重要的一点是不要向分区中保存新的内容，因为新的内容会覆盖已删除文件的数据区，而一旦被删除文件的数据区被新的数据覆盖，则文件将彻底不可恢复。

数据恢复操作其实并不复杂，目前市面上有不少数据恢复软件，用户可通过网上资源进行下载安装，基本均能找回丢失的数据。但是，如果是因为硬盘出现物理损坏（硬件故障）而不能打开其中的数据，这时要恢复其中的数据就比较困难，一般的数据恢复软件也可能无法读出其中的数据。若发生这种情况，且硬盘中有很重要的数据，则应找专业的数据恢复公司来恢复硬盘中的数据。

（4）销毁重要数据使其不可恢复。

如果硬盘中没有重要数据或敏感信息，删除文件或格式化硬盘是简单、快捷的方法。但如果清除的是重要数据且不希望这些数据能被别人恢复，就必须采用数据粉碎技术来彻底销毁这些数据文件。数据粉碎就如同现实生活中重要的文件必须用碎纸机来销毁一样，被粉碎的数据文件是不能被恢复的。

粉碎数据的原理就是在删除文件时用新的数据来填充被删除文件的数据区，当然这种数据填充是无法用手工方式来完成的，必须借助于专门的软件。现在一些杀毒软件已提供了专门的文件粉碎功能。与文件删除不同，文件粉碎要对被删除文件数据区中的每一个数据单元都进行填充，因此粉碎文件用的时间比较长，而且不同大小的文件粉碎的速度相差很多。

8.3.3 任务实施

恢复计算机中删除的 Office 文档，可采用以下几种方法。

方法一： 使用 Office 文档的自动恢复机制。

2007 以上版本的 Office 文档，都有一个应急文档存储机制，可以自动保存文件的信息内容，用户只需进入指定的存储路径即可找到缓存文件。以 2016 版本的 Word 文档为例，如一文档在操作中被误删除，进入 Word，选择"文件→选项"，打开"选项"对话框，选择"保存设置"即可自定义文档保存方式。可通过文档管理服务器草稿位置查看Office 文档缓存，进行文档查找，如图 8-14 所示。

图8-14 Office文档保存方式设置

> **⊙ 提示**
>
> 自动保存文档信息的间隔时间默认是10分钟，用户可以根据自己的保存需求自行调整。

方法二： 使用数据恢复软件。

数据恢复软件是指用户由于计算机突然死机、断电、重要文件不小心删掉、计算机中毒、文件无法读取、系统突然崩溃、误操作、误格式化、计算机病毒的攻击等软硬件故障下的数据找回和数据恢复处理工具。目前，最简便快捷的方法是使用专业的数据恢复工具——迅龙数据恢复软件。该软件采用先进的瞬间扫描技术，可以大幅度地提升扫描效率。

迅龙数据恢复软件（如图 8-15 所示）基于被删的文件被打上了删除标记，但是文件的内容没有被删除来对文件的目录进行扫描从而找到文件的具体内容，还有的软件是通过改写分区表的方式来恢复原来的分区。

图8-15　迅龙数据恢复软件

步骤 1： 安装迅龙数据恢复软件，打开界面，单击"误删除文件"选项按钮。

步骤 2： 在列表中选择需要恢复文件的存储路径，并单击"下一步"。

步骤 3： 自动进入扫描状态，用户只要稍等片刻，即可完成扫描工作。

步骤 4： 通过"文件预览"功能，选中需要进行恢复的文件，单击"保存"按钮。

步骤 5： 单击"浏览"按钮，选择文件的存储路径，再次单击"下一步"。

只要掌握了上述恢复数据的技巧，即可轻松地把办公计算机上丢失的文件找回来。

8.3.4　任务评价

完成数据的删除与应急恢复任务需从恢复计算机中删除的 Office 文档、对计算机中重要数据进行保护设置、职业能力、素质能力等方面进行综合评价，评价参考标准如表8-3所示。

表 8-3　评价参考标准

技能分类	测试项目	评价等级
基本能力	熟练掌握数据文件的存储结构	
	熟悉文件的恢复方法	
职业能力	根据使用需要，恢复计算机中删除的 Office 文档	
	具备一定的信息数据分析及数据恢复处理技巧	
通用能力	自学能力、总结能力、协作能力、动手能力	
素质能力	通过了解数据恢复策略，提高计算机用户安全防护的意识和能力	
综合评价		

本章小结

本章通过介绍信息安全相关知识，帮助读者了解信息安全基础知识，学习使用360安全卫士进行计算机清理和病毒查杀，在使用浏览器上网时，学会对浏览器进行安全设置来保护个人隐私，对日常工作文件的误删除能进行有效恢复，提高计算机用户安全防护的意识和能力，创建良好的网络安全环境。

思考与练习

一、选择题

1. 计算机病毒是指（　　）。

   A. 生物病毒感染　　　　　　B. 细菌感染

   C. 被损坏的程序　　　　　　D. 特制的具有破坏性的程序

2. 下列选项中，不属于计算机病毒特征的是（　　）。

   A. 破坏性　　　　B. 潜伏性　　　　C. 传染性　　　　D. 免疫性

3. 下面列出的计算机病毒传播途径，不正确的说法是（　　）。

   A. 使用来路不明的软件　　　　B. 通过借用他人的软盘

   C. 通过非法的软件复制　　　　D. 通过把多个磁盘叠放在一起

4. 计算机病毒通常分为引导型、复合型和（　　）。

   A. 外壳型　　　　B. 文件型　　　　C. 内码型　　　　D. 操作系统型

5. 下面预防计算机病毒的手段，错误的是（　　）。

   A. 要经常对硬盘上的文件进行备份

   B. 凡不需要再写入数据的磁盘都应有写保护

   C. 将所有的 .com 和 .exe 文件赋以"只读"属性

   D. 对磁盘进行清洗

二、操作题

1. 在自己的计算机上下载安装 360 安全卫士，并对计算机进行全面检测。

2. 使用 360 安全卫士对 C 盘进行木马病毒查杀。

3. 如果在网页中保留了用户信息，例如用户输入的 Email 账户、密码等私人信息，如何清除？

三、简答题

1. 360 安全卫士的清理使用痕迹功能都可以清除哪些使用痕迹？

2. 什么是木马病毒？

3. 木马病毒有哪些危害？

4. 如何预防木马病毒？

第九章

新一代信息技术

任务目标

1. 职业素质：培养职业道德、坚强的意志和较强的团队协作意识，以及学习和创新方面的素质，从而适应未来岗位可持续发展或岗位迁移的需要。

2. 了解物联网关键技术及其应用。

3. 了解大数据基础概念、大数据核心技术与平台及其在不同领域的应用。

4. 了解人工智能在不同领域的应用实践及其发展前景。

5. 培养探究意识、自主学习、团队协作的能力。

6. 具备借助于物联网、云计算、大数据和人工智能技术提高创新能力。

思维导图

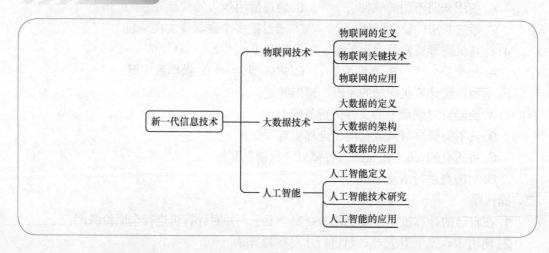

本章导读

新一代信息技术是以物联网、人工智能、大数据、移动通信等为代表的新兴技术。它既是信息技术的纵向升级，也是信息技术之间及其与相关产业的横向融合。本章介绍新一代信息技术的基本概念、技术特点和典型应用等；了解以物联网、人工智能、区块链、量子信息、移动通信等为代表的新一代信息技术的基本概念、技术特点等，对新一代信息技术的发展现状和趋势有一定的认识。

通过学习本章内容，学生能够运用新一代信息技术解决实际问题，正确分析其应用价值；理解新一代信息技术对人们的生产生活产生的影响，认同并维护我国"科教兴国"

战略，自觉培养创新意识，勇担民族复兴使命，发扬时代精神。

9.1.1　什么是物联网

物联网一词已经渗透到我们生活的方方面面。事实上，物联网技术的原理就是在计算机互联网的基础上，利用 RFID、无线数据通信等技术，构建覆盖全球上千栋建筑的"物联网"。在互联网中，建筑物（物品）可在无人工干预的情况下相互通信。

物联网可简单理解为：物联网 = 物 + 联网，物 = 处理器 + 传感器 + 动作器，联网 = 数据传输 + 服务器 + 客户端。物联网终端采集数据，将数据传输到服务器，服务器对数据进行存储和处理，并将数据显示给用户。

9.1.2　物联网关键技术

物联网技术能够让万物实现互联互通，使各个行业实现精准定位、智慧监控、远程监控等，主要有以下 3 种技术的支持，即 RFID 技术、传感器技术和无线传输技术。

1. RFID 技术

RFID，全称射频识别，即射频识别技术，使用无线信号感知来监视目标并记录数据，是一项集射频技术和嵌入式技术于一体的综合技术。它将被广泛应用于自动识别和物品物流管理。

它主要由应答器、应用软件系统和阅读器三部分组成。阅读器检测到信号后，通过天线发射相应频率的射频信号。应用软件系统接收到信息频率信号后进行信息处理，装置内部的芯片会发送存储的信息，阅读器重新接收频率信号，进行数据分析处理，传到后台操作系统，控制信息数据。

RFID 技术原理如图 9-1 所示。

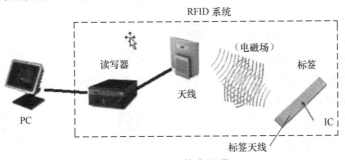

图9-1　RFID技术原理

（1）系统的工作频率

通常阅读器发送信号时所使用的频率被称为 RFID 系统的工作频率。常见的工作频率有低频 125kHz、134.2kHz 及 13.56MHz 等。低频系统一般指其工作频率小于 30MHz，典型的工作频率有 125kHz、225kHz、13.56MHz 等，这些频点应用的射频识别系统一般都有相应的国际标准予以支持，其基本特点是电子标签的成本较低、标签内保存的数据量较少、阅读距离较短、电子标签外形多样（卡状、环状、纽扣状、笔状）、阅读天线方向性不强等。

高频系统一般指其工作频率大于 400MHz，典型的工作频段有 915MHz、2.45GHz、5.8GHz 等。国际标准也支持高频系统的工作频段。高频系统的基本特点是电子标签及阅读器成本均较高，标签内保存的数据量较大、阅读距离较长（可达几米至十几米），适应物体高速运动性能好，外形一般为卡状，阅读天线及电子标签天线均有较强的方向性。

（2）RFID 标签类型

RFID 标签分为被动标签（Passive Tags）和主动标签（Active Tags）两种。主动标签自身带有电池供电，与被动标签相比成本更高，也称为有源标签，一般具有较长的阅读距离，不足之处是电池不能长久使用，能量耗尽后需更换电池。被动标签在接收到阅读器（读出装置）发出的微波信号后，将部分微波能量转化为直流供自己使用，成本很低并具有很长的使用寿命，比主动标签更小也更轻，读写距离较短，也称为无源标签。相比有源系统，无源系统在阅读距离及适应物体运动速度方面略有限制。

按照存储的信息是否被改写，标签也被分为只读式标签（Read only）和可读写标签（Read and Write）。只读式标签内的信息在集成电路生产时即将信息写入，以后不能修改，只能被专门设备读取；可读写标签将保存的信息写入其内部的存储区，需要改写时，采用专门的编程或写入设备擦写，一般将信息写入电子标签所花费的时间远大于读取电子标签信息所花费的时间，写入所花费的时间单位为秒，阅读花费的时间单位为毫秒。

2. 传感器技术

传感器技术是计算机应用中的一项关键技术，它将传输中的模拟信号转换成可处理的数字信号，并将其交给计算机进行处理。

它主要将传感器、数据处理单元组件和通信组件集成在需要随机分布的信息采集和传输的区域，形成一个网络结构（传感器网络）。节点数量相对较多，可以适应复杂多变的环境。作为物联网技术的核心，它在物联网与信息交换和传输之间起着非常重要的作用。物联网技术以物联网卡片为载体，通过在设备中插入物联网卡来实现身份识别和承载服务的功能。无线传感器网络如图 9-2 所示。

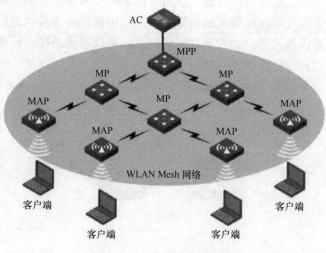

图9-2　无线传感器网络

　　无线传感器网络是通过无线通信技术把数以万计的传感器节点自由式进行组织与结合进而形成的网络。构成传感器节点的单元分别为数据采集单元、数据传输单元、数据处理单元和能量供应单元。其中数据采集单元通常用来采集监测区域内的信息并加以转换，比如光强度、大气压力与湿度等；数据传输单元则主要以无线通信和交流信息及发送、接收采集进来的数据信息为主；数据处理单元通常处理的是全部节点的路由协议、管理任务及定位装置等；能量供应单元为缩减传感器节点占据的面积，会选择微型电池的构成形式。无线传感器网络中的节点分为两种，一种是汇聚节点，另一种是传感器节点。汇聚节点主要用于网关在传感器节点中将错误的报告数据剔除，并结合相关报告将数据加以融合，对发生的事件进行判断。汇聚节点采集到的数据通过互联网或者卫星发送给用户，并对收集到的数据进行处理。

　　根据在 Mesh 网络中的功能不同，无线传感器网络有 MPP、MP 和 MAP 这 3 种角色，具体如下。

　　（1）MPP（Mesh Portal Point）：连接无线 Mesh 网络和其他类型的网络，并与 Mesh 网络内部 MP/MAP 节点进行通信。这个节点具有 Portal 功能，通过这个节点，Mesh 内部的节点可以和外部网络通信。

　　（2）MP（Mesh Point）：在 Mesh 网络中，使用 IEEE 802.11MAC 和 PHY 协议进行无线通信，并且支持 Mesh 功能的节点。该节点支持自动拓扑、路由的自动发现、数据包的转发等功能。

　　（3）MAP（Mesh AP）：任何支持 AP 功能的 Mesh Point，可以为 sta 提供接入功能。

3. 无线传输技术

　　无线网络在无线局域网的范畴是指"无线相容性认证"，是一种商业认证，同时也是一种无线联网技术，20 世纪，我们通过网线连接计算机，而 Wi-Fi 则是通过无线电波联网，常见方式为无线路由器，在无线路由器的电波覆盖的有效范围内都可以采用 Wi-Fi 进行联网，如果无线路由器连接一条 ADSL 或者其他上网线路，则又被称为热点。Wi-Fi 技术承担着智能应用中的信息感知任务。传感器在信息感知中采集的环境等信息需要 Wi-Fi 技术的支持，且将采集到的信息交换传输到应用分析层面也需要 Wi-Fi。无线传输方式有很多种，可进行如下选择。

　　（1）在近距离场景使用 BLE 或 Zigbee 实现低功耗。

　　（2）低功耗、远距离场景使用 NB-IoT 或 2G 网络。

　　（3）大数据、近距离场景使用 Wi-Fi。

　　（4）大数据、远距离场景使用 4G 网络。

　　传输方式各不相同，各有利弊。在网络布局上，长途网络直连基站，无须自行安排网络节点；远程网络需要有一个网络节点，先将终端数据传输给该节点，再由该节点接入广域网。与短距离传输相比，长距离传输成本更高，功耗更高。合理使用远程配置，可以有效降低物联网终端的成本。

　　无线网络上网可以简单地理解为无线上网，智能手机、平板电脑和笔记本电脑均支持 Wi-Fi 上网，Wi-Fi 是当今使用最广的一种无线网络传输技术，本质是将有线网络信号转换为无线信号，使用无线路由器支持计算机、手机、平板电脑等接收无线信号。手机如果有

Wi-Fi 功能，在有 Wi-Fi 信号的场所，可不通过中国移动、中国联通的网络上网，省掉流量费。

Wi-Fi 技术给我们的生活带来很大的便利，随着信息时代的到来，随之产生 Wi-Fi6，Wi-Fi6 与我们现在使用的 Wi-Fi 相比区别如下。

（1）Wi-Fi 是第五代技术，应用正交频分复用技术，即设备连接路由器等待设备，需要排队，一个一个通过。

（2）Wi-Fi 采用 WEP 和 WPA2 技术加密，而 WEP 基本被淘汰，大多路由器禁止用户选择 WEP 加密技术，Wi-Fi 密码的加密技术大多选择 WPA2 方式，WPA2 加密技术较复杂，不易被破解。

（3）在耗电方面，Wi-Fi 比 Wi-Fi6 耗电量大。

Wi-Fi6 采用正交频分多址技术，Wi-Fi 需要排队，Wi-Fi6 技术无须排队。Wi-Fi6 采用 WPA3 技术加密方式，WPA3 技术是 WPA2 技术的升级版，采用更为复杂的加密技术和算法，能够更好地防止密码穷举和暴力破解的攻击技术，使攻击变得尤为困难，从而保证了网络的安全。Wi-Fi6 采用的技术相对 Wi-Fi 耗电量降低，更加环保。

9.1.3 物联网的应用

《2018 物联网行业应用研究报告——概念、架构及行业梳理》整理了物联网产业的发展，其中涉及的应用领域有物流、交通、安防、能源、医疗、建筑、制造、家居、零售和农业。下面从不同领域了解它们与物联网的联系情况。

（1）物流。在物联网、大数据和人工智能的支撑下，物流的各个环节已经可进行系统感知、全面分析处理等。在物联网领域的应用，主要是仓储、运输监测、快递终端。结合物联网技术，可以监测货物的温湿度和运输车辆的位置、状态、油耗、速度等。从运输效率来看，物流行业的智能化水平得到了提高。

（2）交通。物联网与交通的结合主要体现在人、车、路的紧密结合，使得交通环境得到改善，交通安全得到保障，资源利用率在一定程度上也得到提高，具体应用在智能公交车、共享单车、车联网、充电桩监测、智能红绿灯、智慧停车等方面。而互联网企业中竞争较为激烈的方面是车联网。

（3）安防。传统的安防依赖人力，而智能安防可利用设备减少对人员的依赖。最核心的是智能安防系统，主要包括门禁、报警、监控，视频监控用得比较多，同时该系统可传输存储图像，也可进行分析处理。

（4）能源。在能源环保方面，与物联网的结合包括水能、电能、燃气，以及路灯、井盖、垃圾桶这类环保装置。智慧井盖实现监测水位，智能水电表实现远程获取数据。将水、电、光能设备联网，提高利用率，减少不必要的损耗。

（5）医疗。利用物联网技术可以获取数据，可实现人和物的智能化管理。在医疗领域，体现在医疗的可穿戴设备方面，可以将数据形成电子文件，方便查询。可穿戴设备通过传感器可监测人的心跳频率、体力消耗、血压高低。利用 RFID 技术实现监控医疗设备、医疗用品，实现医院的可视化、数字化。

（6）建筑。建筑与物联网的结合，体现在节能方面，与医院医疗设备的管理类似，智慧建筑能对建筑设备进行感知，可以节约能源，同时减少运维成本，具体包括用电照明、消防监测、智慧电梯、楼宇监测等。

（7）制造。制造领域涉及行业范围较广，制造业与物联网的结合，主要是数字化、智能化的工厂，涉及机械设备监控和环境监控。环境监控主要监控温湿度和烟感。机械设备监控指设备厂商能够远程升级维护设备，及时了解设备使用状况，收集其他关于产品的信息，利于产品设计和售后。

（8）家居。家居与物联网的结合，使得很多智能家居类的企业走向物物联动。而智能家居行业的发展首先是单品连接，物物联动处于中间阶段，最终阶段是平台集成。利用物联网技术，可监测家居产品的位置、状态、变化，进行分析反馈。

（9）零售。零售与物联网的结合体现在无人便利店和自动售货机。智能零售将零售领域的售货机、便利店进行数字化处理，形成无人零售的模式，从而可以节省人力成本，提高经营效率。

（10）农业。农业与物联网的融合表现在农业种植、畜牧养殖。农业种植利用传感器、摄像头、卫星来促进农作物和机械装备的数字化发展。畜牧养殖通过耳标、可穿戴设备、摄像头来收集数据，然后分析并使用算法判断畜禽的状况，精准管理畜禽的健康、喂养、位置、发情期等。通过物联网技术获取数据，利用云技术、边缘计算、人工智能分析处理数据，我们的生活更加数字化、智能化。物联网作为获取数据的入口，有很大的发展潜能和市场空间。

任务 2 》 了解大数据技术

9.2.1 什么是大数据

麦肯锡全球研究所对大数据的定义：大数据是一种规模大到在获取、存储、管理、分析方面大大超出了传统数据库软件工具能力范围的数据集合，具有海量的数据规模、快速的数据流转、多样的数据类型和较低的价值密度四大特征。

大数据最大的特征，是数据量巨大，庞大到传统的数据处理软件如 Excel、MySQL 等都无法很好的支持分析。同时意味着无论是数据的存储还是加工计算等过程，用到的处理技术完全不同，例如 Hadoop、Spark 等。

9.2.2 大数据的架构

在企业内部，数据从生产、存储到分析、应用会经历各个处理流程。它们相互关联，形成了整体的大数据架构。通常，在我们最终查看数据报表或者使用数据进行算法预测之前，数据都会经历以下几个处理环节。

（1）数据采集：是指将应用程序产生的数据和日志等同步到大数据系统中。

（2）数据存储：海量的数据需要存储在系统中，方便下次使用时进行查询。

（3）数据处理：原始数据需要经过层层过滤、拼接、转换才能最终应用，数据处理就是这些过程的统称。一般来说，有两种类型的数据处理，一种是离线的批量处理，另一种是实时在线分析。

（4）数据应用：经过处理的数据可以对外提供服务，比如生成可视化的报表、作为互动式分析的素材提供给推荐系统训练模型等。

大数据架构如图 9-3 所示。

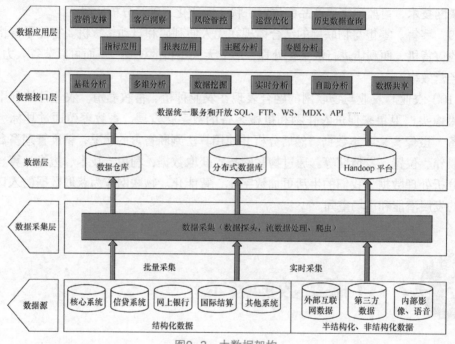

图9-3　大数据架构

常用的大数据技术是基于 Hadoop 生态。Hadoop 是一个分布式系统基础架构，换言之，它的数据存储和加工过程都是分布式的，由多个机器共同完成。通过这样的并行处理，提高安全性和数据处理规模。

Hadoop 框架的核心设计：HDFS 和 MapReduce。HDFS（ Hadoop Distributed File System）为海量的数据提供了存储，而 MapReduce 则为海量的数据提供了计算。HDFS 为一套分布式的文件系统，大数据架构里的海量数据就存储在这些文件系统里，每次分析，从文件中获取即可。而 MapReduce 是一种分布式计算过程，它包括 Map（ 映射）和 Reduce（ 归约），如向 MapReduce 框架提交一项计算任务时，首先它会将计算任务拆分成若干个 Map 任务，然后分配到不同的节点上去执行，每一个 Map 任务处理输入数据中的一部分，Map 任务完成后，Reduce 将前面若干个 Map 的输出聚合并输出，等同于利用分布式的机器完成了大规模的计算任务。

9.2.3　大数据的应用

大数据时代，移动互联网、物联网产生了海量的数据，大数据计算技术完美地解决了海量数据的收集、存储、计算、分析的问题。一些企业也成立了大数据部门，大数据得到了企业的高度重视。

大数据的应用主要有以下 7 个领域。

（1）电商领域

大数据在电商领域的应用，已经屡见不鲜，淘宝、京东等电商平台利用大数据技术对用户信息进行分析，从而为用户推送感兴趣的产品。它根据用户的消费习惯提前生产资料、物流管理等，有利于精细社会大生产。由于电商的数据较为集中，数据量足够大，数据种类较多，因此，未来电商数据应用将会有更多的想象空间，包括预测流行趋势、消费趋势、地域消费特点、用户消费习惯、各种消费行为的相关度、消费热点、影响消费的重要因素等。

（2）医疗领域

大数据在医疗行业通过临床数据对比、实时统计分析、远程病人数据分析、就诊行为分析等，辅助医生进行临床决策，规范诊疗路径，提高工作效率。在医疗机构中，无论是病理报告、治愈方案，还是药物报告等，数据都是比较庞大的，面对众多病毒、肿瘤细胞都处于不断进化的过程，诊断时会发现对疾病的确诊和治疗方案的确定是很困难的，而未来，我们可以借助大数据平台收集不同病例和治疗方案，以及病人的基本特征，建立关于疾病特点的数据库。

（3）政府领域

"智慧城市"已经在多地尝试运营，通过大数据，政府部门得以感知社会的发展变化需求，从而更加科学化、精准化、合理化地为市民提供相应的公共服务，以及资源配置。

（4）传媒领域

传媒相关企业通过收集各种信息，进行分类筛选、清洗、深度加工，实现对读者和受众个性化需求的准确定位和把握，并追踪读者的浏览习惯，不断进行信息优化。

（5）金融领域

大数据在金融行业的应用范围是比较广的，它更多地应用于交易，现在很多股权的交易都是利用大数据算法进行的；通过大数据技术，银行可以根据用户的年龄、资产规模、理财偏好等，对用户群进行精准定位，分析出潜在的金融服务需求。

（6）教育领域

通过大数据的分析能力，能够为每位学生创设一个量身定做的个性化课程，为学生的长期学习提供一个富有挑战性的学习计划。

（7）交通领域

通过大数据技术，可以预测未来交通情况，为改善交通状况提供优化方案，有助于交通部门提高对道路交通的把控能力，缓解交通拥堵，提供更加人性化的服务。例如，基于城市实时交通信息、利用社交网络和天气数据来优化最新的交通情况。

大数据技术的发展带来企业经营决策模式的转变，驱动着行业变革，衍生出新的商机和发展契机。驾驭大数据的能力已被证实为领军企业的核心竞争力，这种能力能够帮助企业打破数据边界，绘制企业运营全景视图，做出最优的商业决策和发展战略。企业应以大数据平台建设为基础，夯实大数据的收集、存储、处理能力；重点推进大数据人才的梯队建设，打造专业、高效、灵活的大数据分析团队；不断挖掘海量数据的商业价值，从而在数据新浪潮的变革中拔得头筹，赢得先机。

任务 3 〉 了解人工智能

9.3.1 什么是人工智能

人工智能（Artificial Intelligence，AI）是研究和开发用于模拟、延伸和扩展人的智能的理论、方法、技术及应用系统的一门新的技术科学。

人工智能是关于知识的科学（知识的表示、知识的获取及知识的运用），是一门极富挑战性的科学，学科涉及计算机知识、心理学和哲学。人工智能（学科）是计算机科学中涉及研究、设计和应用智能机器的一个分支。它的主要目标是研究用机器来模仿和执行人脑的某些智力功能，并开发相关理论和技术。人工智能（能力）是智能机器所执行的通常与人类智能有关的智能行为，如判断、推理、证明、识别、感知、理解、通信、设计、思考、规划、学习和问题求解等思维活动。

人工智能的发展阶段如下。

1. 孕育期（1956 年之前）

公元前，亚里士多德（Aristotle）：三段论；

弗朗西斯·培根（Francis Bacon）：归纳法；

戈特弗里德·威廉·莱布尼茨（Gottfried Wilhelm Leibnitz）：万能符号、推理计算；

乔治·布尔（George Boole）：用符号语言描述思维活动的基本推理法则；

1936 年，艾伦·麦席森·图灵（Alan Mathison Turing）：图灵机；

1943 年，沃伦·麦卡洛克（Warren McCulloch）、沃尔特·皮茨（Walter Pitts）：M-P 模型；

美国爱荷华州立大学的阿塔纳索夫教授和他的研究生贝瑞在 1937—1941 年开发的世界上第一台电子计算机"阿塔纳索夫 - 贝瑞计算机"（Atanasoff-Berry Computer，ABC）为人工智能的研究奠定了物质基础。

2. 形成期（1956 — 1965 年）

1956 年，塞缪尔在 IBM 计算机上研制成功了具有自学习、自组织和自适应能力的西洋跳棋程序。

1957 年，纽厄尔、肖（Shaw）和西蒙等研制了一个称为逻辑理论机的数学定理证明程序。

1958 年，麦卡锡建立了行动规划咨询系统。

1960 年，纽厄尔等研制了通用问题求解程序；麦卡锡研制了人工智能语言 LISP（计算机程序设计语言）。

1961 年，明斯基发表了《迈向人工智能的步骤》的论文，推动了人工智能的发展。

1965 年，鲁宾逊提出了归结（消解）原理。

3. 暗淡期（1966 — 1971 年）

塞缪尔的跳棋程序在与世界冠军对弈时，以 1∶4 告负。归结法的能力有限，当用归结原理证明"两连续函数之和仍然是连续函数"时，推了 10 万步也没证明出结果。英国剑桥大学数学家詹姆士按照英国政府的旨意，发表一份关于人工智能的综合报告，声称"人工智能即使不是骗局，也是庸人自扰"。

4. 知识应用期（1972 — 1988 年）

知识应用期实现了人工智能从理论研究走向专门知识应用，是 AI 发展史上的一次重要突破与转折。

1972 — 1976 年，费根鲍姆研制 MYCIN 专家系统，用于协助内科医生诊断细菌感染疾病，并提供最佳处方。

1976 年，斯坦福大学的杜达等研制地质勘探专家系统 PROSPECTOR。

知识应用期，计算机视觉、机器人、自然语言理解、机器翻译等 AI 应用研究获得发展。

5. 稳步增长期（1988 年至今）

20 世纪 90 年代，随着计算机网络、计算机通信等技术的发展，关于智能体（Agent）的研究成为人工智能的热点。1993 年，肖哈姆提出面向智能体的程序设计。1995 年，罗素和诺维格出版了《人工智能》一书，提出"将人工智能定义为对从环境中接收、感知信息并执行行动的智能体的研究"。所以，智能体研究是人工智能的核心问题。斯坦福大学计算机科学系的海斯·罗斯在 1995 年国际人工智能联合会议的特约报告中谈道："智能体既是人工智能最初的目标，也是人工智能最终的目标"。

20 世纪 90 年代以来，互联网快速发展，并且逐渐成为人们日常生活不可分割的一部分。在人工智能第二次低谷中，人工智能最大的发展障碍就是缺乏快速获取知识的途径，互联网的出现正好解决了这一大难题。在激增数据的支持下，人工智能发展到从推理、搜索升华到知识获取阶段后，进一步迈入了机器学习阶段。早在 1996 年，人们就已经系统地定义了机器学习，它是人工智能的一个研究领域，其主要研究对象是如何通过经验学习改进具体算法。到了 1997 年，随着互联网的发展，机器学习被进一步定义为"对能够通过经验自动改进的计算机算法的研究"。数据是载体，智能是目标，而机器学习是从数据通往智能的技术途径。Boosting、支持向量机（Support Vector Machine，SVM）、集成学习和稀疏学习是机器学习界及统计界近 20 年来最为活跃的研究方向，这些成果来自统计界和计算机科学界的共同努力。

随着深度学习的兴起，人工智能又迎来了它的第三波发展热潮。近年来，谷歌、微软、百度、Facebook 等知名高科技公司争相投入资源，占领深度学习的技术制高点。在大数据时代，更加复杂且更加强大的深度模型能深刻揭示海量数据所承载的复杂而丰富的信息，并对未来或未知事件做出更精准的预测。

9.3.2　技术研究

人工智能自 1956 年诞生至今，尚未形成一个统一的理论体系，不同的人工智能学派因学术观点、研究重点的不同，在人工智能的研究方法上有一些争论。目前人工智能的主要研究学派有符号主义（Symbolicism）、连接主义（Connectionism）和行为主义（Actionism）。符号主义的原理主要为物理符号系统（符号操作系统）假设和有限合理性原理。连接主义的原理主要为神经网络及神经网络间的连接机制与学习算法。行为主义的原理主要为控制论及感知—动作型控制系统。3 个学派具有不同的哲学观点、计算方法和适应范围。

1. 符号主义

符号主义，又称为逻辑主义、心理学派或计算机学派，它认为人的认知基元是符号，而认知过程即符号操作过程。它认为智能是一个物理符号系统，计算机也是一个物理符号系统，因此，我们能够用计算机来模拟人的智能行为，即用计算机的符号操作来模拟人的认知过程。例如 LISP 语言、PROLOG 语言、自然语言理解、机器定理证明、专家系统。因为这种学派对于 AI 的解释和人们的认知是比较相近的，大家较容易接受，所以符号主义在 AI 历史中的很长一段时间都处于主导地位。

符号主义的代表人物是纽厄尔、西蒙和尼尔森等。纽厄尔发明了信息处理语言，完成了最早的两个 AI 程序——Logic Theorist 和 General Problem Solver，同时为计算机科学和认知信息学领域提供了很多前沿性的理论成果，并与尼尔森于 1975 年获得了图灵奖。

符号主义的主要特征总结如下。

（1）符号主义立足于逻辑运算和符号操作，适合于模拟人的逻辑思维过程，解决需要逻辑推理的复杂问题，因此很多传统的自然科学问题利用符号主义解决是非常合适的。

（2）符号主义将知识用显式的符号表示，在已知基本规则的情况下，无须输入大量的细节知识。

（3）便于模块化，当个别事实发生变化时，易于修改。在人工智能的三大学派中，单从编程的角度而言，符号主义最具优势。

（4）能与传统的符号数据库进行连接。

（5）可对推理结论进行解释，便于对各种可能性进行选择。

符号主义力图用数学逻辑方法来建立人工智能的统一理论体系，但遇到了不少暂时无法解决的困难，例如，它可以顺利解决逻辑思维问题，但难以对形象思维进行模拟；信息表示成符号后，在处理或转换时存在信息丢失的情况。

2. 连接主义

连接主义又称为仿生学派或生理学派，它认为人的思维基元是神经元，而不是符号。它对物理符号系统假设持反对意见，认为人脑不同于计算机。连接主义主张人工智能应着重于结构模拟，即模拟人的生理神经网络结构，并认为功能、结构和智能行为是密切相关的，不同的结构表现出不同的功能和行为，目前已经提出多种人工神经网络结构和很多学习算法。相较于符号主义学派，连接主义学派显然更看重智能赖以实现的"硬件"。

人的大脑通过神经元传输信息，数量巨大的神经元构成了神经网络。每个神经元细胞具有树突、轴突和细胞体等结构，突触小体是轴突的最末端。树突可以接收信号，轴突用于输出信号，突触小体与其他神经元的树突相接触形成突触，不同的突触具有不同的权重。树突传入的信号强度与相应的突触权重相乘，经过细胞体设置的非线性阈值检验，触发轴突的兴奋或抑制。某一个神经元接收到刺激信号后，会将其传输给另一个神经元，这样逐层传递到大脑进行处理后就形成了感知。这就好比传感器，只有刺激达到某一个值，传感器才会做出反应，数目庞大的神经元连接成结构复杂的网络，从而实现灵活多样的功能。

人工神经网络是对人脑神经元的抽象模拟，它从信息处理的角度来建立简单的模型，按照不同的连接方式组成各种各样的"神经网络"。人工智能中的神经网络并不是由神经元组成的，而是由大量的节点相互连接而成的。每个节点都可以看作一个独立的输出系统，每两个节点之间的连接都代表一个权重值。当信息在节点之间传输时，根据权重值的不同，信息所经过的节点也会有所不同，最终整个神经网络会在不断筛选和传输的过程中逐步逼近自然界中存在的某种算法或者逻辑。

连接主义的主要特征总结如下。

（1）通过"神经元"之间的并行协作实现信息处理，处理过程具有并行性、动态性、全局性。

（2）可以实现联想的功能，便于对有噪声的信息进行处理。

（3）可以通过对"神经元"之间连接强度的调整实现学习和分类等。

（4）适合模拟人类的形象思维过程。

（5）求解问题时，可以较快地得到一个近似解。

但是连接主义同样也有缺点，它不适合解决逻辑思维问题，而且神经网络模型具备的"黑盒"属性也一直是困扰研究人员和开发者的问题之一。

3. 行为主义

行为主义又称为进化主义或控制论学派，它认为人工智能的研究应采用行为模拟方法，功能、结构和智能行为是不可分的，不同的行为对应不同的功能和不同的控制结构，智能只取决于感知和行动。行为主义者认为，智能不需要知识，不需要表示，不需要推理；人工智能可以像人类智能一样逐步进化；智能行为产生于现实世界中与周围环境的交互。行为主义还认为，符号主义和连接主义对真实世界客观事物及其智能行为工作模式的描述过于简化和抽象，因而不能真实地反映客观存在。

控制论思想早在20世纪40年代到50年代就成为时代思潮的重要部分，影响了早期的人工智能工作者。维纳（Wiener）和麦卡洛克（McCulloch）等提出的控制论和自组织系统，以及钱学森等提出的工程控制论和生物控制论影响了许多领域。控制论把神经系统的工作原理与信息理论、控制理论、逻辑及计算机联系起来。早期的研究工作重点是模拟人在控制过程中的智能行为和作用，如对自寻优、自适应、自镇定、自组织和自学习等控制论系统的研究，并进行"控制论动物"的研究。20世纪60年代到70年代，上述这些控制论系统的研究取得一定进展，播下智能控制和智能机器人的种子，并在20世纪80年代诞生了智能控制和智能机器人系统。行为主义是20世纪末以人工智能新学派的面孔出现的，引起许多人的兴趣。这一学派的代表性成果是布鲁克斯（Brooks）的"六足机器虫"，它被看作新一代的"控制论动物"，是一个基于感知-动作模式模拟昆虫行为的控制系统。

行为主义的主要特征总结如下。

（1）知识的形式表达和模型化方法是人工智能的重要障碍之一。

（2）智能取决于感知和行动，应直接利用机器对机器环境作用后，以环境对作用的响应为原型。

（3）智能行为只能体现在世界中，通过与周围环境交互而表现出来。

（4）人工智能可以像人类智能一样逐步进化、分阶段发展和增强。

9.3.3 人工智能的应用

人工智能应用在生活中无处不在，人工智能行业图谱如图9-4所示，人工智能的十大应用如下。

1. 无人驾驶汽车

无人驾驶汽车是智能汽车的一种，也称为轮式移动机器人，主要依靠车内以计算机系统为主的智能驾驶控制器来实现无人驾驶。无人驾驶中涉及的技术很多，例如计算机视觉、自动控制技术等。

无人驾驶汽车利用传感器技术、信号处理技术、通信技术和计算机技术等，通过集成视觉、激光

图9-4 人工智能行业图谱

雷达、超声传感器、微波雷达、全球定位系统（Global Positioning System，GPS）、里程计、磁罗盘等多种车载传感器来辨识汽车所处的环境和状态，并根据所获得的道路信息、交通信号的信息、车辆位置和障碍物信息做出分析和判断，向主控计算机发出期望控制，控制车辆转向和速度，从而实现无人驾驶车辆依据自身意图和环境的拟人驾驶。

2. 人脸识别

人脸识别也称人像识别、面部识别，是基于人的脸部特征信息进行身份识别的一种生物识别技术。人脸识别涉及的技术主要包括计算机视觉、图像处理等。广义的人脸识别包括构建人脸识别系统的一系列相关技术，包括人脸图像采集、人脸定位、人脸识别预处理、身份确认及身份查找等；而狭义的人脸识别特指通过人脸进行身份确认或者身份查找的技术或系统。

生物特征识别技术所研究的生物特征包括人脸、指纹、手掌纹、掌型、虹膜、视网膜、静脉、声音（语音）、体形、红外温谱、耳型、气味、个人习惯（例如敲击键盘的力度和频率、签字、步态）等，相应的识别技术就有人脸识别、指纹识别、掌纹识别、虹膜识别、视网膜识别、静脉识别、语音识别（用语音识别可以进行身份识别，也可以进行语音内容的识别，只有前者属于生物特征识别技术）、体形识别、键盘敲击识别、签字识别等。

3. 机器翻译

机器翻译用到的技术主要是神经机器翻译（Neural Machine Translation，NMT）技术，该技术当前在很多语言上的表现已经超过人的翻译。机器翻译（Machine Translation，MT）是将一种自然语言（源语言）翻译成另一种自然语言（目标语言）的过程、技术和方法。机器翻译技术在近年来也取得了长足发展，已在诸多语种与领域实现了从 0 到 1 的突破，并且逐步逼近平行对译的境界。

机器翻译结合译后编辑自然成为当下的主流选择，机器翻译＋译后编辑（Machine Translation with Post Editing，MTPE）、机器翻译＋人工校对解决方案是翻译发展的一种趋势，目前由于神经网络机器翻译的推出，机器翻译的效果大幅改善，面对大量的翻译文本，我们可以先用机器翻译预翻译一次，之后人工在机器翻译给出的翻译基础上进行译文的修改，这样会提升翻译效率。更完整的翻译模式为：如果有翻译记忆库，则优先匹配记忆库；如果没有翻译记忆库，则可以用机器翻译填充，最后人工编辑修改译文。在项目量大、时间紧、预算低的情况下可以选择 MTPE 方案。

4. 声纹识别

声纹（Voiceprint），是用电声学仪器显示的携带言语信息的声波频谱。人类语言的产生是人体语言中枢与发音器官之间一个复杂的生理物理过程，不同的人在讲话时使用的发声器官（舌、牙齿、喉头、肺、鼻腔）在尺寸和形态方面有着很大的差异，所以任意两个人的声纹图谱都是不同的。

目前，声纹识别技术有声纹核身、声纹锁和黑名单声纹库等多项应用案例，可广泛应用于考勤系统、远程认证、门禁系统等场景。

5. 智能客服机器人

智能客服机器人是一种利用机器模拟人类行为的人工智能实体形态，它能够实现语音识别和自然语义理解，具有业务推理、话术应答等能力。目前在企业中使用的越来越多，智能客服机器人通过自然语言理解、机器学习等先进的智能人机交互技术，识别并理解用户提出的文字及语言形式的问题，再通过语义分析来理解用户意图，实现与用户智能化的沟通，提高企业的客服接待与服务效率。

智能客服机器人只能通过精准的算法来进行判断和识别，目前市面上很多智能客服机器人还停留在关键词规则判断的识别模式，对同一个问题的多种问法并没有特别准确的识别率，因而不会做到像人工一样准确。同时智能客服机器人需要不断地学习才能更好地识别客户语句中真实的意思，这就需要我们在设置系统功能，以及知识库的储备中不断完善和更新。

6. 智能外呼机器人

智能外呼机器人是人工智能在语音识别方面的典型应用，它能够自动发起电话外呼，以语音合成的自然人声形式，主动向用户群体介绍产品。

自动语音识别（Automatic Speech Recognition，ASR）、自然语言处理（Natural Language

Processing，NLP）、从文本到语音（Text To Speech，TTS）等 AI 智能语音技术和呼叫中心技术结合，通过真人录制的声音模仿与客户进行多轮对话，并将语音转化为文字，准确判定客户意图，可应用于电话营销及客服回访等场景。在降低人力成本的基础上，帮助企业提升营销业绩和客服效率。

7. 智能音箱

智能音箱是音箱升级的产物，是家庭消费者用语音进行上网的工具之一，比如点播歌曲、上网购物或了解天气预报，它也可以对智能家居设备进行控制，比如打开窗帘、设置冰箱温度、提前让热水器升温等。

假设消费者向智能音箱发出"查询 A 到 B 的机票"的指令，智能音箱的语音交互系统通过语音算法本地处理单元和音频解码单元收集语音、降噪、识别唤醒词、将语音信号转换为数字信号，之后将处理后的数字信号上传至云端服务器，云端服务器将进行语音数字编码识别和语义理解，随后通过调用机票预订数据库中的信息传递给智能音箱，智能音箱将上述数字信号通过音效单元还原为语音信号并播放出来。

8. 个性化推荐

个性化推荐就是在特定场景下，人和信息之间更有效率的一种连接。各平台热衷于做算法推荐的目的是要把内容或物品变成有价值的信息，提升产品整体的使用转化率。

国家互联网信息办公室发布的《互联网信息服务算法推荐管理规定》明确规定了算法推荐服务提供者的信息服务规范，要求算法推荐服务提供者应当坚持主流价值导向，积极传播正能量，不得利用算法推荐服务从事违法活动或传播违法信息，应当采取措施防范和抵制不良信息的传播。同时规定，算法推荐服务提供者应规范开展互联网新闻信息服务，不得生成合成虚假新闻信息或者传播非国家规定范围内的单位发布的新闻信息；不得利用算法实施影响网络舆论、规避监督管理以及垄断和不正当竞争行为。

9. 医学图像处理

医学图像处理是一项将目前最先进的人工智能技术应用于医学影像诊断中，帮助医生诊断患者病情的技术。目前它在医疗领域的使用已经非常广泛。

目前，人工智能＋医学影像主要用来满足以下 3 种影像诊断需求，分别是病灶识别与标注、靶区自动勾画与自适应放疗、影像三维重建。病灶识别与标注对 X 线、电子计算机断层扫描（Computer Tomography，CT）、磁共振成像（Magnetic Resonance Imaging，MRI）等影像进行图像分割、特征提取、定量分析和对比分析，对数据进行识别与标注。同时，AI 对影像的分析、计算在速度上要比医生快得多，因此可以帮助医生发现肉眼难以识别的病灶，降低假阴性诊断发生率，同时提高读片效率，对一些经验相对不足的医生也能起到辅助诊断的作用；靶区自动勾画主要针对肿瘤放疗环节进行自动勾画等影像处理，在患者放疗过程中不断识别病灶位置变化，以实现自适应放疗，减少对健康组织的辐射；影像三维重建基于灰度统计量的配准算法和基于特征点的配准算法，解决断层图像配准问题，节约配准时间，在病灶定位、病灶范围、良恶性鉴别、手术方案设计等方面发挥作用。

10. 图像搜索

图像搜索基于深度学习与图像识别技术，结合不同应用业务和行业场景，利用特征向量化与搜索能力，帮助用户从指定图库中搜索相同或相似的图片。

图像的特征包括基于文本的特征（如关键字、注释等）和视觉特征（如颜色、纹理、形状等）两类。视觉特征又可分为通用的视觉特征和领域相关（局部／专用）的视觉特征，前者用于描述所有图像共有的特征，与图像的具体类型或内容无关，主要包括颜色、纹理和形状；后者则建立在对所描述图像内容的某些先验知识（或假设）的基础上，与具体的应用紧密有关。

随着百度识图、购物网站等图像搜索的出现，图像搜索更加趋向于专业性服务，搜索结果方向性更强、精确度更高。

本章小结

本章简要介绍了新一代信息技术——大数据、物联网、人工智能的概念、架构、应用现状及未来趋势。随着 5G 和 AI 技术的不断拓展，如今教育场景和模式已经发生了颠覆性的改变，多媒体教学、远程学习等新兴教育模式层出不穷，技术在加速智慧教育的升级，促进教育普惠。

思考与练习

简答题

1. 什么是人工智能？它的研究目标是什么？
2. 简述人工智能研究各个发展阶段及其特点。
3. 机器要通过图灵测试所需要的主要技术有哪些？
4. 人工智能有哪些重要的学派？它们的认知观是什么？
5. 请列举人工智能的主要应用领域。
6. 你认为人工智能作为一门学科，今后的发展方向如何？
7. 人工智能应如何更好地和传统行业融合，实现人工智能？

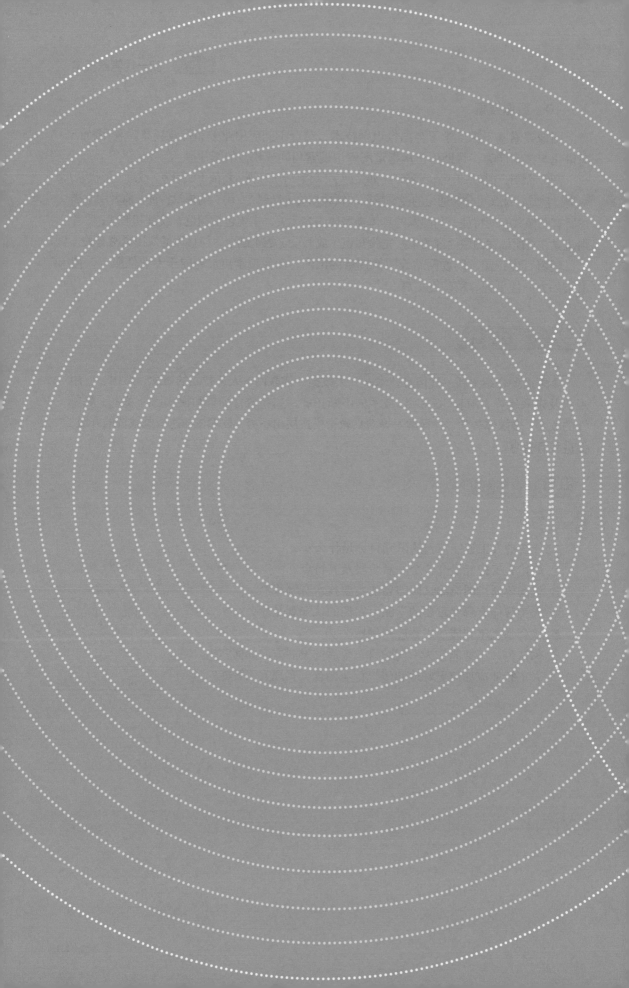

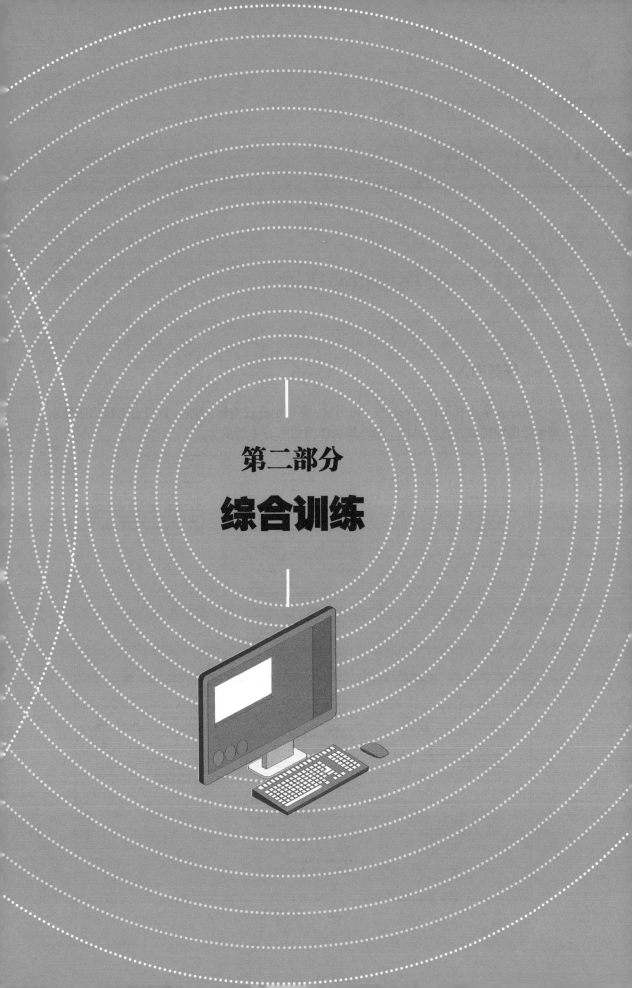

第二部分

综合训练

拓展任务 1 》 书稿编辑与排版

1.1 任务引入

梁红在杂志社工作，新来的一份书稿，需要她进行编辑、排版，以符合书籍出版要求，请你帮助她排版并进行保存，最终排版样例如图 tz-1 所示。

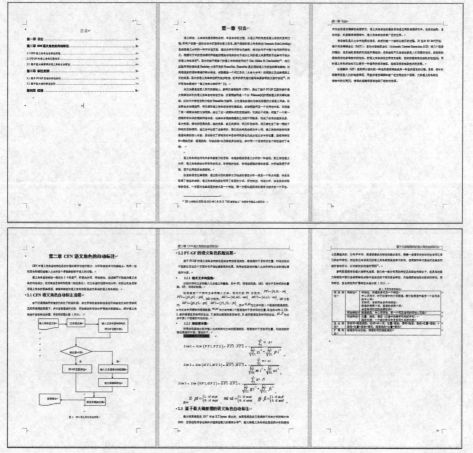

图tz-1 排版样例

1.2　知识与技能

1.　书稿页面格式规范

一般在书稿页面设置中，纸张大小以 16 开、32 开、大 32 开最为常见，具体要求参考出版社的印刷需要。

2.　书稿章节结构规范

一般教材常采用章、节、目的编写层次。其中标题层次不宜过多过繁，一般以 4 ~ 5 级为宜。层次的多少可根据教材篇幅大小、内容繁简确定。内容简单、篇幅小的，可适当减少层次。4 级标题的参考格式如表 tz-1 所示。

表 tz-1　书稿标题常用格式

标题级别	形式	对齐方式	注意
第 1 级标题：章	第 1 章 ×××	居中	不缩进，"第 × 章"与章名间有 1 个汉字空格
第 2 级标题：节	1.1×××	左对齐	缩进两个半角空格，"×.×"与节名之间有两个半角空格。"1."由数字 1 和西文小数点组成
第 3 级标题：小节	1.1.1×××	左对齐	缩进两个半角空格，"×.×.×"与小节名之间有两个半角空格。不要使用 Word 的自动编号功能，避免给后期的排版工作造成不必要的麻烦
第 4 级标题：	1.×××	左对齐	缩进 4 个半角空格，"1."由数字 1 和西文小数点组成

在使用以上 4 级标题时，还需要注意几个问题：所有标题的最后不要加任何标点符号，也不能继续书写内容和解释。正文内容放在标题下，以段落缩进两个字符方式开始。如果规定只用 3 级标题，则根据需要可使用"（1）、（2）、……"或"①、②、……"的形式继续表述。

3.　书稿正文的编写规范

（1）正文书写

正文中不要使用自动编号。正文要采用"两端对齐""单倍行距"的输入方式（行距不要用"最小值"）。

（2）正文字体

无特别指明，在正文中汉字使用五号、常规、宋体，西文使用 Times New Roman 字体（包括数字、标题、图注等），字号与汉字字号一致。

（3）标点符号

除程序、引用外文原文外，正文中一律用汉字标点符号（包括英文注释），要特别注意逗号、引号、冒号和括号的使用。

（4）段落缩进

正文段落首行要缩进两个字符。

（5）数字表示

物理量量值中的数字，如 1m（1 米）、3kg（3 千克）、20℃（20 摄氏度）等，不采用括号中的写法。

阿拉伯数字只能与"万""亿"及法定计量词头的汉字数字连用，如453000000可写成45300万或4.53亿，不可写成4亿5千3百万；3000元可写成0.3万元，不可写成3千元。

纯小数必须写出小数点前的"0"，如0.5不可写成".5"。用阿拉伯数字书写的数字范围，应使用"～"，如10%～30%、50～40km等。

（6）常用单位

所有书中使用的单位都应符合国家技术监督局发布的国家标准，在教材中常用的单位列举如下，不采用括号中的写法。

24bit（24位、24b）、3kB（3千字节、3KB）、8MB（8兆字节）、10bit/s（10bps）、3kg（3千克）、20℃（20摄氏度）……

有些单位符号，若国家标准没有规定，则可用汉字表示，如"像素"，但不能随意使用英文缩写。

4. 书稿排版技巧

对于书稿这种较长的文档，在排版过程中应优先考虑使用"样式"。样式就是用样式名保存起来的文本格式信息的集合，使用样式可以方便地设置文档各部分的格式，提高排版效率。

1.3　任务实施

1. 插入公式

打开"书稿.docx"，参考示例图，在文档红底底纹处标出的位置以内嵌方式插入公式。

$$Sim1 = Sim(PT1, PT2) = \overrightarrow{PT1} \cdot \overrightarrow{PT2} = \frac{\sum_{i=1}^{n} ti \cdot pi}{\sqrt{\sum_{i=1}^{n} ti^2 * \sum_{i=1}^{n} pi^2}}$$

2. 页面设置

纸张大小16开，对称页边距，上下边距为2.5厘米，内侧边距为2.5厘米，外侧边距为2厘米，装订线为1厘米。

步骤1：单击【布局】选项卡下的"页面设置"功能组中的对话框启动器按钮，在打开的"页面设置"对话框中切换至"纸张"选项卡，将"纸张大小"设置为16开。

步骤2：切换至"页边距"选项卡，在"页码范围"组中的"多页"下拉列表中选择"对称页边距"，在"页边距"组中，将"上"边距设置为2.5厘米，"下"边距设置为2.5厘米，"内侧"边距设置为2.5厘米，"外侧"边距设置为2厘米，"装订线"设置为1厘米，单击"确定"按钮。

3. 设置样式

书稿中包含3个级别的标题，分别用"红色、蓝色、绿色"标出。按表tz-2中的要求对书稿应用样式，进行多级列表并对样式格式进行相应修改。

表 tz-2　修改样式

样式	示例	格式要求
标题 1	第一章、第二章、第三章……	字体为：黑体，小一，加粗；段落为：单倍行距，段前段后各空 1 行，居中对齐
标题 2	1.1、1.2、1.3……	字体为：宋体，三号，加粗；段落为：单倍行距，段前段后各空 0.5 行，左对齐
标题 3	1.1.1、1.1.2、1.1.3……	字体为：宋体，小四，加粗；段落为：单倍行距，段前段后各空 0.5 行，左对齐
正文（除上述三个级别标题以外所有正文，不含图表及题注）		首行缩进 2 字符，两端对齐，固定间距 22 磅

步骤 1：在【开始】选项卡"样式"分组中找到"标题 1"样式，右键单击"标题 1"选择"修改"，在弹出的对话框中将字体设置为黑体、小一、加粗，然后在此对话框底部单击"格式"按钮下拉框中的"段落"，在弹出的对话框中设置段落为单倍行距，段前段后各空 1 行，居中对齐，完成后单击"确定"按钮返回"修改样式"对话框，再单击"确定"按钮。

步骤 2：选中"第一章引言"，单击【开始】选项卡"编辑"分组中的"选择"下拉按钮中的"选择格式类似的文本"，则标题 1 的所有段落都选中，单击"样式"分组中"标题 1"样式，将修改后的"标题 1"样式应用到文中的一级标题，如图 tz-2 所示。

步骤 3：采用同样的方式修改标题 2、标题 3，并将其应用到相应的段落。

步骤 4：单击【开始】选项卡"样式"分组中的"正文"样式，按照同样方式修改。

以上样式全部设置应用完成后，书稿的结构可通过勾选【视图】选项卡"显示"分组中"导航窗格"来浏览。单击窗格中的项，可快速跳转至相应位置。"导航窗格"文档结构如图 tz-3 所示。

图 tz-2　样式修改

图 tz-3　导航窗格文档结构

4. 添加题注

书稿中有若干表格及图片，分别在表格上方和图片下方的说明文字左侧添加形如"表 1""表 2""图 1""图 2"的题注。添加完毕，将样式"题注"的格式修改为仿宋、小五号字、居中。

步骤 1：根据题意要求，将光标插入表格上方说明文字左侧，单击【引用】选项卡下的"题注"组中的"插入题注"按钮，在打开的对话框中，在"标签"选项中选择"表"，若没有，则单击"新建标签"按钮，在弹出的对话框中输入"标签"名称为"表"，单击"确定"按钮。返回到之前的对话框，将"标签"设置为"表"，如图 tz-4 所示，单击"确定"按钮。

步骤 2：将光标插入下一个表格上方说明文字左侧，可以直接在【引用】选项卡下"题注"组中单击"插入题注"按钮，在打开的对话框中单击"确定"按钮，即可插入题注内容。

步骤 3：使用同样的方法在图片下方的说明文字左侧插入题注。

步骤 4：题注插入完成后，单击【开始】选项卡下的"样式"组中的"其他"按钮，在打开的下拉框中右键单击"题注"样式，在弹出的快捷菜单中选择"修改"，

图tz-4　插入题注

即可打开"修改样式"对话框，在"格式"组下选择"仿宋""小五"，单击"居中"按钮，勾选"自动更新"复选框，单击"确定"按钮。

5. 设置题注与表格不分页

在书稿中红色标注的文字的适当位置，为 4 张表格和 1 张图片设置自动引用其题注号。为第 4 张表格"表 4 特征选择"套用一个合适的表格样式，保证表格第 1 行在跨页时能够自动重复，且表格上方的题注与表格总在一页上。

步骤 1：根据题意要求将光标插入被标红文字的合适位置，此处以第一处标红文字为例，将光标插入"如"字的后面，单击【引用】选项卡下的"题注"组中的"交叉引用"按钮，在打开的对话框中将"引用类型"设置为表，"引用内容"设置为"仅标签和编号"，在"引用哪一个题注"下选择"表 1 常用的特征组合"，单击"插入"按钮，如图 tz-5 所示。

步骤 2：使用同样的方法在其他标红文字的适当位置设置自动引用题注号，最后关闭该对话框。

步骤 3：选中表 4，在【表格工具】的【设计】选项卡下"表格样式"功能组为表格套用一个样式。

步骤 4：将鼠标光标定位在表 4 的标题行中，在【表格工具】的【布局】上下文选项卡中单击"数据"功能组中的"重复标题行"按钮。

步骤 5：选中表格的题注行并单击鼠标右键，在弹出的快捷菜单中选择"段落"命令，打开"段落"对话框，

图tz-5　交叉引用

切换到"换行与分页"选项卡，勾选"与下段同页"复选框，单击"确定"按钮。

6. 插入目录

在书稿的最前面插入目录，要求包含第 1 级、第 2 级标题及对应的页号。目录、正文的每一章均为独立的一节，每一节的页码均以奇数页为起始页码。

步骤 1：将鼠标光标定位到第一个一级标题的左侧，按 Enter 键设置一个空行，在空行处单击【引用】选项卡下"目录"组中的"目录"按钮，在下拉列表中选择"自定义目录"选项，

在弹出的目录对话框中，设置级别为2，为书稿添加一个目录，单击"确定"按钮。

步骤2：单击【视图】选项卡"视图"组中的"大纲视图"按钮，将"显示级别"设置为"1级"。

步骤3：将鼠标光标定位到标题"第一章"的左侧，单击【布局】选项卡下的"页面设置"组中的"分隔符"按钮，在下拉列表中选择"奇数页"选项。

步骤4：按照步骤3的方法，分别为在第二、三、四、五章标题前插入分隔符，使每一章均为独立的一节，且每一节均以奇数页为起始页码，如图tz-6所示。

图tz-6　插入奇数页分节符

7. 插入页码

目录与书稿的页码分别独立编排，目录页码使用大写罗马数字（Ⅰ、Ⅱ、Ⅲ……），书稿页码使用阿拉伯数字（1、2、3……）且各章节间连续编码。除每章首页不显示页码外，其余页面要求奇数页页码显示在页脚右侧，偶数页页码显示在页脚左侧。

步骤1：双击目录第1页页脚处，进入页脚的编辑状态，单击【设计】选项卡下的"页眉和页脚"组中的"页码"按钮，在下拉列表中选择"设置页码格式"选项，在打开的"页码格式"对话框中，"编号格式"设置为大写罗马数字（Ⅰ、Ⅱ、Ⅲ……），并将"起始页码"设置为Ⅰ，单击"确定"按钮。单击"页眉和页脚"功能组中的"页码"按钮，在下拉列表中选择"页面底端"中的"普通数字1"选项，居中。

步骤2：将鼠标光标定位到第一章第1页页脚处，在【设计】选项卡下勾选"选项"组中的"首页不同"和"奇偶页不同"两个复选框。若正常显示的是阿拉伯数字"1、2、3"奇偶页和题目要求的一致，则不需要操作，反之单击【设计】选项卡下的"页眉和页脚"组中的"页码"按钮，在下拉列表中选择"设置页码格式"选项，在打开的"页码格式"对话框中，"编号格式"设置为阿拉伯数字（1、2、3……），并将"起始页码"设置为1，单击"确定"按钮。

步骤3：将鼠标光标定位到第一章第2页页脚处，单击"页眉和页脚"组中的"页码"按钮，在下拉列表中选择"页面底端"中的"普通数字1"选项；将鼠标光标定位到第一章第3页页脚处，单击"页眉和页脚"组中的"页码"按钮，在下拉列表中选择"页面底端"中的"普通数字3"选项。

步骤4：将鼠标光标定位到第二章第1页页脚处，在【设计】选项卡下勾选"选项"组中的"首页不同"和"奇偶页不同"两个复选框；单击【设计】选项卡下的"页眉和页脚"功能组中的"页码"按钮，在下拉列表中选择"设置页码格式"选项，在打开的"页码格式"对话框中选中"续前节"单选按钮，单击"确定"按钮。

步骤5：按照步骤4的方法分别对第四章第1页执行同样的操作，使章首页不显示页码，且各章节间连续编码。

步骤6：最后核对全文，章节内容首页无须页码，奇数页码右对齐，偶数页码左对齐。

步骤7：页码设置完成后，将鼠标光标定位到目录第1页中，在【引用】选项卡的"目录"功能组中单击"更新目录"按钮，在打开的"更新目录"对话框中，选择"更新整个目录"单选按钮，单击"确定"按钮。

> **提示**
>
> 插入目录后，将鼠标光标置于目录处时会显示"按住Ctrl键并单击可访问链接"。所以这种方法生成的目录是具有超链接功能的。

8. 页眉页脚设置

章节的首页不要页眉，奇数页页眉为"基于汉语框架网的语义角色自动标注"，右对齐，偶数页页眉为"第 × 章 ×××××"，左对齐。

步骤1：将鼠标光标定位到第一章第 2 页页眉处，取消选中的"页眉和页脚"组中的"链接到前一节"按钮，输入"第一章 引言"，左对齐。

步骤2：同样的方法，将鼠标光标定位到第二章第 2 页页眉处、第三章第 2 页页眉处，输入章标题。

步骤3：将鼠标光标定位到第二章第 3 页页眉处，输入文稿题目"基于汉语框架网的语义角色自动标注"。

9. 清除目录页的页眉线

步骤：双击目录第 1 页页眉处，进入页脚的编辑状态，选中段落标记，单击【开始】选项卡下的"段落"组中的"边框"按钮，在下拉列表中选择"无边框"选项，则页眉线清除。

拓展任务2 > 公司计算机设备年度销售报表制作

2.1 任务引入

涵音是计算机设备公司的销售部经理，每年年底时要负责制作全公司全年各个店铺的销售报表，并进行打印输出，将纸质材料提交给董事会。制作的报表如图 tz-7 所示。

2.2 知识与技能

1. 数据来源

Excel 中的数据除输入或复制外，还可从外部获取，例如，可以从

	A	B	C	D	E	F	G	H	I	J
1	××公司2021年计算机主要设备全年销售数据									
3	序号	店铺	季度	商品名称	销售量	平均单价	销售额	回扣比	回扣额	交回公司
4	001	A店	1季度	笔记本电脑	200	¥4,552.31	¥910,462.24	0%	¥0	¥910,462.24
5	002	A店	2季度	笔记本电脑	150	¥4,552.31	¥682,846.68	0%	¥0	¥682,846.68
6	003	A店	3季度	笔记本电脑	250	¥4,552.31	¥1,138,077.8	3%	¥34,142	¥1,103,935.47
7	004	A店	4季度	笔记本电脑	300	¥4,552.31	¥1,365,693.36	3%	¥40,971	¥1,324,722.56
8	005	B店	1季度	笔记本电脑	230	¥4,552.31	¥1,047,031.576	3%	¥31,411	¥1,015,620.63
9	006	B店	2季度	笔记本电脑	180	¥4,552.31	¥819,416.016	0%	¥0	¥819,416.02
10	007	B店	3季度	笔记本电脑	290	¥4,552.31	¥1,320,170.248	3%	¥39,605	¥1,280,565.14
11	008	B店	4季度	笔记本电脑	350	¥4,552.31	¥1593,308.92	3%	¥47,799	¥1,545,509.65
12	009	C店	1季度	笔记本电脑	180	¥4,552.31	¥819,416.016	0%	¥0	¥819,416.02
13	010	C店	2季度	笔记本电脑	140	¥4,552.31	¥637,323.568	0%	¥0	¥637,323.57
14	011	C店	3季度	笔记本电脑	220	¥4,552.31	¥1,001,508.464	3%	¥30,045	¥971,463.21
15	012	C店	4季度	笔记本电脑	280	¥4,552.31	¥1,274,647.136	3%	¥38,239	¥1,236,407.72
16	013	D店	1季度	笔记本电脑	210	¥4,552.31	¥955,985.352	3%	¥28,680	¥927,305.79
17	014	D店	2季度	笔记本电脑	170	¥4,552.31	¥773,892.904	0%	¥0	¥773,892.90
18	015	D店	3季度	笔记本电脑	260	¥4,552.31	¥1,183,600.52	3%	¥35,508	¥1,148,092.88
19	016	D店	4季度	笔记本电脑	320	¥4,552.31	¥1,456,739.584	3%	¥43,702	¥1,413,037.40

图tz-7 报表

Access 中获取、从 Web 处获取、从文本文件中获取，还可从其他数据库获取。具体方法：从【数据】选项卡下"获取外部数据"组中选择。

2. 居中方式

居中方式包括跨列居中和合并居中。跨列居中和合并居中不同，跨列居中虽然和合并单元格的外观基本一样，但是数据仍然保留在第一个单元格里，不影响后续排序等功能使用。

3. VLOOJUP 函数

VLOOKUP 函数是 Excel 中的一个纵向查找函数，在工作中有广泛应用，例如核对数据、在多个表格之间快速导入数据等，主要功能是按列查找，最终返回该列与所需查询序列对应的值。

该函数的语法规则如下。

```
VLOOKUP(lookup_value,table_array,col_index_num,[range_lookup])
```

VLOOKUP 函数参数说明如表 tz-3 所示。

表 tz-3 VLOOKUP 函数参数说明

参数	简单说明	输入数据类型
lookup_value	要查找的值	数值、引用或文本字符串
table_array	要查找的区域	数据区域
col_index_num	返回数据在查找区域的第几列	正整数
range_lookup	精确匹配 / 近似匹配	FALSE[0、空格或不填（但是要有逗号占位）]/ TRUE[1 或不填（无逗号占位）]

4. 输出定制

Excel 表格巨大，在打印输出时，需要先设置打印输出区域，还可定制多页的行列标题，设置页眉和页脚中的内容，调整页边距避免一页中出现孤行等情况，用户可自由对页面进行定制。

2.3 任务实施

1. 新建文件

步骤：新建一个电子表格文档，文件命名为公司销售情况 .xlsx。将工作表"Sheet1"名称修改为"销售记录"，将"Sheet2"命名为"平均单价"。

2. 数据来源

要求：从 B3 单元格开始，导入"计算机设备全年销量统计表 .txt"中的数据。

步骤 1：选中"Sheet1"工作表中的 B3 单元格，单击【数据】选项卡的"获取外部数据"选项组中的"自文本"按钮，弹出"导入文本文件"对话框，选择"计算机设备

全年销量统计表 .txt"文件,单击"导入"按钮。

步骤 2: 在弹出的对话框中,前两步采用默认设置,第 3 步在"数据预览"选项组中,选中"店铺"列,在"列数据格式"选项组中选择"文本","商品名称"列的数据格式也选择"文本",其他两列数据格式为"常规",单击"完成"按钮,如图 tz-8 所示。

3. 完善工作表

要求:增加多列,输入标题。

步骤 1: 在"销售记录"工作表的 A3 单元格中输入文字"序号",从 A4 单元格开始,为每行销售记录插入"001、002、003……"格式的序号;选中 A4 单元格,在单元格中输入"'001",拖动 A4 单元格右下角的填充柄填充到最后一个数据行。

步骤 2:增加 5 列,在 F3 到 J3 中输入如下字段名:平均单价、销售额、回扣比、回扣额、交回公司。

步骤 3:在"销售记录"工作表的 A1 单元格中输入文字"××公司 2021 年计算机主要设备全年销售数据"。

图tz-8 数据导入

4. 格式化工作表

(1)将工作表标题跨列居中并使其显示在 A1:J1 单元格区域的正中间(注意,不要合并上述单元格区域),适当调整其字体、字号,并改变字体颜色。

步骤:选中"销售记录"工作表的 A1:J1 单元格区域,在"设置单元格格式"命令对话框中选择"对齐"选项卡,在"水平对齐"列表框中选择"跨列居中"。

(2)对字段标题行区域 A3:J3 应用单元格的上框线和双下框线。

步骤:选中标题 A3:J3 单元格区域,单击【开始】选项卡的"字体"选项组中的"框线"按钮,在下拉列表框中选择"上框线和双下框线"。

(3)为同类商品名称所在区域套用表格格式的中等色的最后一行的一种样式并转换为区域。

步骤:先选定 A3:J83 单元格区域,选择"样式"选项组中的"套用表格格式"中的"冰蓝",选择"表包含标题"复选框,单击"确定"后,右键单击该区域,在快捷菜单中选择"表格"命令下的"转换为区域",将其转换为普通区域。

适当加大数据表行高和列宽,设置对齐方式,设置后的部分区域格式如图 tz-9 所示。

5. 制作平均单价表

要求:在"平均单价"表中,输入图 tz-10 所示的数据并格式化处理。

图tz-9 设置表格格式效果

步骤：输入数据后，数据千位分隔，表格套用一种表格样式。

6. 计算销售额

要求：从"平均单价"表中查找价格，查找的结果置于"销售记录"工作表的 F4:F83 中，然后将填入的平均单价设为货币格式，并保留两位小数，再计算出销售额。

图tz-10　平均单价表

步骤 1：选中"销售记录"工作表的 F4 单元格，在单元格中输入公式"=VLOOKUP(D4，平均价格 !$A$2:$B$7,2,0)"，输入完成后按 Enter 键确认，或用插入函数进行操作，如图 tz-11 所示。

步骤 2：拖动 F4 单元格的填充柄，填充到 F83 单元格，但这样操作会将 F4 单元格的格式一并复制。可以进行如下操作：先选定 F4 单元格，复制，再选定 F5:F83 单元格区域，执行"选择性粘贴"中的"粘贴公式"命令，这样操作不会复制格式，只复制公式。

图tz-11　VLOOKUP函数设置

步骤 3：选中 F4:F83 单元格区域，单击鼠标右键，在弹出的快捷菜单中选择"设置单元格格式"命令，弹出"设置单元格格式"对话框，选择"数字"选项卡，在"分类"列表框中选择"货币"，并将右侧的小数位数设置为"2"，单击"确定"按钮。

步骤 4：计算销售额，销售额为销售量与平均单价的积。在 G4 单元格中输入公式"=E4*F4"。拖曳填充柄复制该公式到序号 005 的行（复制了 4 行，因为本表隔行填充色不同），释放鼠标时出现一个自动填充的方框选项，单击方框中的下三角符号，选择"不带格式填充"选项，就只复制了公式。再选定序号 002 ~ 005 行（不要选定序号 001 行），双击右下角的填充柄，即可快速将公式复制到最后一行（且与这几行的格式一致），如图 tz-12 所示。

图tz-12　填充柄不带格式填充

7. 回扣额

要求：公司规定，各店铺年销售量越多，回扣越多，不同商品有不同的回扣比例，回扣表如图 tz-13 所示。

	B	C	D	E	F	G
3	销售数量等级	鼠标	键盘	打印机	台式机	笔记本
4	1-200	0%	0%	0%	0%	0%
5	201-400	1%	1%	2%	3%	3%
6	401-600	2%	2%	3%	4%	4%
7	601-800	3%	3%	4%	5%	5%

	B	C	D	E	F
13	销售数量等级	1-200	201-400	401-600	601-800
14	鼠标	0%	1%	2%	3%
15	键盘	0%	1%	2%	3%
16	打印机	0%	2%	3%	4%
17	台式机	0%	3%	4%	5%
18	笔记本电脑	0%	3%	4%	5%

图tz-13　回扣表及转置

步骤 1： 为了与销售表结构一致，需要将此表进行行列转置。选定回扣表中 B3:G7 区域，复制，定位在 B13 单元格，单击鼠标右键，在快捷菜单中选择"选择性粘贴"命令，从级联菜单中选择"粘贴"组中的"转置"命令，将原表格行列进行转置。

步骤 2： "销售记录"工作表中回扣比例要根据每种商品的销售量和等级判断确定，所以在 H4 单元格中用 VLOOKUP 函数，可输入"=VLOOKUP（D4, 回扣表 !$B$13:$F$18,IF（E4>600,5,IF（E4>400,4,IF（E4>200,3,2）)),0)"，或在插入函数框中设置。用类似计算销售额的方法将该公式用填充柄复制。选定这些数据，在【开始】的"数字"卡中应用百分比样式。

> **提示**
>
> 因为要多层判断，所以在该函数的第三个参数处嵌套IF函数，回扣等级有4种情况，IF函数要嵌套三层。

步骤 3： 回扣额是销售额与回扣比的积。在 I4 单元格中输入公式"=G4*H4"，用类似上述复制方法将该公式用填充柄复制。选定该列数据，从开始的数字选项中将该列的数据小数位数设置为 0，并设置千位分隔符。

步骤 4： 销售额减去回扣额就是交回公司的金额。定位在 J4 单元格，输入公式"=G4-I4"，用类似上述复制方法将该公式用填充柄复制下去。

8. 输出设置

要求： 年度报表要打印保留，进行页面设置，在页眉页脚中增加需要体现的元素，顶端标题行要在每页中都出现。

步骤 1： 选定 A1:J83 区域，单击【页面布局】选项卡的"页面设置"选项组中"打印区域"命令下的"设置打印区域"，即可将选定区域作为打印区域。

步骤 2： 单击"页面设置"选项组右下角对话框启动器按钮，进入"页面设置"对话框，纸张方向选择"横向"，页边距中的居中方式选择"水平"，页眉页脚中分别设置。页眉中左侧插入公司徽标，中间输入报表文件名，右侧插入制表日期。页脚左侧输入销售部电话，中间插入页码 / 总页数，各处字体字号、对齐方式等格式可以进行设置，如图 tz-14 所示。工作表中顶端标题行选择第 3 行，打印时每页都能出现这行字段标题，如图 tz-15 所示，单击"确定"按钮后效果如图 tz-16 所示。

图tz-14　页眉页脚设置

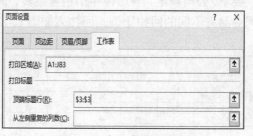
图tz-15　打印标题行设置

大地公司 2021 年计算机主要设备全年销售数据   制表日期：2022/6/11

序号	店铺	季度	商品名称	销售量	平均单价	销售额	同扣比	同扣额	交回公司
027	C店	3季度	台式机	285	¥3,961.23	¥1,100,449.211	3%	¥33,013	¥1,067,435.73
028	C店	4季度	台式机	293	¥3,961.23	¥1,131,339.012	3%	¥33,940	¥1,097,398.84
029	D店	1季度	台式机	336	¥3,961.23	¥1,297,371.701	3%	¥38,921	¥1,258,450.55
030	D店	2季度	台式机	315	¥3,961.23	¥1,216,285.97	3%	¥36,499	¥1,179,797.39
031	D店	3季度	台式机	357	¥3,961.23	¥1,375,457.432	3%	¥41,354	¥1,337,103.71
032	D店	4季度	台式机	277	¥3,961.23	¥1,458,681.988	3%	¥43,670	¥1,412,011.48
033	A店	1季度	鼠标	539	¥109.55	¥58,925.8018	2%	¥1,179	¥57,757.09
034	A店	2季度	鼠标	565	¥109.55	¥61,893.5465	2%	¥1,238	¥60,655.68
035	A店	3季度	鼠标	566	¥109.55	¥62,002.0926	2%	¥1,240	¥60,763.03
036	A店	4季度	鼠标	750	¥109.55	¥821,59.575	3%	¥2,465	¥79,694.79
037	B店	1季度	鼠标	586	¥109.55	¥64,194.0146	2%	¥1,284	¥62,910.13
038	B店	2季度	鼠标	643	¥109.55	¥70,438.1423	3%	¥2,113	¥68,325.00
039	B店	3季度	鼠标	582	¥109.55	¥63,755.3302	2%	¥1,275	¥62,480.71
040	B店	4季度	鼠标	733	¥109.55	¥80,297.2912	3%	¥2,409	¥77,888.37
041	C店	1季度	鼠标	516	¥109.55	¥56,525.7976	2%	¥1,131	¥55,395.27
042	C店	2季度	鼠标	748	¥109.55	¥81,940.4328	3%	¥2,458	¥79,482.27
043	C店	3季度	鼠标	654	¥109.55	¥71,642.1494	3%	¥2,149	¥69,493.85
044	C店	4季度	鼠标	700	¥109.55	¥76,682.27	3%	¥2,300	¥74,381.90
045	D店	1季度	鼠标	643	¥109.55	¥70,963.6723	3%	¥2,130	¥65,836.30
046	D店	2季度	鼠标	619	¥109.55	¥67,809.0359	3%	¥2,034	¥65,774.76
047	D店	3季度	鼠标	509	¥109.55	¥55,758.9649	2%	¥1,109	¥54,643.79
048	D店	4季度	鼠标	506	¥109.55	¥55,430.3266	2%	¥1,109	¥54,321.72
049	A店	1季度	键盘	597	¥175.40	¥104,713.0239	2%	¥3,094	¥102,618.76
050	A店	2季度	键盘	502	¥175.40	¥88,050.1474	2%	¥1,761	¥86,289.14
051	A店	3季度	键盘	682	¥175.40	¥119,521.9134	3%	¥3,589	¥116,033.26
052	A店	4季度	键盘	712	¥175.40	¥124,883.8744	3%	¥3,747	¥121,137.36

销售部 Tel：010-7896541   2/3

图tz–16　页面设置预览效果页

步骤 3：调整页面。页面设置完成进行预览时，如果发现最后一页中只有一行，可以调整这一行到上一页面中，方法：进入【视图】选项卡的"工作簿视图"中的"分页预览"时会看到蓝色短划线，它就是页面边框线 ，如图 tz-17 所示，向下拖动蓝色短划线，就可将下一行调整到上一页中。预览时看到所有内容调整到 3 页内。

▲	A	B	C	D	E	F	G	H	I	J
50	046	D店	2季度	鼠标	619	¥109.55	¥67,809.0359	3%	¥2,034	¥65,774.76
51	047	D店	3季度	鼠标	509	¥109.55	¥55,758.9649	2%	¥1,115	¥54,643.79
52	048	D店	4季度	鼠标	506	¥109.55	¥55,430.3266	2%	¥1,109	¥54,321.72
53	049	A店	1季度	键盘	597	¥175.40	¥104,713.0239	2%	¥2,094	¥102,618.76
54	050	A店	2季度	键盘	502	¥175.40	¥88,050.1474	2%	¥1,761	¥86,289.14
55	051	A店	3季度	键盘	682	¥175.40	¥119,621.9134	3%	¥3,589	¥116,033.26
56	052	A店	4季度	键盘	712	¥175.40	¥124,883.8744	3%	¥3,747	¥121,137.36

图tz–17　分页预览页面边框线

拓展任务3 》 **景点宣传介绍片**

3.1　任务引入

为进一步提升山西旅游业的发展，打造晋商文化，太原市旅游局将为工作人员进行一次业务培训，主要围绕"山西主要景点"通过文字图片、视频、音频等进行介绍，样例图如图 tz-18 所示。

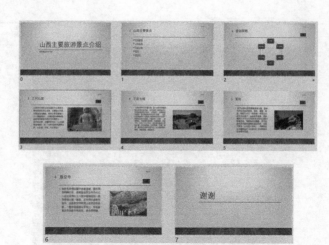

图tz-18　拓展任务3样例图

3.2　知识与技能

1. 幻灯片的色彩

颜色可以作为信息表达的有效工具，它可以表达信息并增强文稿的效果。选择的颜色及其使用方式要有效地感染受众的情绪，从而确保演示活动的成功。在演示文稿中进行颜色选择时，应当从以下几个方面考虑。

（1）针对受众选择颜色

① 可以使用 Microsoft PowerPoint 软件中预定义的颜色方案来设置演示文稿的格式。

② 为便于阅读，一些颜色组合具有高对比度，例如下列背景色和文字颜色的组合就比较合适：紫色背景绿色文字、黑色背景白色文字、黄色背景紫红色文字，以及红色背景蓝绿色文字。

在演示文稿中使用图片时，尝试选择图片中的一种或多种颜色用于文字颜色。颜色组合将起到关联幻灯片中元素的作用，使幻灯片更协调。

（2）背景色的选择

选择背景色的一个原则是，在选择背景色的基础上，选择其他 3 种文字颜色以获得最强的效果。同时考虑使用背景色和纹理，有时恰当纹理的淡色背景比纯色背景具有更好的效果。如果使用多种背景色，请考虑使用近似色，构成近似色的颜色可以柔和过渡，不会影响前景文字的可读性；可以通过使用补色进一步突出前景文字。

（3）颜色的效果

① 不要使用过多的颜色，避免使受众眼花缭乱。

② 相似的颜色可能产生不同的作用：颜色的细微差别可能使信息内容的格调和感觉发生变化。

③ 使用颜色可表明信息内容间的关系，表达特定的信息或进行强调。如果所选的颜色无法明确表示信息内容，请选择其他颜色。

④ 一些颜色有其惯用的含义，例如红色表示警告、绿色表示认可，可使用这些相关

颜色表达观点。

⑤ 不同颜色的相同信息可能表达不同的含义。例如，使用红色和橙色的文字能够增强单词"Hello"的含义，如果使用蓝色文字，则该单词的含义就会被弱化。

（4）颜色和可读性

① 根据不同的调查显示，5% ~ 8% 的人有不同程度的色盲症，其中红绿色盲为大多数。因此，尽量避免使用红色、绿色的对比来突出要显示的内容。

② 避免仅依靠颜色来表示信息内容：应做到让所有用户，包括视觉稍有障碍的人都能获取演示文稿中的所有信息。

2. 旅游宣传片制作过程

近年来，随着旅游业的迅速发展，人们对旅游的需求日益呈现出多样化的趋势，旅游宣传片成为景区及城市最好的宣传手段之一，在制作旅游宣传片时必须掌握好制作要点。旅游宣传片在制作过程中需要注意以下要点。

（1）风景体现。风景名胜是旅游广告片最好的素材，也是最佳的体现内容，所以策划中一定要有对景色的着重体现。

（2）城市情怀。旅游宣传片中最大的亮点就是它将光影效果处理得十分得当，呈现出一帧帧特别小清新的画面，既可以给人身临其境般的轻松与愉悦之感，同时也让城市更有人情味。

（3）风俗民情。当地的风俗民情也是吸引游客的一个亮点，一些独特的风俗会让游客产生神秘感、好客的当地居民会让游客产生亲切感。所以，很多时候，旅游宣传片会将风俗民情融入其中。

3.3 任务实施

1. 新建一份演示文稿

新建一份演示文稿，以"山西主要旅游景点介绍 .pptx"为文件名保存。

步骤 1： 打开演示文稿，在第 1 张幻灯片的"单击此处添加标题"处单击鼠标，输入文字"山西主要旅游景点介绍"，副标题输入文字"感受晋商文化气息"。

步骤 2： 单击【插入】选项卡下的"媒体"组中的"音频"下拉按钮，在弹出的下拉列表中选择"文件中的音频（PC 上的音频）"选项，弹出"插入音频"对话框，在该对话框中选择素材文件夹下的"山西欢迎您 .mp3"素材文件，单击"插入"按钮，即可将音乐素材添加至幻灯片中。

步骤 3： 单击【音频工具】下的【播放】选项卡，将"音频选项"组中的"开始"设置为自动，并勾选"放映时隐藏"复选框。

2. 设置版式

新建第 2 张幻灯片，设置版式为"标题和内容"，标题为"山西主要景点"，在文本区域中以项目符号列表方式依次添加下列内容：营销策略、云冈石窟、平遥古城、晋祠、悬空寺。

步骤 1： 单击【开始】选项卡"幻灯片"中"新建幻灯片"下拉按钮，在弹出的下拉列表中选择"标题和内容"。

步骤 2：在标题处输入文字"山西主要景点"，然后在正文文本框内分别输入文字"营销策略、云冈石窟、平遥古城、晋祠、悬空寺"。选中这些文字，在【开始】选项卡"段落"组中单击"项目符号"下拉按钮，在下拉列表选项中随意选择一种项目符号即可。

3. 插入 SmartArt 不定向循环图

在第 3 张幻灯片插入 SmartArt 不定向循环图，为其设置一个逐项出现的动画效果。

步骤 1：新建第 3 张幻灯片，标题为"营销策略"，单击【开始】选项卡下的"幻灯片"组中的"版式"下拉按钮，在弹出的下拉列表中选择"标题和内容"选项。单击内容框内的"插入 SmartArt 图形"按钮，在弹出对话框选择"循环"选项，在右侧的列表框中选择"不定向循环"选项，单击"确定"按钮，并设置 SmartArt 样式为卡通。

步骤 2：选择最左侧的形状，单击【SmartArt 工具|设计】选项卡下的"创建图形"组中的"添加形状"按钮，在弹出的下拉列表中选择"在前面添加形状"选项，然后参考素材文件在形状中输入文字，如图 tz-19 所示。

步骤 3：选中插入的 SmartArt 图形，在【动画】选项卡"动画"组中设置一种进入效果，然后单击"效果选项"下拉按钮，在弹出的下拉列表中选择"逐个"选项。

4. 插入新幻灯片

自第 4 张幻灯片开始按照云冈石窟、平遥古城、晋祠、悬空寺的顺序依次介绍各主要景点，相应的文字素材在文档"文字介绍 .docx"中，要求每个景点介绍占用一张幻灯片。

步骤 1：在【开始】选项卡下"幻灯片"组中单击"新建幻灯片"下拉按钮，在下拉列表选项中选择"两栏内容"，以相同方式添加第 5 ~ 7 张幻灯片。

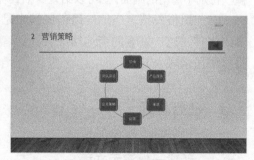

图tz-19　插入SmartArt不定向循环图

步骤 2：选中第 4 张幻灯片，在标题栏输入文字"云冈石窟"。打开文字素材，将相应的景点介绍填入左边文本区域，在右栏文本区域中单击"插入来自文件的图片"按钮，插入云冈石窟图片。以相同方式设置介绍其他景点的幻灯片。

5. 插入"空白"版式幻灯片

最后一张幻灯片的版式设置为"空白"，并插入艺术字"谢谢"。

6. 添加动作按钮

将第 2 张幻灯片列表中的内容分别超链接到后面对应的幻灯片，并添加返回到第 2 张幻灯片的动作按钮。

步骤 1：选择第 2 张幻灯片，选择该幻灯片中的"营销策略"字样，单击【插入】选项卡下的"链接"组中的"超链接"按钮。弹出"插入超链接"对话框，在该对话框中将"链接到"设置为"本文档中的位置"在"请选择文档中的位置"列表框中选择"幻